炼油工业技术知识丛书

油品调合技术

蔡　智　黄维秋　李为民　徐燕平　编著

中国石化出版社

内　容　提　要

本书以油品调合工作中遇到的理论、实践需要为出发点，系统地介绍了有关液体燃料、润滑油调合组分的性质、生产工艺及其调合方法、调合使用的设备、调合指标理论计算等基本理论、过程、方法，以实际油品调合生产案例为对象进行较详细的介绍分析。主要包括调合组分油性质及产品标准、油品调合方法、油品调合设备、油品调合指标计算、调合实例、油品调合用添加剂等。

为满足不同层次读者的需求，本书适当介绍了最新的油品调合技术研究成果，尤其是计算机在油品调合中的应用等。

本书可作为从事油品科研、油品调合、生产及储运管理的培训教材，对相关领域的研究人员及大专院校师生也有一定的参考价值。

图书在版编目(CIP)数据

油品调和技术/蔡智等编著.
—北京:中国石化出版社,2005(2025.11 重印)
(炼油工业技术知识丛书)
ISBN 978-7-80164-873-0

Ⅰ.油… Ⅱ.蔡… Ⅲ.石油产品-生产 Ⅳ.TE626

中国版本图书馆 CIP 数据核字(2005)第 090609 号

中国石化出版社出版发行
地址:北京市东城区安定门外大街 58 号
邮编:100011　电话:(010)57512500
发行部电话:(010)57512575
http://www. sinopec-press. com
E-mail:press@ sinopec. com. cn
北京科信印刷有限公司印刷
全国各地新华书店经销
*
850×1168 毫米 32 开本 10. 75 印张 301 千字
2025 年 11 月第 1 版第 8 次印刷
定价:28. 00 元

《炼油工业技术知识丛书》
编 委 会

序

随着我国石油化学工业的不断发展，炼油技术也在不断进步，炼油企业管理水平不断提高。与之相应，炼油行业十分迫切需要既掌握炼油理论知识、又拥有丰富生产经验和较高技术管理水平的技术人员与管理队伍。近些年来，在石化企业中，由于很多老职工和老技术人员相继退休，离开了工作岗位，取而代之的是一大批年轻职工和许多参加工作不久的技术和管理人员。他们走上炼油行业关键技术和管理岗位后，迫切需要补充炼油技术知识。

为了确保装置安稳长满优运转，提高炼油企业的国际竞争能力，提高职工队伍的整体素质，造就一大批懂管理、懂技术的人才，非常有必要在广大炼化企业职工中大力传播专业技术知识，推广科学技术，营造比学赶帮超的良好学习氛围。为了适应这一需要，中国石化股份公司炼油事业部和中国石化出版社及时组织编写了《炼油工业技术知识丛书》。

参加该丛书编写的作者来自各炼化企业、科研院所和大专院校，他们都是石油化工领域的专家和长期工作在生产一线的技术骨干。在编写过程中，他们将自己的丰富学识与多年的生产实践经验相结合，并查阅大量文献资料，精心编写。可以说，这套丛书的每一分册都是作者的智慧结晶。丛书按装置和专业设分册编写、出版，既考虑炼油厂装置的实际情况，也考虑炼油企业岗位不同工种的学习需要。在介绍基本理论、基本知识的基础上，紧密结合炼油企业生产和技术管理的实际，注重理论与实践相结合。在文字表述方面，力求通俗易懂，深入浅出。

纵观丛书，最大的特色是理论与实际相结合，且系统性强，基本上涵盖了炼油工业技术的基础知识。该丛书的出版发行，有利于普及炼油工业技术知识，有利于提高炼油企业职工素质，有利于总结生产经验，能更好地为炼油装置的安稳长满优运行服务。我相信，《炼油工业技术知识丛书》的出版，将为行业内人员提供一套比较完整的炼油技术知识参考书，在加强技术传播、促进技术交流、推广技术应用、指导生产实践等方面会起到积极的作用，得到广大炼油行业从业人员的热烈欢迎。

中国工程院院士

前　言

近几年国内外油品调合技术发展迅速，而比较系统地论述油品调合的基本理论、过程、方法、设备及最新研究成果的书籍比较少，尚无油品调合技术的专门教材或参考书，而社会对本方面知识的需要较为迫切。本书以油品调合工作中遇到的理论、实践需要为出发点，系统地介绍了有关液体燃料、润滑油调合组分的性质、生产工艺及其调合方法、调合使用的设备、调合指标理论计算等基本理论、过程、方法管理知识，以实际油品调合生产案例为对象进行较详细的介绍分析。主要包括调合组分油性质及产品标准、油品调合方法、油品调合设备、油品调合指标计算、调合实例、油品调合用添加剂等。

为满足不同层次读者的需求，本书适当介绍了最新的油品调合技术研究成果，尤其是计算机在油品调合中的应用等。

本书可作为从事油品科研、油品调合、生产及储运管理的培训教材，对相关领域的研究人员及大专院校师生也有一定的参考价值。

本书由中国石油化工股份有限公司九江分公司蔡智、徐燕平，江苏工业学院黄维秋、李为民负责编写。全书由蔡智主编、审核。

由于系统介绍油品调合技术的参考书很少，编者编写本书的主要资料来自石油加工、油品储运、科技文献期刊及炼油企业实际油品调合生产工艺。由于作者水平及经验的不足，书中难免有错误和不妥之处，希望读者批评指正。

目　录

第一章　调合组分油性质及产品标准

第一节　概　　述

石油炼制工业在我国国民经济中占有重要的地位，是国家支柱产业之一。经过40多年的发展，石油炼制工业呈现出规模大型化、技术现代化和品种多样化的特点，其生产能力、产品质量和品种持续稳定地增长。出于技术经济的综合考虑，加上炼油装置加工工艺的局限性，各炼油装置生产的许多一次产品油性能一般都不能直接满足各种油品质量的要求，如汽油、柴油、润滑油类产品质量的要求。一次产品油就常常称为半成品油或基础油等。为了降低成本、节约能源、提高效率、优化工艺，常常需要在一次产品油中加入添加剂，或通过双组分、多组分半产品油按不同比例的调合，充分利用不同组分油的物化性质，发挥各自的优良性能，相互取长补短，以达到用户要求的产品质量。随着汽油及柴油升级新标准的实施、润滑油质量的进一步提高，更加推动了油品调合工艺技术的发展，并大大改善和提高了产品质量及性能。

汽油、柴油的质量升级和润滑油的高质量要求，使炼油厂为满足新的质量要求而付出高昂的代价。为此，应该通过油品调合手段，在满足汽油、柴油和润滑油指标的条件下，最大限度地将生产过程中产生的各种组分汽油、柴油及其他基础油，按一定的配方进行调合而生产出成本最低、质量合格的高品质汽油、柴油和润滑油。

油品调合是炼油企业石油产品在出厂前的最后一道工序，是油品储运专业一项技术基础工作。油品调合工作要求严，技术性强，涉及知识面广。油品调合工作不仅要求具备油品物性知识、计算机应用知识、仪表自控知识等，还需要有质量意识、成本意识、效益意识、安全环保意识，更要有丰富的实践经验。油品调合工作就是要用最少优质的原料、以较短的时间，调出完全合乎质量要求的产品，而且尽可能实现调合一次成功，从而为企业创造出最大的经济效益。

所谓油品调合，就是将性质相近的两种或两种以上的石油组分按规定的比例，通过一定的方法，利用一定的设备，达到混合均匀而生产出一种新产品（规格）的生产过程。有时在此过程中还需要加入某种添加剂以改善油品的特定性能。

油品调合的作用和目的：

① 石油经过蒸馏、精馏和其他二次加工装置生产出的一次产品油，除少数产品可直接作为商品出厂外，对绝大多数一次产品油来说，尚需进行调合，以产出各种牌号的合格产品，即达到使用要求的性质并保证质量合格和稳定。

② 改善油品性能，提高产品质量等级，增加企业和社会效益。

③ 充分利用原料，合理使用组分增加产品品种和数量，满足市场需求。

第二节　调合组分油生产工艺

石油炼制企业（炼油厂）根据原油性质和对石油主要产品的要求不同，可分为四种类型，即燃料型、燃料-润滑油型、燃料-化工型与燃料-润滑油-化工型。

1. 燃料型炼油厂

这类炼油厂主要是生产各种发动机燃料油。例如汽油、煤油、柴油及锅炉燃料油、石油焦等。我国初期大多数炼厂采用常减压-催化裂化-焦化流程，参见图1-1。

2. 燃料-润滑油型炼油厂

这类炼油厂除生产一部分燃料油外，主要是生产各种类型的机器润滑油。生产润滑油的油料是原油中沸点范围在300~500℃，甚至更高馏分。精制润滑油的生产过程是比较复杂的，流程见图1-2。

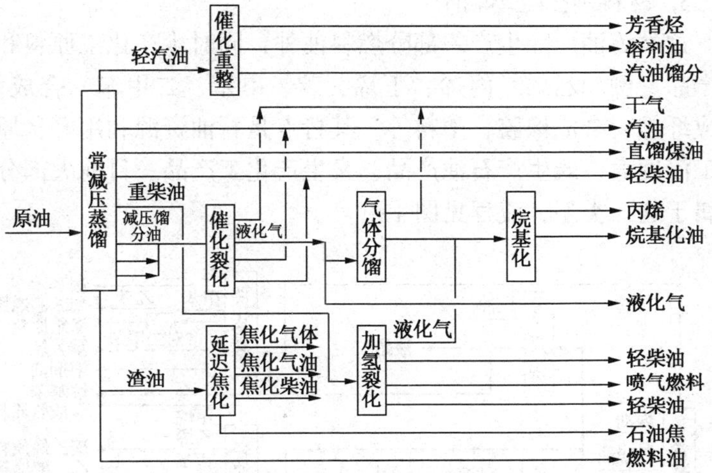

图 1-1　燃料型流程图

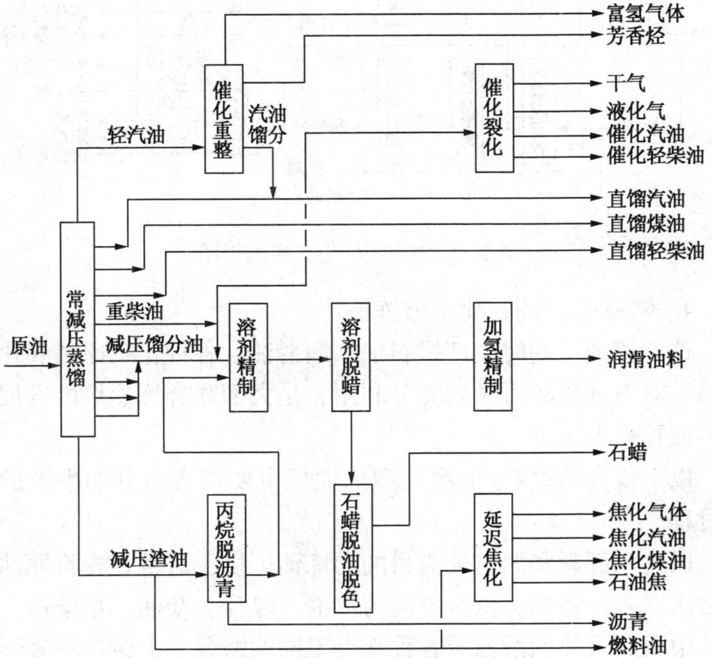

图 1-2　燃料型-润滑油型流程图

3. 燃料–化工型炼油厂

这类炼油厂除生产一部分燃料油外，同时生产化工原料和化工产品。例如乙烯、丙烯、丁烯、苯、甲苯、二甲苯、合成氨、合成纤维、合成橡胶、塑料等。其特点是石油资源利用好，原油加工深度大，既生产石油产品，又生产化工产品。目前大部分炼厂属于这一类型，流程见图 1–3。

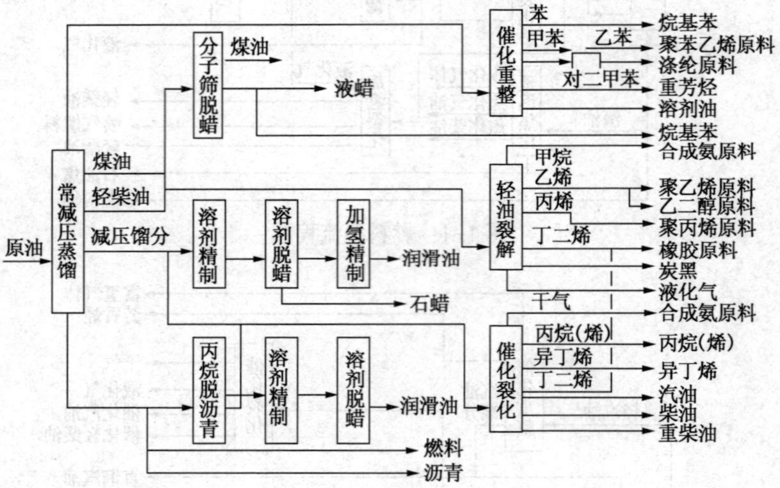

图 1–3　燃料型–化工型流程图

4. 燃料–润滑油–化工型炼油厂

这类炼油厂同时生产燃料油、润滑油、各种化工原料和化工产品，对石油资源可做到充分利用，是大型联合炼油厂的发展方向。流程见图 1–4。

以下仅介绍燃料–润滑油型炼油厂主要调合组分油生产的基本过程。

以生产燃料和润滑油为目的的炼油厂里，通常是先将原油进行常压、减压蒸馏，依次分离为汽油、煤油、柴油、重柴油，轻质、中质和重质润滑油等各种沸点不同的馏分。上述过程属于物理过程，原油中烃类化合物在结构上没有发生变化，称为一次加工，石油炼制属于一次加工的主要是常压与减压蒸馏。以一次加工得到的各种馏分为原料，按产品质量的要求，分别进行加工，可生产不同品种、规格的燃料和润滑油等石油产品。在加工过程中有化学反应发生，且原料中的烃类化合物在结构上也发生变化，称为二次加工。属于二次加工中的转化工艺主要有催化裂化、加氢裂化、延迟焦化、催化重整、MTBE与烷基化；属于二次加工中精制工艺的主要有溶剂精制、加氢精制、润滑油加氢处理、白土补充精制、丙烷脱沥青、脱蜡等。

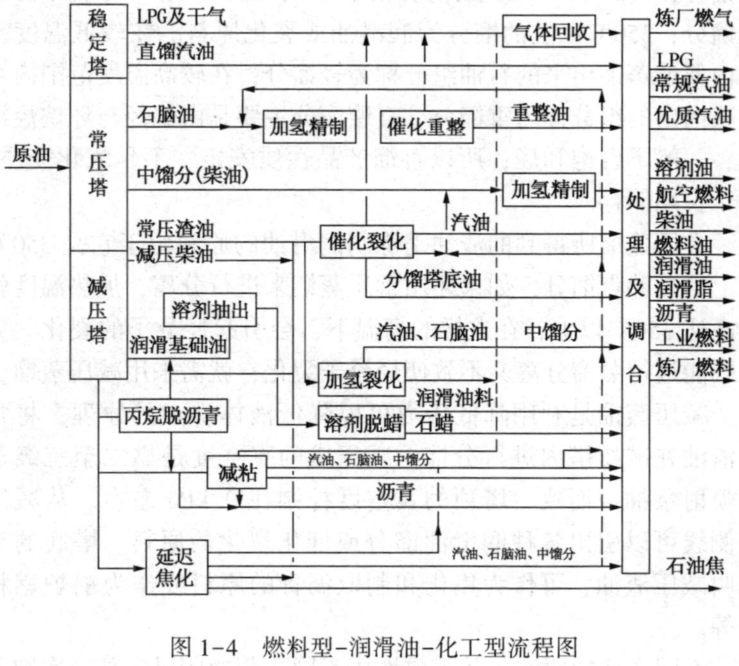

图1-4　燃料型-润滑油-化工型流程图

下面分别简单介绍各种调合组分油生产的工艺方法。

一、燃料油调合组分油生产工艺

1. 直馏汽油、常一线、常二线、常三线、渣油等组分

直馏汽油、常一线、常二线、常三线、渣油组分油是由原油蒸馏装置生产。原油蒸馏是原油加工的第一道工序，它包括常压

蒸馏和减压蒸馏两部分，通常称为常减压蒸馏。原油通过蒸馏后可以分离出汽油、煤油、柴油、润滑油、裂化原料和渣油等馏分。其中一部分为半成品，需经进一步加工精制及调合后得成品油；另一部分则为下游加工装置提供原料。

常压蒸馏是根据组成原油的各类烃分子沸点的不同，利用加热炉、分馏塔等设备将原油进行多次的部分汽化和部分冷凝，使气液两相进行充分的热量与质量交换，以达到分离的目的，从而制得汽油、煤油、柴油等馏分。一般35~200℃的馏分为直馏汽油馏分；175~300℃的馏分为煤油馏分；200~350℃的馏分为柴油馏分；350℃以上的馏分为润滑油或裂化原料。在较低温度范围内便能蒸馏出来的石油组分称为轻馏分；在较高温度范围内才能蒸馏出的组分称为重馏分。直馏馏分主要是由烷烃与环烷烃组成，一般不含饱和烃，所以直馏产品性质安定，不易氧化变质，易于长期储存。

常压蒸馏所得到的渣油是炼制润滑油的原料由于它是350℃以上的高沸点馏分，如果还用常压蒸馏来进行分离，加热温度就得高达350℃以上，在这样的高温下，会引起烃分子的裂化。为了既能进行蒸馏分离又不致使烃分子裂化，就需采用减压蒸馏。

减压蒸馏是利用降低压力可以降低液体沸点的原理，将常压渣油在减压塔内进行分馏。减压塔的真空度是靠二至三级蒸汽喷射泵抽空而致，塔顶的真空度控制在97kPa左右。从减压塔侧线可以引出各种润滑油馏分或催化裂化的原料。塔底的重油叫减压渣油，可作为焦化和制取沥青的原料或作为锅炉燃料油等。

不同产地的原油，其组成性质不同，蒸馏所得产品产率则不同；同一种原油，随加工方案的变化，切取馏分范围及产率也有变化。一般来说，我国所产原油较重，轻组分含量少，原油蒸馏的常压拔出率为25%~40%；减压拔出率为25%~35%。现将某厂2003年2.50Mt/a装置标定数据列于表1-1，其中原油加工量306.6t/h，原油含硫0.56%。

表 1-1 原油蒸馏装置产品产率及硫含量

馏出位置	沸点范围/℃	产率/%	硫含量/%	用　途
初馏塔顶 常压塔顶	初馏点~130(140) 40~120	6.72	0.03	催化重整原料
常压一线	130~250 200~250	13.31	0.05	喷气燃料 灯用煤油
常压二线	250~300	9.71	0.22	轻柴油
常压三线	300~350	2.99	0.43	重柴油或润滑油原料
减压一线 减压二线 减压三线 减压四线	350~400 400~450 450~500 500~535	32.66	0.47	润滑油料、裂化原料或柴油 润滑油料或裂化原料 润滑油料或裂化原料 润滑油料或裂化原料
减压塔底	>535	33.78	1.35	燃料油，焦化、氧化沥青、丙烷脱沥青原料

2. 催化裂化汽油、柴油组分

催化汽油、柴油由催化裂化装置生产。催化裂化工艺是将重质原料转化为优良的轻质油品的加工方法之一，它是目前炼油工业中最重要的轻质化的工艺过程。特别是近几年来渣油催化裂化技术的开发，不但扩大了原料的来源，而且在简化流程、提高轻质油收率、增加经济效益等方面都显示了极大的优越性，因此催化裂化加工能力不断增长。

催化裂化的产品主要有石油气、汽油与轻柴油。催化裂化的汽油产率高，约为35%~45%，不饱和烃含量少，异构烷烃与芳香烃含量高，故化学安定性好，辛烷值高，抗爆性好，可用作航空汽油与高辛烷值汽油的基本组分。催化裂化的柴油产率为20%~35%，但因含正构烷烃少，安定性能较差。催化裂化是目前二次加工工艺中采用最为普遍的一种。

催化裂化装置随所用原料、生产方案和催化剂种类不同，所得产品产率不同，产品性质也有差异。表 1-2 列出某厂 1.00 Mt/a催化裂化装置标定的数据及硫的分布，其中，原料进料为

113t/h，原料含硫量为0.82%。

表1-2　催化裂化装置产品产率及产品性质

产品名称	产品收率/%	硫含量/%
脱前干气	5.03	2.24
脱前液化气	14.52	1.30
稳定汽油	37.11	0.09
轻柴油	27.24	0.60
油　浆	6.37	1.00
再生烟气	$1287mg \cdot m^{-3}$	
含硫污水	$3000mg \cdot L^{-1}$	

3. 加氢裂化汽油、柴油组分

加氢裂化是重质油料在催化剂和高压氢气存在下，在一定的操作条件下，进行裂化、加氢、异构化等反应，生成液态烃、汽油、喷气燃料和柴油等优良轻质油品的工艺过程。

在有催化剂和氢气存在的条件下，使重质油受热后通过裂化反应转化为轻质油的加工工艺，称之为加氢裂化。与催化裂化所不同的是加氢裂化是在9.81~14.71MPa压力和380~440℃的温度条件下，而且有不同的催化剂、氢气(约为原料重油的2.5%~4%)作用下进行的。既有催化裂化反应，又有烃类的加氢反应，由于加氢反应，可使不饱和烃变为饱和烃，并使非烃类化合物也发生反应。因此，加氢裂化产品安定性好，腐蚀性小。由于含环烷烃多，是催化重整制取高辛烷值汽油的原料，由于含异构烷烃较多，芳香烃较少，因而加氢裂化所得的柴油产品凝点与冰点很低，十六烷值很高。此外，加氢裂化还具有原料油的范围广(从直馏重柴油到减压渣油等均可使用)，生产灵活性大(汽油与柴油产率可据需要调整)，产率高(汽油产率可达75%，以生产柴油为主时，柴油产率可达85%)等特点。但由于加氢裂化是在高压条件下操作，生产条件较苛刻，加之投资大，故目前未能像催化裂化那样得到普遍应用。

加氢裂化装置的产品产率和原料性质、催化剂及操作条件下有很大关系。在原料油、催化剂和流程类型已定的情况下，改变反应温度能改变生产方案。如生产喷气燃料的方案反应温度为380℃，若将反应温度提高8℃，就可以变成生产石脑油方案，若将反应温度降低6℃，又可变成生产柴油的方案。现将本流程生产喷气燃料方案的产品产率及产品性能列于表1–3、表1–4。

表1–3 加氢裂化产品产率 %

酸性气体	干气	轻石脑油	重石脑油	喷气燃料	柴油	未转化油	损失	液体总收率
0.15	2.66	17.36	15.73	42.39	18.51	1.44	1.85	94.03
		15.38	16.17	43.37	23.21			96.33

表1–4 加氢裂化产品性质

产品	相对密度（d_4^{20}）	馏程范围/℃	闪点/℃	凝点/℃	冰点/℃	辛烷值	腐蚀	
							铜片	银片
液化气								
轻石脑油	0.6630	36～117				72～78		
重石脑油	0.7347	101～148						
喷气燃料	0.7807	146～269	42		–52		16	0
柴　油	0.8018	228～336	>90	–5				

4. 焦化汽油、柴油组分

焦化汽油、柴油组分由延迟焦化装置生产，焦化是焦炭化的简称，它属于深度热加工工艺。焦化以残渣油为原料，在高温条件下，经深度裂化和缩合，转化为气体、轻质油、中间馏分及焦炭的加工过程。延迟焦化是因焦化反应延迟进行而得名。原料油受热后的生焦现象不在加热炉管内而延迟到焦炭塔内出现的过程叫作延迟焦化。延迟焦化法是生产轻质燃料和焦炭的方法之一。

延迟焦化产品分布和质量直接与原料油性质有关。表1–5列出了我国几种主要减压渣油的产品分布情况。其中大庆原油为石蜡基原油，其渣油密度小，残炭含量低，因而焦炭产量最低，而液体收率最高。

表 1-5　延迟焦化产品质量分布　　%

原料油	胜利原油	鲁宁管输减压原油	大庆减压渣油
气体+损失	10.7	7.5	7.0
汽　油	8.2	15.2	15.1
柴　油	26.2	23.8	31.6
蜡油等	32.7	30.5	29.8
焦　炭	22.2	23	16.5
轻油收率	34.4	39.0	46.7
液体总收率	67.1	69.5	76.5

焦炭装置产品除焦炭外其他均为中间产品。其中汽油馏分的辛烷值较低，仅60左右，溴价在40~60之间，安定性较差。加氢精制后，安定性可得到改善，但辛烷值更低。柴油馏分的十六烷值较高，可达50左右，溴价在35~40之间，而且含氮量高，需经加氢精制后，才能成为合格产品。焦化蜡油的烃类组成和减压馏分油基本接近，但其中硫和氮含量高，重金属含量低，可作为催化裂化或加氢裂化原料。焦化石油焦，一般含硫量都低于2%，属低硫普通焦，可作为炼钢、炼铝电极用焦。优质针状焦可作为生产碳素产品的原材料。

5. 催化重整汽油组分

催化重整是以汽油馏分为原料，在催化剂和氢气存在的条件下，生产芳烃(苯、甲苯、二甲苯)和高辛烷值汽油的工艺过程，同时副产廉价氢气，可用于加氢精制装置。国内大多数均为固定床半再生式流程，以汽油为原料生产轻质芳烃的催化重整装置包括原料预处理、催化重整、溶剂抽提和芳烃精馏四个工序。

在有催化剂作用的条件下，对汽油馏分中的烃分子结构进行重新排列使其形成新分子结构的过程，叫作催化重整。催化重整按所用催化剂种类的不同，分为铂重整、铂铼重整和多金属重整。将汽油馏分进行催化重整，可以得到高辛烷值的汽油、轻芳烃和氢气三大产品。催化重整的原料油是直馏、裂化和焦化汽油馏分。当生产高辛烷值汽油时，一般采用0~180℃(或200℃)的馏分，叫作宽馏分重整；当生产轻芳烃时，宜用60~145℃的馏分，叫作窄馏分重整。催化重整装置产品收率及质量与原料性质有关。表1-6列出了某厂重整装置标定的数据。

表1-6　催化重整装置产品产率及产品质量

原料进料及硫含量①	产品名称	产品收率/%	硫含量①/%
预分馏部分： 21t/h，含硫0.0203%	干气	0.24	0.35
	拔头油	2.67	0.0245
	预加氢油	18.1	0.0153
预加氢部分： 18.1t/h，含硫0.0153% 混氢0.63t/h，0.0005%	干气	0.07	3.7193
	重整进料	17.86	0.02
	混氢量	0.8	0.00005
重整部分： 17.86t/h，含硫0.00005%	干气	0.3	0.0005
	含氢气体	1.479	0.00025
	液化气	1.148	0.000312
	脱戊烷油	14.85	0.000001mg/L

① 硫含量为质量分数。

6. 烷基化汽油组分

烷基化是以炼厂气中异丁烷和丁烯为原料，在酸催化剂作用下，反应生成烷基化油。烯烃在异构烷烃或芳烃上的热反应或催化反应过程叫作烷基化。目前我国多以浓硫酸或氢氟酸为催化剂，主要产物是异辛烷和其他烃类组成的混合物，这种混合物叫作烷基化油。对烷基化油进行分馏切割50~180℃的主要成分可得各种不同结构的异辛烷馏分(称为工业异辛烷)。工业异辛烷的马达法辛烷值高达94，是理想的航空汽油与高级汽油的高辛烷值汽油调合组分。另外，副产品重烷基化油也可作为轻柴油的组分。

烷基化装置产品是烷基化油。它是异构烷烃的混合物，是理想的高辛烷值汽油调合组分，国内烷基化装置所产的烷基化油性质见表1-7。

表 1-7　烷基化油性质

项　目	氢氟酸烷基化	硫酸法烷基化
密度(20℃)/(g/cm³)	0.6892~0.6945	0.6876~0.6950
馏程/℃		
初馏点	45~52	39~48
10%	82~88	76~80
50%	103~107	104~108
90%	119~127	148~178
干点	190~195	190~201
蒸汽压/kPa	40~41	54~61
辛烷值：RON	90.9~94.4	93.5~95
MON	91.5~93	92~93

7. 加氢精制柴油组分

加氢精制是石油产品或馏分油在氢压下进行催化改质，脱除油品中的硫、氮、氧及金属等有害杂质，并能使烯烃饱和，稠环芳烃部分加氢，从而改善油品(或馏分油)的质量。

在高温、高压和有催化剂存在的条件下，向被精制油中通入氢气，使氢与油中的非烃化合物和不饱和烃等发生化学反应，从而将它们除去和转变为饱和烃的精制工艺，称为加氢精制。这是一种较好的精制方法，可简化精制工序，提高油品的产率。加氢精制将逐步取代部分传统的精制工艺。

加氢精制深度不同，其产品质量差异较大。表 1-8 列出了某厂加氢精制装置标定的数据。

表 1-8　加氢精制装置产品产率及产品性质①

产品名称	产品收率/%	硫质量含量/%
干　气	1.61	9.6
精制柴油	96.27	0.12
粗汽油	1.18	0.05
含硫污水		8833mg · L⁻¹

① 原料进料：181.65t/h，含硫量：0.49%。

8. 甲基叔丁基醚组分

甲基叔丁基醚简称 MTBE，它是一种高辛烷值含氧化合物。是以异丁烯和甲醇为原料，在催化剂作用下合成而得。

甲基叔丁基醚具有良好得抗爆性能，其马达法辛烷值为 101，研究法辛烷值为 117，是高辛烷值汽油的优良调合组分。MTBE 的物理性质与汽油相近。能与烃类完全互溶，而且调合效应和使用性能优良，目前已广泛用于汽油中。

MTBE 的工艺流程随异丁烯转化率要求不同，可分为一段一般转化、两段深度转化和一般深度转化三种。其中一段一般转化流程比较简单，异丁烯转化深度为 90%～92%，未转化的异丁烯可随 C_4 馏分去烷基化装置生产烷基化油，这一流程适合于炼油厂。

装置所得产品的性质：MTBE 含量>98%；密度（20℃）为 0.74g/cm^3；沸点 52～58℃；研究法辛烷值 117，马达法辛烷值 101。

二、润滑油基础油生产工艺

石油中润滑油产品，是由润滑油的基础油和各种能改善润滑油使用性能的添加剂调合而成。炼厂润滑油生产工艺主要指润滑油基础油的生产过程。

润滑油基础油的生产是将蒸馏装置来的润滑油馏分或残渣油，根据其性质，采用不同的工艺过程，除去原料中的非理想组分，生产出符合一定质量指标的润滑油基础油料（或产品）。

炼厂润滑油的主要生产过程有常减压蒸馏、丙烷脱沥青、溶剂精制、溶剂脱蜡、白土或加氢补充精制等，其生产程序见图 1-5。

1. 丙烷脱沥青

溶剂脱沥青是为了制取高黏度润滑油而发展起来的工艺过程。它是利用重质烃类和沥青在溶剂中的溶解度不同，将沥青从减压渣油中脱除的工艺过程。减压渣油中含有高黏度润滑油组分，也含有大量沥青质。用丙烷作溶剂脱除减压渣油中的沥青质及重金属等杂质，可以获得重质润滑油料。脱沥青后的渣油也可以作为催化裂化、加氢裂化等装置的原料。利用丙烷在一定温度条件下对于减压渣油中的润滑油组分和蜡有相当大的溶解能力，而对于胶质和沥青质几乎不溶解的特性，将减压渣油中的胶质、沥青质除去，以生产高精度的润滑油，同时还得到沥青。这是精制渣油型润滑油前的一道准备工序。

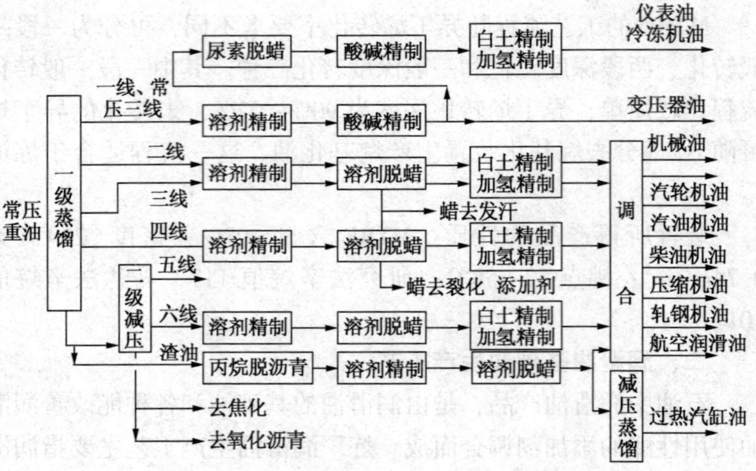

图 1-5　润滑油生产程序图

以大庆原油的减压渣油为原料，所得产品产率及性质见表1-9。

表 1-9　烷基化油性质

项　目	原料油	脱沥青油	残脱沥青油	沥　青
密度(20℃)/(g/cm³)	0.9246			
残炭/%	9.12	0.71	4.59	
黏度(100℃)/(mm²/s)	130	25.9		46.9
针入度/0.1mm				61
延度/cm				>103
收率/%		49.8	13.5	36.7

2. 溶剂精制

从原油蒸馏装置取得的馏分润滑油料及丙烷脱沥青装置制得的渣油润滑油料，其中都含有一些对润滑油使用性能有害的非理想物质，如胶质、沥青质、短侧链的中芳烃和重芳烃、多环及稠环化合物和含硫、氮、氧的非烃类化合物。这些物质的存在会使润滑油的黏度指数降低，抗氧化安定性变差。使用后容易产生较多的沉淀及酸性物质，会堵塞油路和腐蚀机械构件。

润滑油溶剂精制就是利用溶剂的选择性溶解能力，脱除润滑油料中的非理想物质及有害物质，改善润滑油料的粘温性能和抗氧化安定性能。因此，溶剂精制是润滑油生产过程中重要一环。溶剂精制的深度常影响润滑油基础油的质量。

在一定的温度条件下，利用溶剂的活性极性分子，溶解润滑油中的一些非理想成分(多环短侧链的芳烃和环烷烃、胶质、沥青质及硫、氮、氧化合物等)，将它们分离出来，从而改善油品的粘温性能，降低残碳值与酸值，提高油品的安定性。将分离物蒸出溶剂后，便获得抽出油，抽出油可作调合车轴油等的原料，常用的溶剂有糠醛、酚、丙烷等。

润滑油溶剂精制对不同原料、不同精制深度，其精制操作条件不同，产品的质量和收率也不同。表 1-10 给出以大庆减压馏分油及脱沥青油为原料，用糠醛精制后所得的产品性质和收率。

表 1-10　烷基化油性质

项　目	密度(20℃)/(g/cm^3)	黏度/(mm^2/s)	比色(ASTM D1500)	闪点/℃	残炭/%	收率/%
原料						
150 SN	0.8528	4.61	2~2.5	203		
500 SN	0.8750	8.01	3.5~4.0	257	0.08	
150 BS	0.8849	26.8	8	330	0.9	
产品						
150 SN	0.8427	4.13	0.5	217		86.8
500 SN	0.8579	7.23	1.0~1.5	259	0.025	86.7
150 BS	0.8788	21.2	6.0	319	0.35	83.1

3. 润滑油加氢处理

润滑油加氢处理通常是在中、高压(7.85~14.71MPa)氢气和催化剂存在的条件下，对润滑油料进行精制和改质的工艺过程。通过加氢处理，使原料中的多环芳烃、胶质、沥青质等不理想组分发生适度的加氢裂解使之变成有益组分，从而达到精制润滑油和提高精油品粘指数的目的。

4. 白土精制

白土是一种含氧化硅和氧化铝的天然陶土，用盐酸处理后，活性大增，它不仅吸附能力强，且选择性好。白土精制工艺是用于除去经酸碱精制或溶剂精制后的油品中残留的胶质、沥青质、环烷酸盐、磺酸盐、酸碱渣、硫酸酯及抽提溶剂等的加工方法。当与油料充分混合后，即将油中胶质、沥青质、酸渣、残余溶剂等吸附在微孔表面上，这些杂质为极性物质，很容易被活性白土吸附而除掉。同时也把精制油中存在的影响色度的物质，以及一些光安定性极坏的物质吸附掉，从而保证精制油色度良好。白土精制可以提高油料的安定性，降低残炭值及酸值(或酸度)，并对黏度指数和黏度密度常数稍有改善。这种方法作为酸碱精制或溶剂精制的一个补充，可进一步提高油品的安定性并改善油品色泽。此法工艺简单、设备投资少，但劳动条件差，生产效率低，且污染环境。

5. 脱蜡

蜡是在常温下呈固体状态的烃，蜡虽说不是有害物质，但它是不理想组分，因为常温条件下在油中呈溶解状态的蜡在较低温度下会从油中析出，温度越低，析出量越多。润滑油原料中除含非理想组分和有害杂质外，还含有高凝点的石蜡。蜡的存在会影响润滑油的低温流动性能。为了改善油的低温流动性，在生产润滑油、柴油和喷气燃料的过程中，因此根据原料油中的含蜡量和对各种润滑油料的质量要求不同，必须进行不同程度地脱蜡。

润滑油中的蜡一般溶解在油中，其溶解度随温度升高而增大；随温度降低而减小。当温度降低到某一数值，蜡在油中达到饱和状态，则开始析出结晶。温度继续下降，结晶不断增大，最后采用过滤方法将结晶蜡与油分离，这一过程称为结晶脱蜡过程。

溶剂脱蜡和冷榨脱蜡同属结晶脱蜡过程。其不同之处是溶剂脱蜡除降低油料温度外，还在油料中加入具有选择性溶解能力的溶剂，这种溶剂能较好地溶解油，而对蜡的溶解度则很小，经过滤则可使蜡与油分离。加入的溶剂除了起选择性溶解作用外，还起到降低油的黏度，使蜡容易形成大颗粒、有规则的结晶，同时还可减少过滤阻力，使蜡容易从油中分离出来。

目前炼厂油料采用的脱蜡方法有下列几种：

（1）冷榨脱蜡：将原料油冷冻至低温，蜡析出结晶，通过压滤机将结晶蜡与油分离，此法多用于柴油和轻质润滑油(如变压器油、轻质机械油)的脱蜡。

（2）分子筛脱蜡：又称为吸附脱蜡，利用5A分子筛吸附原料油中正构烷烃，使蜡与其他组分分开，此法适用于煤油或轻柴油脱蜡和用于生产液体石蜡。

（3）尿素脱蜡：利用尿素和油中蜡形成络合物，然后将络合物与油分离，此法适用于柴油及轻质润滑油馏分脱蜡。

（4）催化脱蜡：脱蜡原料油在氢气存在下，通过催化剂的作用，发生选择性加氢裂化和异构化反应，使其中大分子正构烷烃较变为小分子的烷烃和异构烷烃，达到降低凝点的目的，此法可用于柴油及润滑油馏分降凝。

（5）溶剂脱蜡：在润滑油料中加入具有选择性溶解能力的溶剂，然后冷冻使蜡析出结晶，再过滤使蜡与油分开。此法适用于各种馏分润滑油和残渣润滑油的脱蜡，是润滑油生产中最常用的方法。

影响润滑油溶剂脱蜡的主要因素有溶剂性质及组成、溶剂比、溶剂加入方式和冷却速度等。

以大庆原油的减压馏分油及脱沥青油为原料，经溶剂脱蜡后所得产品性质及产率见表1-11。

表 1-11　脱蜡油性质及收率

项　　目		150SN	500SN	150BS
比色/号		1.5	2.5	7
黏度/(mm^2/s)	50℃	19.63	60.02	277.9
	100℃	5.03	11.01	35.0
闪点(开口)/℃		213	269	325
凝点/℃		−12	−12	−12
康氏残炭/%		0.008	0.076	0.71
硫含量/%		0.036	0.078	0.06
黏度指数		98	97	103
脱蜡油收率/%		54.0	54.0	43.4

第三节　主要调合油性能指标意义

物理性能指标是衡量石油产品使用性能常用的简易尺度。因为一般化学分析都比较复杂，且需要的时间也长，对控制生产和决定使用不太适用。要了解石油产品的组分和结构，还要采用光谱、极谱、质谱等仪器分析，以及应用示踪原子等快速而精确的分析方法及自动化分析方法，以满足生产和使用上的要求。例如最近在测定润滑油的铁、钠、钡、钙、硫、磷、氮等含量方面，已经采用色谱、质谱或极谱等仪器分析方法，代替费时的传统物理化学分析方法。在研究润滑油(脂)使用过程中的变化时，应用了示踪原子方法。采用计算方法和图表方法以及电子计算机等近代科技方法，节省了人力、物力及时间。控制石油产品常用的主要理化指标有：密度(或相对密度)、馏程、黏度、凝点或浊点、闪点、硫含量、酸度或酸值、残炭、灰分、机械杂质和水分以及某些特定的金属含量等。某些使用性能指标同样受到重视。

一、汽油质量指标

汽油是由 4~12 个碳原子构成的烷烃、芳烃和烯烃等组成的混合物；沸程为 25~205℃，最高到 220℃的几百种化合物；密度(20℃)为 0.65~0.75kg/L，发热量约为 50.2MJ/kg。

1. 辛烷值

辛烷值是指和汽油的抗爆性相当的标准燃料中，所含异辛烷的百分数。常用的测定方法有研究法(RON)和马达法(MON)。研究法测定结果比马达法高，一般可用经验公式 MON=RON×0.8+10 的公式推算出二者的近似关系值。

辛烷值是汽油最重要的使用性能指标，是代表汽油质量水平和规定标号的，用以表示汽油的抗爆性，即汽油在发动机内燃烧时抵抗爆震的能力，汽油辛烷值高，表示其抗爆性好。汽油的牌号是以辛烷值来分的，如 90 号汽油的辛烷值不低于 90 个单位。

提高汽油辛烷值的方法主要有两种：一是增加或加入高辛烷值组分；一是在汽油中加入抗爆剂。

2. 蒸气压

在某一定温度下，液体与其液面上的蒸气呈平衡状态时，此蒸气所产生的压力称为饱和蒸气压。蒸气压大小表示汽油汽化的程度，是控制汽油在夏季(热天)不发生气阻，保证有适当的蒸发性能，以利于加速性和冬季(冷天)起动性的指标。车用无铅汽油规定：从 9 月 16 日至 3 月 15 日，蒸气压不大于 88kPa，从 3 月 16 日至 9 月 15 日，蒸气压不大于 74kPa。

3. 诱导期

汽油和氧气在一定条件下(100℃，氧气压力 $7kg/cm^2$)接触，从开始到汽油吸收氧气、压力下降为止，这段时间称为诱导期，以分钟表示。诱导期是保证汽油在储存中不致迅速变质生胶或增长酸度的指标，也是防止发动机汽化器不致结胶、油门不致冻结、进气阀不致结焦积炭以及有关机件不受腐蚀的指标。影响汽油诱导期的主要原因，是汽油中的二烯烃和一些不安定的含极性的原子或极性官能团的化合物。

汽油的诱导期越短，安定性越差，结胶越快，可储存的时间也越短。提高汽油的安定性，除改变汽油的组成外，还可以在汽油中加入酚或胺型抗氧化剂和金属钝化剂等。规定汽油中的诱导期不小于 480min。

4. 实际胶质

实际胶质是指100mL燃料在规定条件下蒸发后残留的胶状物质的毫克数，用以评定汽油在发动机中，生成胶质的趋向，也是表示安定性好坏的一项指标。实际胶质塔的汽油颜色变深，使用时容易在发动机中产生胶状积物，影响发动机的正常工作。

为保护环境，防止大气污染，规定无铅车用汽油硫质量含量小于0.08%。因汽油在发动机中，完全燃烧时大约生成与汽油等量的水分，与硫化物燃烧生成的二氧化硫和三氧化硫、废气中的二氧化碳和乙基液燃烧后生成的溴酸、盐酸等酸性物质，在停车时被水分溶解凝结在排气管及排气门上而发生腐蚀。在发动机中汽油不完全燃烧的废气成分中，如废气总量为0.83m^3，则其中二氧化碳0.172m^3，一氧化碳0.62m^3，氢0.03m^3，氧0.001m^3，氮0.581m^3及少量的二氧化硫和三氧化硫以及氧化氢等，另有水分0.82kg。一旦排气温度降到露点以下时，则会发生排气系统的腐蚀。

二、柴油质量指标

柴油是由C_{15}~C_{23}(轻柴油C_{13}~C_{20}，重柴油可到C_{30})的液体烃类组成的混合物，一般约含碳85.5%~86.5%、氢13.5%~14.5%和少量(1.5%以下)的硫、氮、氧有机化合物和金属有机化合物等。轻柴油馏程大约160~365℃，重柴油230~430℃。柴油的平均相对分子质量为250~300，发热量42.68~46.86 MJ/kg，密度(20℃)按原油不同，大约在0.7~0.95kg/L之间，由石蜡基原油生产的柴油密度较小，芳烃环烷基原油生产的密度较大。

1. 冷滤点

冷滤点是将试油在规定条件下冷却，在1960Pa真空压力下进行抽吸，使试油通过过滤器(363目/in)1min不足20mL的最高温度。冷滤点是模拟发动机的实际工作情况，近似于发动机的实际使用条件，试验证明，柴油的冷滤点与柴油的最低使用温度有着良好的对应关系。目前，国内外评价柴油低温流动性，广泛采用冷滤点。冷滤点法比浊点、凝点更具有实用性。因为柴油温度降至浊点时，由于蜡结晶颗粒很小，并不一定引起滤清器堵塞，而在温度尚未降至凝点之前，滤清器就已经堵塞了，所以浊点和凝点的实用意义不大，国外许多国家使用冷滤点取代了浊点和凝点测定法。

为了改善柴油的低温流动性，通常在油中加入降凝剂，又称低温流动改进剂。柴油中加入降凝剂后，可在低温下使石蜡结晶分散，降低柴油的冷滤点和凝点，改善柴油在低温下的流动性。我国生产的降凝剂有乙烯-醋酸乙烯酯共聚物等。

2. 凝点

凝点是柴油在低温下失去流动性的最高温度。我国柴油的牌号就是按柴油的凝点划分的。凝点是柴油储存，运输和油库收发作业的低温界限温度，同时与柴油低温使用性能有一定的关系。凝点越低的柴油，低温下输送，转运作业越顺利，在柴油机燃料系统中供油性能越好。柴油凝点比环境温度低 5~7℃，即可保证柴油顺利地进行抽注、运输和储存。

柴油的凝点就是柴油在低温下失去流动性的最高温度。含蜡很少的低黏度油品低温下黏度增大是使油品不能流动的主要原因，而含蜡较多的油品低温下石蜡的结晶是使油品不能流动的主要原因。当温度低至结晶点以下，燃料中的蜡开始结晶。随着温度的下降，结晶呈网状发展，燃料中的低凝组分则被吸附在众多的网眼中，终于使液体失去流动性。因此，燃料的馏分愈重或含蜡愈多，其凝点也愈高。

凝点是燃料在低温换装、发放和储运中的重要质量指标。在低温下长期静置的燃料，如果温度降至凝点以下，便无法向车辆的油箱加油。发动机使用凝点过高的燃料，停车后再起动将发生严重困难。因此在室外工作的发动机一般应使用凝点低于周围气温 5~7℃以上的燃料，才能保证发动机的正常工作。

由于柴油的低温性能与使用较为密切，所以，国产柴油的牌号都用凝点来表示。如10号、5号、0号、-10号轻柴油的凝点分别不高于10℃、5℃、0℃和-10℃。

柴油的凝点都由其烃组成所决定。柴油的烷烃(尤其是正构烷烃)含量越多或其相对分子质量越大则凝点越高。国产原油石蜡基的较多，其直馏柴油的凝点一般都较高。为了生产低凝点柴油，需选择合适的原油(如克拉玛依原油)，或进行脱蜡处理。因正构烷烃十六烷值高，所以采用脱蜡工艺生产低凝点的柴油不仅产率要降低，而且十六烷值也要降低，因而生产成本较高，很少单独采用。

3. 十六烷值

十六烷值是指和柴油的抗暴性相当的标准燃料(由十六烷和甲基萘组成)中所含正十六烷的百分数。如十六烷值为45的柴油，表示其抗爆性相当于45%的正十六烷和甲基萘所组成的标准燃料的抗爆性，十六烷值用以表示柴油的抗爆性，是柴油燃烧性能的标志。十六烷值高的柴油，在柴油机中燃烧时不易产生爆震，柴油的十六烷值也不宜过高，否则，燃烧不完全，耗油量增大，一般十六烷值控制在40~60之间。

4. 闪点

闪点是柴油加热时产生的蒸汽和空气的混合气成为可燃混合气(浓度0.7%~1.0%)时，由小火焰或电火花点火时的温度。是保证液体油品储运和使用的安全指标，也就是在低于这一温度时，可能蒸发的轻质组分浓度，不能达到爆炸限度的指标，闪点也是说明蒸发倾向性的指标。

5. 馏程

馏程是保证柴油在发动机燃烧室里迅速蒸发气化和燃烧的重要指标。我国轻柴油规定50%馏出温度不得高于300℃，90%馏出温度不得高于355℃，95%馏出温度不得高于365℃。柴油机的起动性能取决于柴油的初馏点和10%馏出温度，柴油的轻质馏分可以保证良好的喷油雾化和迅速蒸发并形成均匀的混合气，以利于燃烧。

6. 黏度

黏度是流体黏滞特性的一种量度，是流体流动力对其内部摩擦现象的一种表示，黏度大表现内摩擦力大，内摩擦力又是依液体燃料或润滑油分子间的亲和力和吸引力所决定的，相对分子质量越大、碳氢结合越多，这种力量也越大。黏度定义是作用于流体的剪切力与剪切变形之比值，其单位为Pa·s。黏度是保证柴油喷油雾化，喷油距离和扩散度及高压油泵与喷嘴柱塞副润滑要求的指标。

7. 残炭值

蒸馏10%残余物的残炭值是说明柴油在柴油机的燃烧室里燃烧时可能发生结焦积炭的指标。从残炭值可以判断柴油含胶质、芳烃和烯烃多少，说明燃烧性能。使用残炭值大的柴油的柴油机的检修期可能缩短，因燃烧室积炭堆积较快，严重时使柴油机不能正常工作。

8. 硫含量

硫含量是控制柴油中硫化物的指标，硫化物燃烧后生成二氧化硫或三氧化硫，遇水形成硫酸或亚硫酸而腐蚀机械，尤其是二氧化硫或三氧化硫气体污染大气，含大量硫化物的燃烧废气进入汽缸壁和曲轴箱，会使柴油机润滑油加速变质和发生腐蚀。

9. 酸度和水溶性酸及碱

酸度和水溶性酸及碱是控制柴油有机酸含量和不含无机酸、碱，以保证柴油储运容器和柴油机燃料系统不受腐蚀，防止因此而增加发动机喷油嘴结焦积炭的指标。低分子有机酸除表现于酸度外，因溶于水也表现在水溶性酸上。柴油酸度过大或含水溶性酸、碱时，除带来腐蚀外，还会造成柴油的乳化现象。

10. 灰分

灰分是间接控制柴油中的铁、硅、钠、钾及钒等化合物含量不能太多的指标，也是直接控制柴油燃烧后影响燃烧室结垢和发动机磨损的指标。特别是含硫较多的柴油，灰分中含有五氧化二钒时，对燃烧生成的二氧化硫起催化作用，生成三氧化硫，遇水分生成硫酸，腐蚀机械，这是十分有害的，因而轻柴油的灰分都要控制在 0.01%以下。

11. 水分及机械杂质

水分及机械杂质是控制柴油不受污染的指标。由于混进自然水分必然带进无机盐类而增加灰分和结垢，以致使发动机磨损增大，同时也易于造成柴油乳化变质。机械杂质除堵塞滤油器和供油管线外，还严重磨损高压油泵和喷油嘴，因而对机械杂质要严格控制，不允许其存在。

三、航空喷气燃料质量指标

石油燃料馏分越轻，燃烧性能越好，起动也越方便，有利于降低燃料的冰点，但随之也带来容易发生气阻和减少油箱重量加油量的缺点。馏分较重时不但可以增加体积发热量而有利于续航距离，而且也有利于超音速飞机在大气层摩擦发热情况下，不至于油箱燃料蒸发或发生气阻，但也带来不便起动或燃烧不完全而产生积炭的缺点，并且由于未完全燃烧的燃料在燃烧室壁或透平叶片上积炭而产生局部过热现象，可能造成事故。因此，喷气燃料的馏分必须根据各有关因素选定。目前已用的馏分一般为150~250℃，也有扩大到 65~350℃的。有的规定馏分中含萘等衍生物不得超过 3%，终沸点不得高于 320℃或 330℃。

航空喷气燃料要保证在任何情况下，都能正常喷油雾化，并在空燃比(60~120)：1 的大量过剩空气的条件下，都能顺利正常燃烧，因而要严格控制馏分和黏度。

为飞行安全必须保证供油系统的畅通，要求喷气燃料不得含水分及机械杂质，在喷气燃料加入飞机油箱之前需进行粗、中、细 3 次过滤，还有推荐用电净化方法彻底净化的。一般控制喷气燃料的含水量不得超过 30mL/m^3，杂质控制在“无”或 1mg/L 以下。

航空喷气燃料分为汽油型(馏分 80~260℃)，宽馏分型(50~305℃)和煤油型(180~330℃)3 种。

喷气燃料标准中规定的理化性能指标都是保证良好燃烧和安

全飞行的。烷烃燃烧性好，冷却效果也好，但结晶点高，因而也受到限制。例如苏联的喷气燃料约含芳烃15%~20%，烷烃33%~61%，环烷烃 21%~45%，烯烃 1.0%~3.0%，硫0.2%~0.4%，硫醇0.001%~0.01%。

1. 安定性

由于超音速飞机在大气层中高速飞行而摩擦生热，机体温度上升，因而要求燃料有较好的热安定性。热安定性关系到燃料系统的沉积物和油泥生成数量，因而要求燃料最好是传热效率高的，比热容较大，而且抗热氧化安定性良好，长链烷烃为主要组分的燃料。

为改善喷气燃料的抗氧化性能，则加入不超过24g/m^3 的 N,N'-二异丙基对苯酚及2,6-二叔丁基酚等抗氧化剂；为改善抗腐蚀性可加入8.6g/m^3 的烷基磷酸酯或胺基磷酸酯等抗腐蚀剂；为解决在有金属存在下对燃料的氧化生胶的催化作用，加入5.8g/m^3 左右 N,N'-二亚水杨基-1,2-丙二胺等金属脱活剂。

2. 结晶点(冰点)

结晶点(或称冰点)是喷气燃料的主要使用指标。结晶点是用目测有晶体结晶出现时的最高温度。喷气飞机在冬季低温情况下，一旦燃料中析出冰块或石蜡结晶，则会堵塞燃料滤清器及输油系统而造成危害，因而必须保证军用喷气燃料的冰点在-60℃以下，民用喷气燃料冰点在-40℃以下。为防止水分结冰，喷气燃料规定没有水分，即最多不许超过0.002%~0.005%。为防止结冰，喷气燃料都加入乙二醇基甲基醚等防冰剂0.10%~0.15%(体积分数)。

3. 雾化性能及蒸发性

喷气燃料的雾化性能和蒸发性是取决于燃料的馏程、蒸气压和黏度。10%馏出温度直接影响起动性，90%馏出温度是控制重质馏分不能过多，也说明雾化蒸发难易和燃烧完全与否的指标。蒸气压是直接影响到蒸发性的指标，蒸气压46.7~65.3kPa的喷气燃料在$-54^{\circ}C$下也可能起动，同时也是控制不致发生气阻和防止油箱蒸发损失的。但近年使用密闭燃料加压给油系统已基本解决了气阻问题，黏度直接关系到雾化性好坏，同时也是保证燃料油泵润滑指标。

4. 硫醇

硫醇是直接影响燃料系统的塑料材料和金属制品，要求不许对塑性材料及橡胶件等和金属材料有所侵蚀，因此硫醇含量不许超过0.005%，有些严格要求在0.001%以下。同时，对总硫量也有限制，含硫多导致燃烧中增加积炭并使积炭变硬，粘着在燃烧室壁上影响导热而使局部过热，可能损害发动机金属结构。但含硫太少又会使燃烧室金属材料发生渗炭，也是不利的。

5. 防菌性

为防止细菌的产生，可加入相当于硼浓度$10\sim20mg/kg^3$的杀菌剂。

6. 防静电性

为防止产生静电引起火灾和爆炸事故，可向燃料中加入由烷基水杨酸铬盐、磺酰琥珀酸钙盐及甲基丙烯酸酯和甲基乙烯吡啶的共聚物组成的防静电剂$1mg/L^3$。

7. 发热量和密度

航空业为提高喷气发动机燃烧室单位容积的热效率，延长飞机的续航距离，要求燃料的发热量要高（质量发热量要求在43.12MJ/kg以上），同时要求密度在$0.775g/cm^3$以上。

四、车用乙醇汽油指标

1. 蒸气压和氧含量

乙醇在40℃时的蒸气压为18kPa，远低于汽油的蒸气压，但将乙醇添加到汽油中后，乙醇汽油的蒸气压将升高。在加入5.7%（体积分数）乙醇时达到最大值，其后随乙醇加入量的增加乙醇汽油蒸气压有所下降，即使乙醇加入量增加到15%（体积分数）时，仍比不加乙醇的汽油高3kPa左右。乙醇含量对乙醇汽油蒸气压的影响见图1-6。

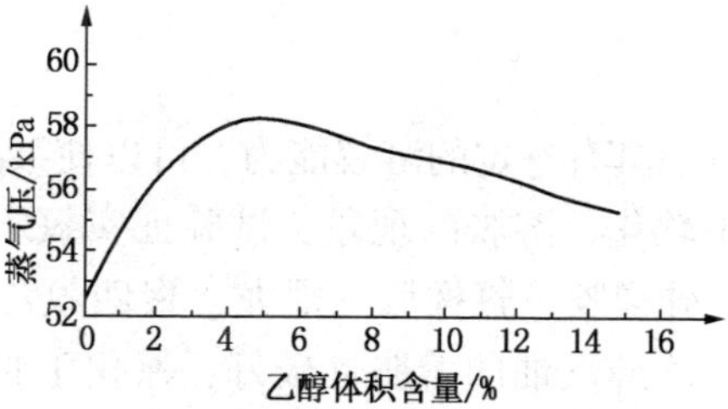

图 1-6　乙醇含量对乙醇汽油蒸气压的影响

国标《车用乙醇汽油》(GB 8351—2001)中规定，车用乙醇汽油中不得人为加入其他含氧化合物。因此，10%(体积分数)乙醇汽油的氧含量为 3.5%(质量分数)。

2. 水溶性

车用乙醇汽油允许的水含量，与温度和乙醇含量有关，温度越低水含量允许值越低，乙醇含量越低水含量允许值也越低。对于 10%(体积分数)车用乙醇汽油，如果含水 0.27%(体积分数)，则温度降到 20℃就会产生相分离。车用乙醇汽油相分离温度与乙醇含量的关系见图 1-7。

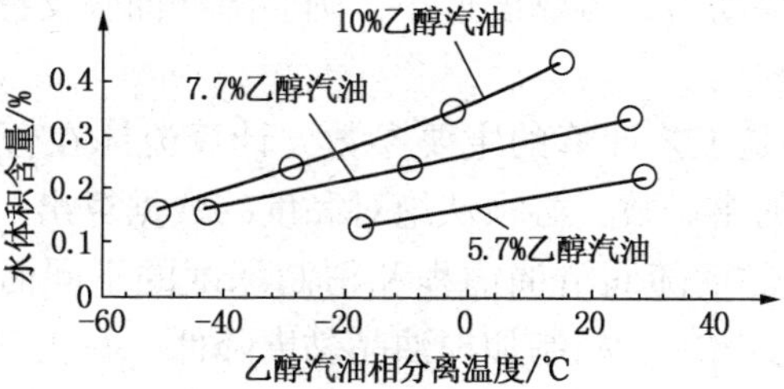

图 1-7　乙醇汽油水含量与相分离温度关系

3. 腐蚀性

车用乙醇汽油具轻微的腐蚀性，这是由于变性燃料乙醇中存在微量乙酸。但试验表明车用乙醇汽油除对紫铜腐蚀明显外，对其他金属的腐蚀不明显。通常在车用乙醇汽油中加入适量腐蚀抑制剂，以有效抑制微量有机酸对黄铜和紫铜的腐蚀，并改善其他金属的耐腐蚀性。

4. 溶解性

车用乙醇汽油具有一定的溶解能力，可以使某些种类的橡胶、树脂和塑料产生软化、溶胀的现象。试验证实氯丁橡胶、顺丁橡胶、丁腈橡胶、硅橡胶、氟橡胶、尼龙、聚四氟乙烯以及缩醛树脂的耐油性和抗乙醇汽油的溶胀性较好，氰化丁腈橡胶、氯化聚醚、丁基橡胶、聚氨酯橡胶和聚氨酯等抗乙醇汽油的溶胀性较差。

五、润滑油主要质量指标及其在使用中的应用

1. 黏度

黏度是润滑油最重要和最本质的性质，是各种润滑油分类分级的依据，对质量鉴别和确定用途等有决定性的意义。润滑油黏度对生产和使用的主要意义如下：

① 黏度是润滑油各种牌号的区分标志，各种工业润滑油以40℃时的运动黏度划分牌号（GB 3141），而各种车辆润滑油按100℃运动黏度划分牌号。

② 黏度是润滑油的主要质量指标，必须正确选用润滑油黏度，以保证机器的正常运行，若选用的油品黏度过大，会造成起动困难，消耗动力；若黏度过小，则会降低油膜支撑能力，增加磨损。

③ 黏度是工艺计算的主要参数。计算流体在管线中压力损失时所应用的雷诺数，必须从绝对黏度的数据算出。

④ 油品黏度随润滑油馏程和精制深度的不同而不同。馏程增高油品黏度增加，精制加深油品黏度降低。在生产上可以从黏度的变化判断润滑油的精制深度。在油品使用中，可以从黏度的变化来判断油品在使用过程中的变质情况。

⑤ 对于流体润滑来说，油的黏度与摩擦系数有关。油的黏度越大，摩擦系数也越大。同时油的黏度对于保证良好的密封作用和必要的冷却作用，均是必须正确选择的因素。

2. 凝点和倾点

润滑油的凝点是指在规定的试验条件下，盛于试管内的试油冷却并倾斜45度，经过1min后，油面不能移动时的最高温度。

凝点对于润滑油使用中的意义：

① 凝点可以用作润滑油低温性质参考指标，例如发动机润滑油的凝点应比起动温度低约10℃左右，但是，即使温度高于凝点也不一定就能泵送，这也取决于油低温黏度。对于不含蜡的油来说，黏度增大而使油品凝住不能流动的范围在$2\times10^5\sim3\times10^6mm^2/s$，但是，实际上远低于此值时油品已经丧失了流动性或泵送性。对于含有微量石蜡的油来说，当温度低于浊点而高于凝点时，有时由于润滑管路中有细滤网等原因，也会使润滑油无法流通。

② 凝点对于含蜡的油品，也是估计石蜡的含量的方法之一。由于油中含有少量石蜡就会使油的凝点上升很大，例如油中加入0.1%石蜡，凝点便会升高9~12℃。因此，当二种不同凝点的油品相互混合时，凝点不是可加的，而是偏向凝点高的油品。这点应在具体掺和油品时注意。凝点的测定方法为GB/T 510，更能代表润滑油的低温性能是倾点，今后将用倾点代替凝点，倾点通常比凝点高1~3℃。

3. 酸值

润滑油的酸值是中和1g油品中的酸性物质所需的氢氧化钾毫克数，酸值是油中所含有机酸和无机酸的总值。但在大多数的情况下，润滑油中没有无机酸，油中所含的有机酸主要为环烷酸和脂肪酸。但是对于储存和使用过的润滑油来说，会产生因氧化变质而生成的酸性产物。酸值不同于酸度，酸度是用于燃料的，为中和100mL试样所需氢氧化钾的毫克数。

酸值对于油品使用中的意义：

① 根据酸值的大小，判断油品中所含酸性物质的含量，酸值愈高，在油品中所含的酸性物质就愈多，这是油品氧化变质的指标之一，但对于新油来说，这是判断油品精制程度的方法，因为随着精制深度的提高而酸值降低。

② 根据酸值可推断油品对金属腐蚀性质。因为溶于油中的

低分子有机酸和金属接触，对金属的腐蚀作用很显著。当有机酸与金属作用时，会生成金属盐或皂，加速油品的老化变质，并降低其抗乳化能力。

③ 由氧化变质所生成的酸性物质，与金属生成的皂类沉淀物或其他氧化产物的沉淀物易堵塞润滑系统的管路和阀门。因此，对于使用中的润滑油，经常测定其酸值对于机器设备的正常运转是很有帮助的，润滑油酸值按 GB/T 264 方法或 GB/T 7403 石油产品和润滑剂中和值测定法(电位滴量法)测定。

4. 闪点

在现定条件下加热润滑油，随油温升高，油蒸汽的浓度也相应增加，当油蒸汽含量达到可燃浓度，移近火焰出现闪火时的最低温度称作油品的闪点。闪点测定的方法有开口闪点与闭口闪点之分。

闪点对于油品使用的意义。

① 闭口闪点通常作为油品的一个安全指标。闭口闪点低，表现油中有较多的轻质成分，容易挥发起火，应在储存、运输和使用中加以注意。开口闪点除了作为鉴定油品发生火灾的危险性之外，也可以作判断润滑油蒸发性。闪点低的油，在高温下蒸发损失多，黏度增大，影响正常润滑。

② 同时测定润滑油的开、闭口闪点，可以检查油品中是否含有低沸点组分，以便及时作出检查和采取措施。

③ 闪点与燃点、自燃点不同。燃点是指油蒸气与空气所形成的混合气体，当与火焰接触时，连续闪火 5s 以上的温度。自燃点则是指无须与火焰接触即能自行燃烧的温度。油品的燃点比闪点高，重质油品一般高 20~30℃。

④ 闪点也是油蒸汽与空气混合后形成可爆炸混合气体的遇火爆炸的温度。而油品的温度不一定高于闪点才有着火的危险，当温度低于闪点时这危险也可能存在，例如变压器油的使用温度应比闪点低 20℃。闭口闪点用 GB/T 261 方法测定，开口闪点用 GB/T 267 方法测定，或 GB/T 3536(≈ISO 2592)克利夫兰开口

杯法测定。

5. 氧化安定性

润滑油的氧化安定性是一个很重要的指标，因为油品在使用中变质的主要原因是氧化。润滑油在使用和储存过程中，与空气中的氧气接触，在一定条件下，便会使油的颜色变暗，黏度增加，酸性增大，产生沉淀等。

润滑油的氧化深度与四个因素有关。即润滑油化学组成、氧化温度、氧化时间、金属和其他物质的催化作用。其中尤以温度的影响突出。在常温下，润滑油可以保持5年之多，其性质也不起什么变化。但当处在100℃以上温度时，则氧化很快生成多量的氧化产物。例如在11℃时，每克润滑油吸收5mg氧所需的时间为500h，在150℃时，只要5h，在250℃时，则只需25min。

润滑油氧化安定性在使用中的意义：

① 迄今为止，润滑油的氧化安定性测定方法虽然不能正确地反映润滑油的使用性能和变化规律，试验室的氧化安定性测定结果与实际应用或各种模拟评定之间有时有较大的出入，但是人们仍用来判断润滑油在使用中的氧化倾向，使用所限和使用价值。

② 对于氧化后酸值增大的油品，则应监视氧化后油品对于机器设备的腐蚀问题，特别是当深度氧化生成低分子酸时，对于设备的腐蚀问题很突出，酸性物质反过来又会加速油品的氧化变质，加深设备的腐蚀程度和缩短机器的使用寿命。

③ 氧化后油品的沉淀显著增加，会加深油的色泽，增大黏度，阻止散热，影响正常运行。例如在汽轮机油系统中，会在油冷却等温度较低处，析出沉淀，不仅影响传热，还会堵塞油路，使运行不正常。沉淀物对于变压器油，则会堵塞线圈冷却循环，造成局部过热，烧坏线圈。对于发动机用油，则会明显地在活塞和活塞环等接触高温处生成积炭和漆膜，使活塞环失去弹性，严重影响发动机工作，有时此种沉淀物会堵塞滤清器和输入管道，影响正常供油。对于空气压缩机，沉淀等氧化生成物，会在排气

管道上聚积，严重时会发生爆炸等安全事故。

④ 残存在油箱中的氧化变质后的油品，须在换油时完全清除干净。因为油品的氧化安定性，是一个加速反应过程，只要有少量(5%~10%)旧油混入新油中去，便会大大降低油品的氧化安定性。

6. 腐蚀和锈蚀试验

润滑油的腐蚀度是指润滑油中含有的腐蚀性物质和在试验条件下产生的氧化物对金属所引起的腐蚀程度。各种润滑油均不能腐蚀金属零件，这是润滑油必须具备的重要的品质之一。

引起润滑油腐蚀金属的主要原因有：

① 对于精制深度不够的油品，仍会含有一定活性的含硫化合物，会对金属，特别是铜等有色金属起腐蚀作用。另外，也会含有其他酸性腐蚀物质如高分子有机酸等，也能引起腐蚀。

② 润滑油中如含有水分，会使金属通过金属氧化物的水化物而形成腐蚀或锈蚀。

③ 润滑油在使用过程中氧化变质，生成了高分子有机酸，有时还产生低分子水溶性有机酸。

④ 在内燃机中，若使用含硫量较高的燃料，硫的氧化产物 SO_2 和 SO_3 若混入润滑油中，燃烧时热解生成的溴氢酸，均会加速润滑油的腐蚀程度。

因此，抗腐蚀性好的润滑油首先应具有良好的抗氧化安定性。

评定润滑油在一般条件下腐蚀性的方法，在我国常用的有 GB/T 5096 和 SH/T 0195—1992。是一块规定牌号和尺寸并经磨光洗净的金属片浸在油中，在规定温度下保持一定时间(常用的条件是100℃，3h)，用肉眼观察金属片的变色情况。所用的金属片前者是铜片，后者为各种钢片、铜片，可以根据油的种类和使用情况加以选定。此外，温度和时间也可以加以改变。

评定润滑油在特定条件下的腐蚀性，如各种发动机油、汽轮机油、液压油、齿轮油等，均有相应的评定测试方法。例如润滑油液相锈蚀测定法 GB/T 11143(ASTMD665)，SH/T 0195—1992 铜片腐蚀测定法，GB/T 5096 钢片腐蚀测定法 SH/T 0299—1992 内燃机油氧化安定测定法用来测定发动机油对铜、铅、铁等金属片的腐蚀和氧化性能。

测定润滑油腐蚀性在使用中的意义：

① 对于含添加剂润滑油，酸值已不能预测润滑油对于金属腐蚀的情况，故必须在特定条件下，测定润滑油的腐蚀性能。

② 各种发动机润滑油和压缩机油对机械零件特别是轴瓦的腐蚀，往往会严重影响其抗磨性能，故有必要预测润滑油抗腐蚀的能力，以保证机械零件，尤其是曲轴连杆的轴承和轴瓦，不至于在使用过程中被腐蚀破坏，发生各种磨损事故。

③ 润滑油的腐蚀原因主要是油中烃类氧化产物和金属反应结果，所以润滑油抗腐蚀性能也可以作为抗氧化安定性的表现之一。

7. 残炭

润滑油的残炭，是油在不通入空气的条件下，加热使其蒸发，分解和焦化。排出燃烧的气体后，所残留的黑色残留物，用质量百分数表示。

形成残炭的主要物质是油品中的沥青质、胶质和多环芳烃，故润滑油的残炭，说明润滑油的精制深度，同时，也说明润滑油在热氧化条件下的生焦程度。

测定残炭的方法有 GB/T 268 和 SH/T 0170—1992 两种方法。前者即通常所说的康氏法残炭，是用煤气喷灯加热后测定的残炭，后者即为电炉法残炭，将试样盛入带毛细管的特殊坩埚中，在规定时间内加热蒸发分解所测得的黑色焦状产物，必须注意这两种方法所测出的残炭量是不相等的。

残炭在油品使用中的意义：

① 润滑油残炭是一个检查指标，它相对表示润滑油的精制程度。

② 对于压缩机来说，润滑油的残炭对于机器的正常使用有

重要意义，润滑油积炭多会引起管路堵塞，加速机件磨损，严重时会引起汽缸爆炸。

③ 近年来的工作证明(特别是含添加剂油)发动机内活塞顶部的积炭厚度完全取决于发动机的设计和结构。所以残炭值不能用来直接判断发动机的积炭倾向，但是润滑油的残炭仍作为许多润滑油的质量指标。

8. 灰分

油品在规定条件下灼烧后，所剩下的不燃物质，称为灰分，以百分数表示。

基础油的灰分一般均很低，含量只有万分之几或十万分之几，通常重质胶质和酸性组分含量高的油品灰分较多，因为灰分一般是有机酸的金属盐含量的一个标志。例如环烷酸的钙盐、镁盐、钠盐等所形成的灰分。在重油的灰分中，这些碱金属的灰分可占灰分总量的20%~30%。

近几年来，由于在油中广泛使用添加剂，特别是加有高灰分添加剂的油的灰分往往用作添加剂含量多少的一个标志，而在油品规格中规定了油的灰分的最低值，以保证油品的质量。

灰分在油品使用中的意义：

① 灰分可作为油品精制是否正常的指标，如白土处理不正常，或酸洗脱渣不净使油中残存各种皂类等，均会使灰分偏大。

② 润滑油中灰分过大，会使发动机零件上生成积炭。一般来说，灰分少，则生成的积炭是松软的；灰分多，则易生成紧密和坚硬的积炭，对于正常的润滑是不利的。

③ 对于柴油和燃料油中的灰分，会增加汽缸套和活塞环的磨损量，对于蒸汽过热器、节油器、空气预热器，则会由于灰分积聚而降低热效率，使设备提前损坏。灰分用GB/T 508灼烧法和GB/T 2433硫酸盐法，后者的灰分值比前者大20%。

9. 水溶性酸和碱

润滑油的水溶性酸和碱是一个定性的指标，它是指向油中加入呈中性反应的蒸馏水(同体积)，把油中溶于水内的酸和碱，分别用指示剂显示之，故有时又称作反应。

油品在加工和储存过程中，有时会残留或污染极微量的溶于水中酸或碱，例如碳酸、酸性硫酸酯、苛性钠、碳酸钠等。此外，如变压器油在使用过程中也会产生水溶性酸。这些极微量的水溶性酸碱，要比油溶性酸更活泼，更富有腐蚀性。所以，水溶性酸和碱成了一个比较重要的定性指标。

这个指标对于油品的使用意义：

① 水溶性酸和碱，对于经过酸洗和碱中和的油品特别适用，因为此类油品易被微量酸和碱污染。其后果便是油品在储存和使用时，能腐蚀金属构件。在变压器油中的水溶性酸，对于绝缘材料(如纤维质等)有较大的腐蚀，使之脆裂，破坏绝缘。

② 油品中的水溶性酸和碱加速油品老化，水溶性酸和碱用GB/T 259方法测定。

10. 水分

水分经过充分精制过的润滑油是不含水的。如有极少量的水存在于油中，就会使油品呈浑浊状。这是一般粗糙的鉴定法。在运输和长期的储存过程中，在油品中会进入一些水分。水在润滑油中的溶解度很小，在正常温度下不超过0.01%，但温度升高时会多溶解一些，把这些为数极少的水分自油中除去是很困难的。

测定水分的方法为GB/T260，即在油中加入一定溶剂，经加热回流冷凝，在另一冷凝接受器内观察分出的水量，以百分计。

水分对油品使用的意义：

① 润滑油中有水存在是不好的，它能使金属腐蚀、生锈、减弱润滑能力，使机械零件磨损加大。

② 润滑油中有水，也会加速油品的老化变质。

③ 水分对于冷冻机油和变压器油是很关键的指标。这些油品必须高度干燥脱水才能保证在机器内部安全运行，故一直是油品的必须检验项目。但是，近年来已被介电强度所代替，微量水可以从绝缘强度降低而反映出来。

④ 油品中含水时，有时会促进润滑油乳化生成沉淀层或乳化层，也会发生泡沫，降低油品的正常润滑能力。

11. 泡沫性和空气释放性

润滑油在机器中使用，要经受激烈的搅动。如果密封不严而出现泵漏气或油箱中的油过分飞溅，都会使空气留存在油中，引起机械的噪音和振动。特别是在液压系统中，由于压力的变化而使油中空气的影响更加显著，严重时导致机器损坏。

油中较大的空气泡(直径大于1.0mm)能迅速上升到油表面；而较小的气泡(直径小于0.5mm)上升到油表面的速度很慢，这种小气泡称为雾沫空气。较大的泡气表现为油泡沫性，可用油的发泡趋势和泡沫稳定性测定，用GB/T 12579—1990方法测定，相当于ASTM D892、IP146。雾沫空气即油的空气释放性，由测定空气释放值表示。西欧的一些国家已在汽轮机油和液压油标准中规定了空气释放值指标，其测定方法有SH/T 2308—1992、ASTM D3427、IP 313、DIN 51381。

12. 抗磨性试验

使用润滑剂的目的，就是在于使摩擦和磨损以达到延长设备寿命和提高加工精度的目的。因此，润滑性能为油品各种性能的综合表现。从直接意义来说油品的润滑性能包括油性、黏性和摩擦系数。

油性是润滑油在金属表面的吸附能力，油中的极性分子可以通过吸附作用而形成的一层垂直定向排列的油膜，厚度可达0.0009~0.0011mm，这层吸附油膜的强度取决于这些极分子的化学结构。油性优良的油品，一般均有较低的摩擦系数。

黏性是当外力作用下，由于液体的内摩擦力作用，而使其分子间的移动出现的一种黏性或阻滞现象。足够厚度的润滑油膜是保证液体润滑的先决条件。一般来说，黏度增加时，油膜强度和润滑能力会有一定程度的提高。

评定润滑油性能的方法，在试验室里比较常用的为四球试验机。共用四个直径为12.7mm钢球，其中三个钢球用卡环夹紧在底盘平面上，另一个钢球固定在夹筒内；其位置在三个球之上。盛上试油后，顶上一个球以1500r/min转的转速转动。其压力可利用杆上的负荷来调整。钢球间摩擦力可用专门仪器测量。根据球的磨损情况来评定油的润滑性能，其表示的方法如下：

P_B(过去称为P_K)最大无卡咬负荷，代表油膜强度(kgf)。

P_D烧结负荷，使钢球发生烧结的最低负荷(kgf)，表示润滑剂的极限工作能力。

ZMZ：综合磨损值，是润滑剂抗极压力的一个指标，又称综合磨损指数。

它们的具体测定方法为GB/T 3142，SH/T 0189—1992。

此外，还可以根据具体油品的要求，测定各种负荷和运转时间下的磨迹直径(D_K)。

除四球机外，还有梯姆肯(TinKen)、法莱克斯(Falex)、阿尔门(Almen)、FZG等用来评定润滑油的抗磨特性。

13. 清净性试验

(1) 内燃机油清净性测定法 SH/T 0269—1992

内燃机油清净性测定法SH/T 0269—1992是一个模拟四冲程发动机的试验设备，与四冲程发动机一样，有曲轴、连杆、汽缸、曲轴箱等机构，所不同的是没有燃料系统，而由马达带动曲轴柄连杆机构，使活塞在缸套中运动。在曲轴箱、缸体、进气、缸盖等部位分别备有加热器，模拟发动机使用实际，加热到规定的温度。浮游机工作时，由连杆下端的油勺飞溅来润滑活塞、缸套和其他部件。

本方法有两个试验条件，即普通内燃机油和高档内燃机油试验。

试验后根据活塞表面生成的漆膜，用有色的标准活塞标准图片评定。0级为最好，6级为最差。

(2) 曲轴箱模拟试验方法 SH/T 0300—1992

该方法俗名为成漆板试验。它是模拟润滑油在曲轴箱中的工作状态，在一个倾斜的箱体中装入170mL试验油，由马达带动中心轴的溅油器，使油飞溅起来，溅到上面的铝板上，油温及铝板温度均有规定，经 6h 试验后，以铝板表面生成的沉淀物量、颜色及油中悬挂铝片的失重量来说评定油品的热氧化安定性、高温清净性等。根据油品的性能等级，选择不同的试验温度。试验后以铝板的增重作为沉淀物的量，铝板表面漆膜颜色用标准色板对比进行评级，分为 0~10 级，0 级为清洁，10 级为最差。据资料介绍，成漆板试验与 IGZ 顶环槽积炭填充体积(TGF)有一定的对应关系。

(3) 毛细管漆膜试验

该试验用两根毛细管，管径约 1.0~1.5mm，长约 300mm，毛细管放入炉子内约一半，炉温 200℃，两个小泵分别把试验油进行循环，经一定时间结束，然后看毛细管内生成漆膜的情况或称重，用来模拟 $Ⅲ_C$ 和 IG_z。

第四节 汽柴油质量标准发展概况

一、汽油

1. 世界无铅汽油规格标准

美国、欧洲和日本的汽车制造商协会发起组织的“世界燃料委员会”经过协商，1998 年 6 月 4 日提出了“世界燃料规范”建议，1998 年 10 月 22 日~23 日在美国旧金山讨论通过。2000 年 4 月世界燃料委员会结合近几年发达国家的情况，修改并公布了新版本的“世界燃料规范”见表 1-12，并建议世界各国参照此规范实施。

表 1-12 世界车用无铅汽油规范的部分质量指标

类别		Ⅰ	Ⅱ	Ⅲ	Ⅳ
RON91	RON	>91.0	>91.0	>91.0	>91.0
	MON	>82.0	>82.5	>82.5	>82.5
RON95	RON	>95.0	>95.0	>95.0	>95.0
	MON	>85.0	>85.0	>85.0	>85.0
RON98	RON	>98.0	>98.0	>98.0	>98.0
	MON	>88.0	>88.0	>88.0	>88.0

续表

类　　别	Ⅰ	Ⅱ	Ⅲ	Ⅳ
硫质量含量/%	<0.10	<0.02	<0.003	0
氧质量含量①/%	<2.7	<2.7	<2.7	<2.7
苯体积含量/%	<5.0	<2.5	<1.0	<1.0
芳烃体积含量/%	<50	<40	<35	<35
烯烃体积含量/%		<20	<10	<10

① 氧含量小于2.7%是指用含氧化合物，最好是醚；按先前的规定，乙醇的最大体积用量不超过10%，但调合后的成品汽油必须满足规格中其他指标要求；C_2 以上其他醇的体积用量不允许超过0.1%，甲醇不允许用。

第Ⅰ类无铅汽油：适用于对汽车尾气排放物没有要求或要求很低的国家和地区，主要考虑汽车发动机本身的基本性能；

第Ⅱ类无铅汽油：适用于对汽车尾气排放物有较严格要求的国家和地区，如执行0档或Ⅰ档的美国各州，欧洲执行第1、第2阶段计划的国家；

第Ⅲ类无铅汽油：适用于对汽车尾气排放物有严格要求的国家和地区，如要求采用低排放和超低排放车辆的美国加州，欧洲执行第3、第4阶段计划的国家；

第Ⅳ类无铅汽油：适用于对汽车尾气排放物有超前要求且采用转化 NO_x 和颗粒物先进技术的国家和地区，如执行IEV-Ⅱ的美国加州、执行美国EPA2档的其他州、执行欧洲第4阶段计划的国家。

四类汽油全部体现了新配方汽油(RFG)的性能要求，而且在无铅化、保持高辛烷值水平、严格控制烃组成和挥发性的基础上，进一步要求超低硫和清净性。其质量指标体现不同地区和不同控制排放水平的要求：

① 辛烷值都分为3个牌号，可适应不同车型和市场的需要；

② 硫含量指标各不相同，第Ⅳ类最为严格，要求小于0.0005%~0.001%，属于不含硫汽油；

③ 都要求氧质量含量小于2.7%；

④ 对第Ⅱ、第Ⅲ类和第Ⅳ类汽油的烯烃体积含量制订严格限值，分别要求小于 20%、10 %和 10%；

⑤ 苯含量指标各不相同，第Ⅲ类、第Ⅳ类最为严格，要求小于 1.0%；

⑥ 对挥发性作出严格规定，还按使用环境温度和季节分为 5 级。

欧、美等发达国家在汽油质量监控、尾气排放达标等方面的管理十分严格，除遵循《世界燃油规范》的标准外，还提出更高的燃油标准。不同时期欧洲汽油规格变化见表 1-13。

表 1-13　欧洲汽油规格变化

项　目	1993 年	1998 年	2000 年 EN-228-99	2005 年(待批)
汽车排放标准	欧洲Ⅰ号	欧洲Ⅱ号	欧洲Ⅲ号	欧洲Ⅳ号
硫含量/%	0.1	0.05	0.015	0.005
苯含量/%	5	5	1	1
芳烃含量/%	无规定	无规定	42	35
烯烃含量/%	无规定	无规定	18	18
氧含量/%	2.5	2.5	2.7	2.3
铅含量/(mg·L)	13	13	5	5
RON/MON ≮	98/85	98/85	98/85	98/85

2. 我国车用无铅汽油标准发展

汽车质量升级一般要经过三个阶段：一是标号升级；二是无铅化；三是组分优化。安装催化转化器尾气中有害物质降低率达到 90%以上，但是因为大量在用车安装催化转化器难以实现。许多先进国家无铅化进程很长，如美国从 1975 年提出汽油无铅化，到 1996 年全面禁止销售含铅汽油用了 21 年时间；日本从 1975 年普通汽油无铅化到 1987 年普通、优级汽油全部不加铅用了 12 年时间；欧盟国家 1996 年无铅汽油市场占有率也只有 60%；而中国从 1991 年提出无铅汽油行业标准到 1999 年实现无铅化，只用了 8 年时间，同时还对组分比例提出了要求。因此，2000 年中国汽油质量实现了标号升级、无铅化和组分优化三步并为一步走，虽然起步较晚但其发展速度很快。

实施汽油无铅化是一个复杂的系统工程，它涉及到炼油工艺设备的技术改造、汽车制造业的技术更新、部分在用车的适应性改进等方面。因此，在汽油无铅化进程中必须采取相应的对策，我国车用汽油的无铅化始于20世纪90年代初，1991年首次颁布了SH 0041—1991无铅车用汽油标准，规定了汽油中铅含量不大于13mg/L、硫质量含量不大于0.15%。现使用的GB 17930—1999车用无铅汽油规格新标准是在SH 0041—1991无铅车用汽油行业标准、参考欧盟汽油标准的基础上考虑到我国2000年汽油无铅化后的实际情况及环保部门的要求而制定的，于1999年12月28日由国家技术监督局颁布，自2000年1月1日起全国所有汽油生产企业一律停止生产车用含铅汽油，改产无铅汽油。1999年新颁布的GB 17930—1999《车用无铅汽油》标准，与SH 0041—1991无铅车用汽油标准相比，铅含量、硫含量大大降低，苯、芳、烯烃含量作为质检必测项目，严格加以限制，同时规定铁不得人为加入。新标准作了如下修订：

① 硫含量指标从不大于0.15%降为不大于0.10%。但为了适应大城市环保的需要，2000年7月1日起在北京、上海、广州执行不大于0.08%的标准；从2003年1月1日起，在全国范围内执行不大于0.08%的标准。

② 含铅量指标由不大于13mg/L降为不大于5mg/L。

③ 新增苯含量测定项目，并标明苯含量指标不大于2.5%。

④ 新增芳烃含量测定项目，指标定为不大于40%。

⑤ 新增烯烃含量测定项目，指标定为不大于35%。从2000年7月1日起，在北京、上海、广州实施，从2003年1月1日起，在全国范围内实施。

⑥ 氧含量测定项目，其指标定为不大于2.7%。

⑦ 规定铁不得人为加入。

GB 17930—1999新标准汽油自2000年7月1日起在北京、上海、广州率先执行，2003年1月1日起在全国范围内执行，其烯烃、芳烃、苯含量比欧Ⅱ严格，但硫含量较宽。2001 年 7 月 1 日前，按照国家新标准，车用汽油分为三个牌号，即 90 号、93 号和 95 号，为了与国际接轨，随后又增加了 97 号汽油。4 种汽油牌号的含义如 90 号表示其研究法辛烷值不低于 90，93 号、95 号、97 号含义类推。97 号汽油主要用于装有尾气催化转换器及压缩比高于 9.8 以上的汽车，颜色水白透明，为目前国际先进水平。

北京市将在 2005 年率先执行欧洲Ⅲ号，2008 年率先执行欧洲Ⅳ号汽车尾气排放标准，都标志着我国尤其是北京市的汽油产品质量正在不断地朝着世界水平方向迈进。

新标准汽油是指符合 GB 17930—1999 质量要求的车用无铅汽油，商业名定为"高标准清洁汽油"，汽油标准品由目前的 90 号无铅汽油改为 90 号高标准清洁汽油。

二、轻柴油

1. 国外轻柴油规范

为保护全球的生态环境，严格规范汽车排放的国际标准，1997 年世界燃料会上，欧洲汽车制造商协会(ACEA)、汽车制造商联盟(Alliance)、美国发动机制造商协会(AAMA)和日本汽车制造商协会(JAMA)联合发布、出版了《世界燃料规范》，提出了世界范围的柴油产品部分质量控制指标。2002 年又出版了《世界燃料规范》第二版，第二版是在第一版的基础上增加了对第四类的质量要求。《世界燃料规范》轻柴油产品的部分指标见表 1-14。

表 1-14 《世界燃料规范》中柴油部分指标

类　别	Ⅰ	Ⅱ	Ⅲ	Ⅳ
十六烷值	>48	>53	>53	>53
密度/(kg/m^3)	820~860	820~850	820~840	837~850
硫质量含量/%	<0.5	<0.03	<0.003	<0.001
95%馏出温度/℃	<370	<355	<340	<340
总芳烃质量含量/%	无规定	<25	<15	<15
多环芳烃质量含量/%	无规定	<5	<2	<2

注：此表中世界燃油的标准工业标准：Ⅰ类适用于对汽车排放不控制的地区或要求很低的地区；Ⅱ类适用于对汽车排放严格控制的地区；Ⅲ类适用于对汽车排放有超前严格控制要求的地区；Ⅳ类适用于对汽车排放有更超前要求的地区。

世界燃料规范是根据目前和将来的汽车发动机技术提出的，实际上反映了汽车制造商的要求，尽管目前尚未得到世界炼油企业的全部认可，但它给炼油企业提出了改进燃料产品质量的明确方向。从世界轻柴油产品质量的发展趋势看，轻柴油产品将逐步向低硫、低芳烃、窄馏分、高十六烷值方向发展。

2. 我国轻柴油质量标准修订

我国于1964年首次制定了轻柴油产品国家标准(GB 252—1964)。40年来，随着我国石化工业和汽车工业的不断发展，以及人们对环境保护意识的不断提高，进一步减少汽车尾气排放污染，国家对轻柴油的产品标准进行了多次修改更新，以满足环保及经济发展的要求，先后经历了1977年(GB 252—1977)、1981年(GB 252—1981)、1987年(GB 252—1987)、1994年(GB 252—1994)和2000年(GB 252—2000)等五次标准的修订。现执行的新标准已于2002年1月1日实施，新标准修订的主要内容有：

① 取消了原标准中的3个质量等级(优级品、一等品和合格品)，只设1个质量等级；

② 将10号、0号、-10号轻柴油的闪点由原标准中的65℃降至55℃；

③ 增加了5号轻柴油，变为7个牌号；

④ 规定硫含量不大于0.2%指标；

新的标准实施加强了标准对实物质量的约束力，避免产品执行标准的随意性；有效地减少发动机排污量；拓宽了轻柴油产品的原料来源，大幅度提高了轻柴油产品的产量，有效降低了汽油产品的产量，使汽柴比更为合理，更适合我国油品市场的发展要求。

三、国内外汽油质量现状

我国汽、柴油质量要逐步与发达国家接轨是必然趋势，而目前与“世界燃油规范”Ⅱ类油相比还有较大差距。汽油质量突出的问题是烯烃含量高和硫含量高，柴油质量突出的问题是硫含量高和氧化安定性差。

1. 我国汽油质量差异

我国车用无铅汽油规格与世界无铅汽油规格相比的主要差异和实施的难点如下：

① 抗爆性要求略低，按辛烷值设置的牌号均较世界无铅汽油相应牌号的辛烷值水平低。目前大部分炼油企业都能按规格生产符合各牌号的辛烷值和抗爆指数指标要求的产品，但是普遍存在辛烷值过剩和辛烷值分布不均。这是因为汽油组分构成不合理以及对调合组分结构及其调合效应缺乏研究，导致辛烷值浪费。

② 挥发性指标还没有按地区和季节分级，也没有对夏季和高温地区的汽油提出降低蒸气压和提高10%馏出温度要求。蒸气压指标相当于世界无铅汽油规格的C和D级(较冷地区)的要求，而馏程相当于A和B级(较热地区)的要求，由于轻重组分的分布不合理，导致驱动性能较差。

③ 硫含量指标只相当于世界无铅汽油规格的第Ⅰ类的要求，与欧Ⅱ标准相比，硫含量还高出0.03个百分点，尽管实际生产中大部分汽油硫含量在0.03%~0.05%，但是加工进口高硫原油的企业目前达标的难度很大，现有的装置构成和技术还不足以支持进一步降低硫含量。而降低汽油硫含量对现代汽车极为重要，提供超低硫汽油是为新世纪提供清洁燃料的重要目标。

④ 苯和芳烃含量指标相当于世界无铅汽油规格的第Ⅱ类，而烯烃含量介于第Ⅰ和第Ⅱ类无铅汽油之间。对于我国的汽油组分构成而言，烯烃含量达标的难度极大。

我国汽油组分平均构成中催化裂化汽油高达78%~80%以上，重整汽油只占5%~8%，烷基化油和MTBE很少，还没有异构化油。美国汽油组分平均构成中催化裂化汽油和重整汽油约各占三分之一，烷基化油、异构化油和MIBE等合计占三分之一；新配方汽油除增加MTBE加入量外，更加重视提高烷基化油和异构化油的比例。欧洲汽油组分平均构成接近美国汽油组分平均构成，但烷基化油和异构化油的比例较低。我国汽油组分构成与国外的差异是显而易见的。

长期以来我国汽油生产已形成以催化裂化装置为主的格局，催化裂化汽油基本上全部用于调合汽油；而重整装置的生成油只有四分之一用于调合汽油；烷基化装置负荷率极低，MTBE 装置很少，因而导致汽油组分构成严重失调，短时间内装置构成难于改变，组分构成比例也难于随之而变。

催化裂化汽油的烃组成中烯烃含量普遍较高，而芳烃和苯含量不很高。例如某石油化工公司炼油厂重油催化裂化装置用掺渣率 75%为进料生产的催化裂化汽油的烃族组成如下：饱和烃 23.6%，烯烃(主要是 $C_5 \sim C_8$)50.6%，环烷烃 5.8%，芳烃(主要是 $C_7 \sim C_{10}$)19.0%；其他炼油厂生产的催化裂化汽油的烃族组成大同小异。

由于催化裂化汽油在我国汽油总合中占主导地位，特别是 90 号汽油，其催化裂化汽油比例甚至高达 90%以上，尽管苯和芳烃含量可以达到世界第Ⅱ类甚至第Ⅲ类无铅汽油的要求，但烯烃含量平均高达 30%~40%以上，其中还含有少量二烯烃。世界第Ⅰ类无铅汽油虽然没有对烯烃含量规定限值，但是由于大多数工业发达国家汽油总合的组分构成相对均衡，其烯烃含量多在 20%以下，例如日本汽油总合烃族组成中烯烃含量仅为 12%~15%。

⑤ 清净剂目前仅在北京、上海、广州等少数大城市试用，市场上出现的品种良莠不齐，加入量、加入方法和检测方法也有待规范。

汽油清净剂的主要功能是防止在金属表面上形成沉积物，并对已形成的沉积物进行分散和清洗，同时还兼有抗氧、破乳和防锈功能。汽油清净剂化合物主要类型有胺基酚胺、聚丁烯基丁二酚亚胺、聚丁烯基胺、聚醚胺等。目前国外在汽油中广泛采用清净剂来减少发动机重要部位的沉积物，以改善排放水平，延长发动机的使用寿命。美国最早在新配方汽油中要求必须加入清净剂，现在已推广到全部汽油。欧洲的德国、英国、西班牙、奥地利和亚洲的韩国、泰国、印度尼西亚的汽油全部加入清净剂。世界第Ⅱ类和第Ⅲ类汽油对其清净性有严格的要求，也包含着加入清净剂的要求。

2. 我国车用无铅汽油达新标的对策建议

现在我国所有炼油企业在基本解决按新规格标准生产出达标的车用无铅汽油产品的同时，都面临着的新的质量(如满足欧Ⅲ标准)考验。由于存在以催化裂化汽油为主的组分构成，降低烯烃含量必然是车用无铅汽油达新标迫在眉睫首要解决的问题。为此炼油企业汽油生产主要采取以下措施：

① 改进我国汽油主要调合组分——催化裂化汽油的质量，继续改进催化裂化工艺及操作水平，利用国内外已开发的提高汽油辛烷值和降低烯烃含量的催化剂。石油化工科学研究院开发出降低烯烃、提高汽油质量的催化裂化技术及催化剂，已在燕山、高桥、抚顺、九江等石化公司的重油催化裂化装置上试用，可使催化裂化汽油的烯烃含量降低10多个百分点，该催化剂已在长岭炼油化工总厂催化剂厂工业化生产。美国Grace Division公司推出RFG^{+}系列催化剂，能使催化裂化汽油的烯烃含量降低25%~40%，并保持汽油的辛烷值不变和不降低液化石油气的烯烃含量，洛阳石油化工工程公司炼制研究所开发的降低催化裂化烯烃的LAP型助剂，在该公司炼油实验厂100kt/a重油催化裂化装置上进行工业试验。当LAP助剂添加量占装置催化剂藏量5.3%时，汽油烯烃体积含量降低了10.4个百分点，RON增加2.2个单位。LAP助剂使用灵活，是解决国内催化裂化汽油烯烃含量过高的有效途径。此外，降低催化裂化汽油终馏点，也能有效降低烯烃和硫含量。长远目标之一可考虑配套建设高硫催化裂化进料的加氢预处理装置，以更有效降低催化裂化汽油的烯烃和硫含量。

② 充分发挥现有优质汽油调合组分生产装置的作用以及建设新的装置除增加催化重整能力外，还需增加烷基化、异构化、MTBE等高辛烷值组分装置能力，提高催化重整装置负荷率，加大重整汽油调合比例，这是优化汽油组分构成的最现实的途径，

最好将重整生成油先抽出苯后再作为汽油调合组分；现有硫酸烷基化装置应提高负荷率，采用扩大进料烯烃范围的技术，增产烷基化油，也要适当安排此类装置的改造扩能和新建。对于大多数氢氟酸烷基化装置由于长期闲置，设备腐蚀严重，应在全面调查研究的基础上提出利用和改造方案。

③ 调整装置结构，使汽油调合组分逐步走向合理化，优化现有调合组分结构和调合工艺，充分利用辛烷值资源。

④ 规范化使用清净剂。在全面调查汽油烯烃含量和分布的基础上，开发适用于我国汽油组分构成特点的清静剂类型、配方、加入量和加入方式，支持清静剂国产化和定点生产并统一规划，进行技术经济分析，规范市场行为，以求降低汽油生产成本和保证汽油质量。目前石油化工科学研究院开发的“邦治”牌、茂名石油化工公司开发的“东宝”牌、天津商品研究所开发的“海龙”牌等复合配方汽油清净剂，具有较好的防止燃料喷嘴堵塞、抑制进气阀沉积物生成、抗氧、破乳和防锈等功能。

四、国内外轻柴油质量

1. 部分国家或地区轻柴油质量状况

世界主要地区柴油含硫量的状况见表 1-15。

表 1-15　世界主要地区柴油含硫量的状况

国家或地区	美国	加拿大	欧共体	德国	泰国	新加坡	韩国	日本
硫质量含量/%	≤0.005	≤0.05	≤0.035	≤0.005	≤0.05	≤0.05	≤0.05	≤0.05
国家或地区	巴西	墨西哥	哥伦比亚	中国台湾	波多黎各	厄瓜多尔	委内瑞拉	中国香港
硫质量含量/%	<1	≤0.05	≤0.4	≤0.05	≤0.05	≤0.05	<1	≤0.05

（1）低硫化

1992 年美国 ASIM 发布的柴油标准中增加了低硫柴油牌号，1993 年 10 月 2 日起，美国环保署要求公路运输用柴油的硫含量不大于 0.05%；欧盟从 1996 年 10 月开始执行硫含量不大于 0.05%的柴油标准，2000 年柴油硫含量指标不大于 0.035%，预计 2005 年不大于 0.005%；日本 2000 年将轻柴油产品的硫含量由原来的0.05%降至0.01%，2005年降至0.005%；亚太地区2000年前执行硫含量不大于0.05%的国家和地区有韩国、泰国、新加坡等国和我国台湾地区。

(2) 低芳烃化

美国环保署规定柴油中的总芳烃体积分数不大于35%；欧盟规定2000年柴油的多环芳烃含量不大于11%，2005年不大于1%。

(3) 十六烷值提高

美国目前规定车用柴油的十六烷指数大于40；欧盟1996年规定柴油十六烷值不小于48；2000年不小于51；日本规定柴油的十六烷值不小于45。

目前世界上轻柴油产品规格最严格的是瑞典的一级车用柴油，其硫含量不大于0.001%，十六烷值不低于50，总芳烃体积分数不大于5%，多环芳烃体积分数不大于0.02%。

2. 我国轻柴油产品质量

我国成品柴油中，二次加工柴油比例约占三分之一，不经精制，安定性差，硫和芳烃含量高，十六烷值低，需要采用加氢精制和调合等措施，可满足柴油新标准GB 252—2000规定的硫含量小于0.2%的要求，但普遍高于欧Ⅲ<0.05%的指标。

表1-16所列的数据为几年来国家燃料油质量监督检验中心对国内生产企业的随机抽检统计结果，由于随机抽检对象的覆盖面广，包括了国内七十多个大、中、小型炼油厂的多批次产品，所以表中结果具有较强的代表性，基本上反映了我国生产企业的宏观产品质量。

表1-16　0号柴油产品质量抽查情况

年　度	1992	1993	1996	1997	1998	1999	2000
硫含量/%							
最大值	0.37	0.30	0.42	0.38	0.36	0.34	0.36
最小值	0.03	0.03	0.06	0.04	0.01	0.03	0.03
平均值	0.17	0.16	0.18	0.13	0.17	0.15	0.16

续表

年　度	1992	1993	1996	1997	1998	1999	2000
凝点/℃							
最高值		-2	-1	-2	-2	-1	-1
最低值		-9	-12	-10	-12	-9	-7
平均值		-4.4	-4.3	-5.0	-4.8	-2.3	-3.6
闪点/℃							
最高值	90	92	92	88	88	85	92
最低值	80	73	65	68	67	69	70
平均值	84	83	80	80	79	74	77
十六烷值							
最大值	68.0	62.2	64.5	68.9	54.9	66.1	64.6
最小值	43.5	48.3	43.8	48.3	41.8	40.4	42.1
平均值	59.3	54.2	52.6	57.9	48.5	51.1	51.5
95%馏出温度/℃							
最高值	354	361	355	350	359	365	363
最低值	327	332	339	329	328	329	326
平均值	337	344	346	338	343	351	348
密度(20℃)/(kg/m^3)							
最大值	862.8	856.4	861.0	838.2	855.4	853.4	851.0
最小值	806.9	822.2	818.2	804.9	819.3	812.5	824.0
平均值	827.4	836.9	837.7	827.1	839.1	833.0	836.6

从表 1-16 中数据看出：

①0 号柴油产品硫含量的平均值一直稳定在 0.13%～0.18%，有 30%以上企业产品的硫含量在 0.2%以上，据统计，这些企业轻柴油产品硫含量偏高的原因是加工进口含硫原油或加氢能力不足，轻柴油产品的某些调合组分没有得到有效的精制。从硫含量的统计结果可以看出两个方面的问题，第一，近十年来我国进口含硫原油的加工量在逐年增加，并且陆上原油的硫含量也有明显增加，但轻柴油产品的硫含量相对稳定，说明我国炼油企业轻柴油产品的精制能力也在逐年增加。第二，尽管所有企业轻柴油产品的硫含量都能满足现行标准，但有 30%以上企业的轻柴油硫含量在 0.2%以上，这些企业必须在新标准实施之前改

进现有的轻柴油生产工艺，使硫含量降至0.2%以下。

② 凝点、闪点和95%馏出温度的平均值表现出逐步向标准指标靠近的趋势，说明了轻柴油产品的馏分范围在逐步变宽，这是实施多产柴油规划的结果。

③ 十六烷值明显下降，其平均值从1992年的59.3降至2000年的51.5，降低了约8个单位。尤其1998年的十六烷值最低，平均值为48.5。

另外，安定性差仍然是我国轻柴油产品存在的主要问题之一，表现为实际胶质含量高、颜色深、易生成氧化沉渣等。

我国轻柴油产品芳烃含量的主要问题是多环芳烃(二环和三环芳烃)含量偏高，平均值约11%。造成多环芳烃含量偏高的原因是：

① 进口中间基和环烷基原油的比例增加；

② 催化裂化柴油的馏程偏高；

③ 催化裂化柴油的调合比例偏大；

④ 催化裂化柴油的加氢精制深度不够。

3. 提高我国轻柴油产品质量的方向

对比我国与世界高水平国家的轻柴油产品质量指标可以看出，我国从2002年1月1日起实施的轻柴油产品标准尚未达到世界先进水平，部分指标还达不到世界燃料规范中二类油品的要求，与国外高质量产品之间还存在着较大的差距，主要表现在轻柴油硫和多环芳烃含量高等问题，合理地解决这些问题便是提高我国柴油产品质量的方向。

近十年来，我国炼油企业在生产轻柴油产品上面临着两个方面的问题，一方面是轻柴油产品供不应求，另一方面是产品质量难以提高。为了多产柴油，各炼油企业都调整催化裂化装置的生产方案，以增加催化裂化柴油产量为主要手段来缓解市场的供需矛盾。然而催化裂化柴油是轻柴油产品的非理想调合组分，其硫、芳烃含量高，十六烷值低，必须经过深度加氢精制或加氢改质才能降低其芳烃含量，提高十六烷值。但是，由于受生产装置结构的限制，目前还没有能力将全部催化裂化柴油进行深度精制或改质，这就造成了我国轻柴油产品质量一直处于低水平状态。

我国轻柴油产品目前存在的主要质量问题是硫和多环芳烃含量高，如要改善这些指标，柴油生产主要采取措施有：

① 提高柴油加氢精制能力，实现对催化裂化柴油深度精制或改质，并且对直馏柴油进行适当加氢脱硫，这尽管在技术上是可行的，但需要在短期内投入大量资金用于新建、扩建加氢生产装置。

② 采用生产优质柴油的加氢技术和高活性加氢精制催化剂。

③ 调整轻柴油产品的产品结构，运用先进调合技术，防止柴油质量过剩，也是我国实现轻柴油产品质量升级的更经济和有效的手段。

第五节　车用乙醇汽油技术发展

一、推广使用车用乙醇汽油的意义

乙醇是一种可再生能源，它是一种具有较高辛烷值的含氧化合物，乙醇作为发动机燃料始于20世纪30年代，后来因石油产品在产量和价格上具有较大优势，乙醇不再用作车用汽油的代用品。70年代以来，由于受到两次石油危机冲击和对汽车尾气排放的限制，一些石油资源匮乏和人口密集的国家在立法和政策上鼓励以醇类(主要为乙醇)作为车用汽油调合组分。巴西是世界上使用含醇燃料最多的国家，其含醇燃料主要以三种形式出售：即含水乙醇、MEG燃料(33%甲醇+60%无水乙醇+7%汽油)和含醇汽油(22%无水乙醇+78%汽油)，车用乙醇消费量约占汽油总量的一半。为了改善都市工业区空气污染问题，美国政府也给予含醇汽油(ABG)生产者一定的优惠政策。目前，美国出售的汽油中约有12%掺有乙醇，乙醇添加量平均为10.82%，另一方面，美国为避免MTBE对地下水的污染，目前正在讨论用乙醇替代MTBE作为汽油添加剂，以符合“清洁燃料法规”对汽油氧含量的要求。此外，哥伦比亚、菲律宾及肯尼亚等国也批准生产

ABG，乙醇添加量一般为8%~10%。

我国在《国民经济和社会发展第十个五年计划纲要》中对发展使用乙醇汽油提出了明确要求，目前国家有关部门已将其作为调整和优化产业结构的重点工作。

随着我国国民经济的快速发展，国内石油需求、农业生产以及人们的生存环境等都发生了极大变化。首先是石油资源越来越紧缺，我国人均石油资源仅为世界平均水平的1/16，2000年石油进口量约占使用量的20%，预计到2010年前后将达到40%：其次是粮食由早期的自给自足已变为市场相对过剩，每年都有大量的陈化粮需要转化；再就是随着燃料消耗量的不断增加，环境污染日益加剧。2000年我国的汽油消耗量已接近40Mt，在汽油中添加10%的乙醇作为车用乙醇汽油，每年可以少消耗4Mt汽油，这样既可以节约大量的不可再生的石油资源，又可以使约12Mt陈化粮得以转化，为农业的快速发展、农民收入水平的提高以及相关产业的发展提供极具价值的渠道；同时由于乙醇汽油中的氧含量明显高于目前的普通汽油，可以使汽车排放的尾气CO和碳氢化合物的含量明显降低，其CO含量可降低30%以上，极其有利于改善大气污染。因此，乙醇汽油作为一种清洁性的车用燃料，不但可以有效地节约石油资源，降低汽车尾气CO和碳氢化合物的含量，改善大气环境，还可以为剩余粮食提供巨大的消费市场，促进农业生产持续增长，并带动相关产业的发展。

二、车用乙醇汽油组成和性质

1. 组成

所谓车用乙醇汽油，就是在普通汽油中添加一定量的变性燃料乙醇(加入变性剂后不能饮用的乙醇)，经过均匀混合的一种含有乙醇的汽油。

燃料乙醇的加入量是根据汽车发动机对燃油指标的要求确定的。巴西车用乙醇汽油规定的乙醇体积含量为22%，美国规定为5.5%~10%，在我国的国家标准中规定为10.0%±2.0%。

2. 主要质量指标

乙醇加入到汽油中会引起汽油的某些性质发生变化，如辛烷值、氧含量、蒸气压、蒸馏特性以及水溶性等，这些特性的改变有可能影响到汽车发动机的正常工作。为此，国家质量技术监督局已发布了国家标准《变性燃料乙醇》(GB 18350—2001)和《车用乙醇汽油》(GB 18351—2001)，对变性燃料乙醇和车用乙醇汽油的质量指标作了明确规定(见表 1-17 和表 1-18)。

表 1-17　变性燃料乙醇质量指标

项　目	指　标
外观	清澈透明，无肉眼可看见悬浮物和沉淀物
乙醇体积含量/%	≥92.1
甲醇体积含量/%	≤0.5
实际胶质/(mg/100mL)	≤5.0
水体积含量/%	≤0.8
无机氯(以 Cl^- 计)/(mg/L)	≤32
酸度(以乙酸计)/(mg/L)	≤56
铜/(mg/L)	≤0.08
pH 值①	6.5~9.0

① 2002 年 4 月 1 日前，pH 值暂按 5.7~9.0 执行。

表 1-18　车用乙醇汽油主要质量指标

项　目	90 号汽油	93 号汽油	95 号汽油
RON	≥90	≥93	≥95
抗爆指数	≥85	≥88	≥90
铅/(g/L)	≤0.005		
馏程/℃			
10%	≤70		
50%	≤120		
90%	≤190		
终馏点	≤205		
残留量(体积分数)/%	≤2		
蒸气压/kPa			
9 月 16 日至 3 月 15 日	≤88		
3 月 16 日至 9 月 15 日	≤74		

续表

项　　目	90 号汽油	93 号汽油	95 号汽油
实际胶质/(mg/100mL)	≤5		
诱导期/min	≥480		
硫质量含量/%	≤0.08		
硫醇(不满足下列要求之一)			
博士试验	通过		
硫醇硫质量含量/%	≤0.001		
钢片腐蚀(50℃，3h)/级	≤1		
水质量含量/%	≤0.15		
乙醇体积含量/%	10.0±2.0		
其他含氧化合物质量含量/%	≤0.1		

第六节　国内外润滑油标准发展

润滑油产品升级换代很快，重点是内燃机油。

汽油机油在质量档次上，美国 2000 年发表了 SL/GF-3 规格，2004 年已发表 SM/GF-4 新规格。在黏度等级上，美国 1998 年前以 10W/30、10W/40 和 20W/50 为主，1998 年引入 5W/30，到 2000 年比例达到 13.8%，从 2001 年开始又引入 5W/20 机油，福特、本田就应用于装车机油，通用也于 2002 年用于装车机油，市场上 10W/30、5W/30 并用。SWQO 用 PAO 合成烃或半合成油为基础油，其优点有：发动机工况好、超燃油经济性、低排放、低温启动黏度(-25℃)3500mPa·s、低温泵送黏度(-35℃)6000mPa·s。虽然应用了 5W/20 的机油，但在 2005 年市场上 10W/30 和 10W/40 机油并存。

柴油机油，美国 1991 年发表了 CF-4，以后又相继发表了 CG-4、CH-4，近年又发表了 PC-9、PC-10。

我国润滑油市场已开放，2002 年国内市场消费量估计约为 3.7Mt，由于汽车、机械等行业的迅速发展，将促进润滑油需求量的增长。国内市场的份额目前由石油石化国有企业、外资企业和地方企业三分天下，外资公司在国内建设的调合厂，其总能力约为900kt/a，60%~70%的高档油品为外国品牌占领。

根据国内汽车工业的发展，虽然大多数装车油用SJ/GF-2，但风神和天津丰田等已采用SL/GF-3，预计将会有更多车采用。在黏度等级上，5W/20机油必然也要发展。柴油机油近期仍将以CC、CD为主，同时需一部分CF-4机油用于中高档设备。

提高我国内燃机油质量的措施主要有：发展API、Ⅱ、Ⅲ基础油和PAO Ⅳ类基础油，发展性能好的添加剂，加强高档油品配方研究，与国外公司合作，加快高档油品的开发。

参 考 文 献

1 吕逸华编．炼油工艺基础．北京:中国石化出版社,2001

2 杨向平．优化汽油调合方案的设计与实现．青岛化工学院学报,2002,23(9)

3 李贵勤,陈巨星,李鸿根．无铅高辛烷值车用汽油的调合．上海化工,1999,(21)

4 薛伟斌,汪艳庚．原油调合技术及其应用．高桥石化,2002,17(2)

5 李征西,徐思文主编．油品储运设计手册．北京:石油工业出版社,1997

6 黄文轩,韩长宁编．润滑油与燃料添加剂手册．北京:中国石化出版社,1995

7 欧风编．石油产品应用技术手册．北京:中国石化出版社,1998

8 润滑油调合及其产品应用和添加剂．大连:中国石化总公司大连润滑油培训基地,1995

9 侯芙生．提高科技创新实力实现我国炼油工业的持续发展．大连:大连出版社,2003

10 陈惠敏．对车用无铅汽油实施新标准的看法和建议．炼油设计,2000,30(11)

11 姚国欣,刘伯华．21世纪的炼油技术和炼油厂(1)．炼油设计,2001,31(1)

12 王国良,朱豫飞,张忠和．我国轻柴油产品质量现状及升级方向．炼油设计,2001,31(12)

13 赵广明．车用乙醇汽油调合及储运问题的探讨．炼油设计,2002,32(2)

第二章 油品调合方法

油品调合是石化企业生产各种石油产品的生产工序之一。大多数石油产品都是经过调合而成的调制品。随着国民经济和汽车工业的飞速发展，节能及环保生态意识的日益重视，人们对油品使用性能的要求越来越高，油品的种类划分也越来越细。因此石油馏分应要按照特定的功能需要，在半成品或基础油中加入某些化学物质，以赋予或改善油品的某些理化性质和使用性能，经过细化的调合加工处理才能满足这种不断提高的要求。科学技术的不断进步，带动着现代分析技术、自动测试控制技术及各种跨学科交叉渗透的发展，从而可为油品调合的过程进行有效的测试、控制和评价。

目前，油品调合主要包括液体石油燃料调合（轻质油调合、重质油调合）和润滑油调合两大类。液体石油燃料调合主要包括车用汽油调合、柴油调合、喷气燃料调合、船舶用燃料调合、锅炉用燃料调合、车用乙醇汽油调合等。润滑油调合类型很多，主要是根据各自的特殊要求而进行。随着我国原油用量的剧增及进口原油的多样化，原油调合也越来越受人们的重视，本文也将给以适当介绍。尽管各种调合可分得很细，但调合机理、工艺、设备基本具有通用性，本书也将择要介绍。

随着技术水平的不断提高，机械设备对石油产品的质量和使用性能的要求也越来越高，如各类高、精、巨型、微型机械不断出现，高温、低温，高压、低压，高速、低速，高负荷、低负荷等使用条件范围很宽，对润滑油的使用性能提出更高的要求。石油由于受其天然组分的局限，单靠提高加工工艺是难以满足使用要求的。而且油品质量经过多种加工工艺后，仍有不足，况且深度加工，成本太高。为了提高油品质量、改善油品的使用性能，常常还需要少量加入一些物质，这是改善油品性能的经济合理的主要方法之一。这些可以改善油品一种或多种性能的物质，称之为石油添加剂。石油添加剂按应用场合不同可分为润滑剂添加剂、燃料添加剂、复合添加剂和其他添加剂四类。

第一节　燃料油与润滑油基础油的调合

一、车用无铅汽油调合

我国车用无铅汽油以催化裂化汽油为主，并按一定比例加入重整汽油、烷基化汽油或甲基叔丁基醚(MTBE)等，必要时加入适量的添加剂。

1. 产品性能

车用无铅汽油为易燃、易爆、易挥发液体，主要由 $C_5 \sim C_{12}$ 的烃类组成。该产品具有辛烷值高，稳定性能好，抗爆及蒸发性能好，含硫低的特点。车用无铅汽油爆炸极限为1.4%~7.6%。

2. 几种常用的汽油调合组分

(1) 催化裂化汽油

我国催化裂化汽油为商品汽油的主要组分，其在商品汽油中的含量达70%以上。无论目前还是可预见的未来，催化裂化汽油在炼油厂中的重要地位不容置疑。但是催化裂化装置所生产的汽油烯烃含量、硫含量达不到指标要求，辛烷值不够高(RON约90，MON约79)，为达到规定的车用汽油指标，就需要添加其他组分油调合。

(2) 重整汽油

重整汽油在我国汽油构成中所占的比例很低，与美国相比有较大的差距。1990年仅为2.5%。现在也只不过占10%左右。重整汽油的芳烃含量很高，但辛烷值可达100左右，是一种较优质的汽油调合组分。要提高汽油的辛烷值，实现汽油无铅化，利用重整汽油是一条很好的途径。重整汽油中的芳烃可弥补FCC汽油中的芳烃含量低的不足，从而提高汽油的辛烷值。但新颁布的清洁汽油标准中，对汽油中的芳烃含量也作了限制，所以重整汽油的加入量要控制好。另外，重整汽油中的苯是有害的，要设法降低。

(3) 烷基化汽油

利用烷基化工艺可制取汽油的调合组分。烷基化工艺是异烷烃和烯烃气体在浓硫酸或氟氢酸的接触作用下进行异烷基化反应，也是利用轻质烃类生产高高辛烷值汽油组分的主要方法之一。烷基化油是异构烷烃的混合物，其辛烷值相当高(RON 为 92.9~95，MON 为 91.5~93)，敏感性小，而且具有理想的挥发性和清洁的燃烧性，是一种理想的汽油调合组分。利用烷基化油调合汽油有许多优点：

① 能够稀释 FCC 汽油中的硫、氮等有害杂质，使汽油更加符合所要求的标准。

② 对重整汽油组分中的芳烃(包括苯)也有稀释作用，从而可以掺入更多的重整汽油组分，以达到提高汽油辛烷值的目的。

(4) 异构化汽油

利用异构化工艺也可制取汽油的调合组分。异构化工艺是提高整体汽油辛烷值最便宜的方法之一。正构烷烃在异构化后，可提高汽油的辛烷值。汽油无铅化以及新法规对车用燃料组成的限制，使得炼油厂对异构化油的需求十分强劲。例如，正戊烷的空白(无铅)辛烷值为研究法 61.7，而异戊烷则为 92.3。异戊烷是高级汽油的主要组分。1995 年，美国异构化油在汽油中约占 10%，而目前我国尚未含异构化油的汽油。与国外相比，尚存在一定的距离。因此，加速开发异构化工艺很重要。

(5) 甲基叔丁基醚(MTBE)

甲基叔丁基醚(MTBE)的许多物理、化学特性与其特有的分子结构有关。在 MTBE 的分子结构中，氧原子不与氢原子直接相连，而与碳原子相连。C—O 键的键能大于 C—C 键的键能，且 MTBE 的分子中又存在叔碳原子上的空间效应，难于使分支自断裂形成自由基。因而，作为汽油调合组分，MTBE 具有十分良好的抗用性能和较好的化学稳定性。

MTBE不但具有很高的辛烷值，而且在催化裂化汽油中有很好的调合效应，其调合辛烷值高于其净辛烷值。汽油中MTBE的最大加入量各国并不统一，一般最大加入量为15%~20%。

目前我国汽油调合方案见表2-1。

表2-1 汽油调合方案

汽油标号	调合组分比例/%			
	催化汽油	重整汽油	烷基化汽油	MTBE
90号汽油	100			
93号汽油	70~72		20~15	10~13
93号汽油	70~72	20~15		10~13
93号汽油	68~70	32~30		
93号汽油	60~64		40~36	
95号汽油	58~60	30~26		12~14
95号汽油	38~41	32~35	30~24	
95号汽油	53~56		35~30	12~14
97号汽油	28~33		58~55	14~12
97号汽油	44~39	33~35	10~12	12~14

二、轻柴油调合

1. 产品性能

轻柴油为淡黄色液体，主要由C_{15}~C_{24}的烃类组成，燃烧性能好。轻柴油具有足够的黏度，能保证在柴油发动机内雾化良好，燃烧平衡；杂质少，尤其是钒、钠、镍、硅等化合物极微，燃烧后在发动机燃烧室内不产生明显的结焦和积炭，不磨损高压油泵和喷嘴，不损伤发动机；含硫量低，有机酸少，基本不含无机酸或碱，因此对机件和储油设施无腐蚀性。

2. 生产方法

成品轻柴油是用原油经常减压蒸馏所得的直馏柴油(常一线、常二线、常三线)与焦化或催化后经加氢精制的柴油等按一定比例调合而成。需要时可加入少量的流动改性剂。

三、喷气燃料调合

1. 产品性能

喷气燃料为无色透明液体。该产品馏分均匀，芳烃含量低，密度、黏度适宜，烟点高，有良好的燃烧性能，胶质及烯烃含量低，安定性好，硫和硫醇含量低，无腐蚀性，高空燃烧性能好，抗烧蚀强。

2. 生产方法

喷气燃料以某些原油经常减压蒸馏所得的直馏分，经加氢精制后，再加入各种添加剂而成。

四、商品重油调合

1. 产品性能

重油为黑褐色粘稠状可燃性液体，黏度适中，发热量高，燃烧性能较好。重油常用做锅炉燃料，雾化良好，燃烧完全，产生的积炭少；钒等金属杂质含量极少，燃烧后产生的灰分极少，能保证锅炉炉管有良好的传热效率；含硫量较低，在燃烧过程中不腐蚀设备，而用于冶金和金属件热处理时，不会产生加硫现象等不良影响；闪点高，蒸气压低，储存和使用较安全，大气污染程度低。

2. 生产方法

商品重油以原油经常减压蒸馏所得的渣油，经减粘或适当调入其他馏分油而制得。

五、船用燃料油调合

1. 产品性能

船用燃料油为黑褐色粘稠状可燃性液体，流动性能好热值高，含硫低，腐蚀性小。

2. 生产方法

船用燃料油以原油经常减压蒸馏所得的渣油，经减粘或与其他馏分油按一定比例调合而成。

六、车用乙醇汽油调合

车用乙醇汽油的调合就是在组分汽油中加入一定比例的变性

燃料乙醇的过程。我国规定加入体积比例为9%~10.5%。

车用乙醇汽油具有吸水性，如含10%(体积分数)变性燃料乙醇的车用乙醇汽油与普通汽油相比，其吸水性显著增加。实验表明，装有车用乙醇汽油的容器无密闭防水措施，48h后其含水量增加约一倍。因此，为减少乙醇汽油的周转次数，保证质量，乙醇汽油的调合通常是在油库或调合中心进行，且宜采用管道调合工艺进行调合，而不推荐使用调合罐调合。

车用乙醇汽油采用管道调合工艺时，具体应根据生产操作的实际状况，通过经济分析来决定是采用双泵多鹤管还是采用双泵单鹤管流程。变性燃料乙醇和组分汽油通过一组多段数字式电动流量比值调节阀，经计算机在线控制以及单组分定量功能，实现车用乙醇汽油的在线调合。调合后的成品汽油直接通过鹤管装入汽车罐车外运至加油站。油库或油品调合中心内不宜再专门设置车用乙醇汽油储罐。由于乙醇在其中的体积比例为30%以下时，乙醇和汽油互溶性较好，因此采用管道调合时不需要静态混合器。

在制订车用乙醇汽油调合工艺时，必须尽量简化过程，减少不必要的周转次数，以保证成品质量。

七、原油调合

我国的炼油工业，是在大庆油田发现和开发之后迅速发展起来的。大庆油田是优质的低硫、低碳原油。表2-2为我国几种主要原油的一般性质。从1993年开始，我国成为原油净进口国，并在2003年成为世界第二大原油进口国。我国原油进口以中东原油为主。中东原油储量大、产量大，但大部分为高硫原油。随着我国用油量的剧增，不同产地的原油混炼已是大势所趋。同时，一个燃料-润滑油型综合性炼油厂，在原油油种的选择上，既要兼顾喷气燃料、润滑油和石蜡的生产，又要兼顾重整原料和清洁燃料的生产，还要受到设备现状的限制，为此合理选用不同的原油，如含硫原油或含酸原油与低硫原油或低酸值原油进行调合混炼，是十分必要的。不同产地的原油，不仅是指国内不同油田的原油，也包括不同地区进口的原油，如我国2003年石油消耗量达2.5亿吨，其中就有9112万吨依靠进口。这些原油有些物性相近，有些物性相差较大，特别是硫含量差别较大。

表2-2　我国几种主要原油的一般性质

原油名称	大庆混合	胜利混合	鲁宁管输	辽河混合	中原混合	华北混合	新疆混合	大港混合
密度(20℃)/(g/cm^3)	0.8591	0.8941	0.9048	0.9290	0.8567	0.8585	0.8839	0.8942
API度	32.3	26.0	24.2	20.2	32.9	32.56	28.0	26.0
运动黏度(50℃)/(mm^2/s)	22.64	92.16	61.1	142.2	16.61	18.98	57.13	40.7
凝点/℃	30	27	25	10	33	34	-2	32
蜡含量/%	—	14.3	15	7.0	17.4	—	—	16.7
沥青质/%	0	—	0	0.65	0.16	—	0.05	0.18
胶质/%	—	17.0	16	17.0	9.8	—	10.0	10.43
残炭/%	3.1	5.8	5.6	8.2	5.3	4.8	3.5	5.3
酸值/(mgKOH/g)	0.05	0.55	1.3	1.81	0.41	0.35	2.29	—
硫/%	0.08	0.73	0.79	0.37	0.57	0.23	0.12	0.12
氮/%	0.17	0.31	0.32	0.46	0.16	—	—	0.23
镍/(μg/g)	4.3	20	23	38	3.8	11.5	9.6	15.7
钒/(μg/g)	0.01	2.0	1.43	0.84	2.3	1	0.7	0
ASTM200℃馏出①/%	11.0	7.5	7.0	3.5	15.4	14	7.5	9
ASTM300℃馏出①/%	25.0	22.5	20.5	14.5	34.0	32	22.5	21

① 体积分数，表中其他未注明为质量分数。

1. 原油油种选择

按照原油的工业分类法，原油可分四种类型：硫含量小于0.1%的属超低硫原油，硫含量在0.1%~0.5%的属低硫原油，硫含量0.5%~2.0%的属含硫原油，大于2.0%的属高硫原油。

在原油的工业分类中，没有按照酸值高低来分类的。然而，科研和生产实践表明，当酸值达到0.3mgKOH/g时，就会导致原油的一次加工、二次加工(包括润滑油生产)和重油加工装置出现腐蚀问题；当原油的酸值达到0.5mgKOH/g时，便会导致一次加工及其相应的后续加工装置的设备、工艺配管出现严重腐蚀问题、产品质量问题(如油品的酸值、酸度超标和腐蚀不合格等)和环保问题。为此，参照工业分类法，按照原油酸值的高低可将原油分为低酸值原油、含酸原油和高酸值原油，即酸值小于0.5mgKOH/g的属低酸值原油，0.5~1.5mgKOH/g的属含酸原油，大于1.5mgKOH/g的属高酸值原油，如扎费罗原油和辛塔原油为含酸原油，阿曼原油为含硫含酸原油。

根据生产实际情况和装置设备现状，原油品种进口采购的原则(约束条件)主要有以下几点：

① 含硫原油和含酸原油不能同时引进，也不能同时加工炼制。

② 如果引进含硫原油，其含硫量以不大于1.2%为宜，如阿曼原油之类。在引进混合硫原油时，表2-3中所列三种原油不宜同时引进。

③ 如果引进含酸原油，酸值以小于1.0mgKOH/g为宜，如扎费罗原油之类。在引进含酸原油时，表2-4中所列四种原油不宜同时引进。

表2-3 不宜三种同时引进的原油

原油名称	英文名	产地	硫含量/%
布伦特原油	BRENT	英国	0.50
马希拉原油	MASILA	也门	0.55
阿曼原油	OMAN	阿曼	1.04

表2-4 不宜四种同时引进的原油

原油名称	英文名	产地	酸值/mgKOH/g
宾恰玛斯原油	BENCHAMAS	泰国	0.34
辛塔原油	CINTA	印度尼西亚	0.63
扎费罗原油	ZAFIRO	赤道几内亚	0.80
特罗尔原油	TELOR	挪威	1.14

2. 原油的调合比

科学研究和生产实践表明，混炼原油的调合比(或称之为掺炼比)有两个主要方法。

① 按照原油的理化参数确定调合比。两种或两种以上的原油混合时，由于其分散状态的改变会反映在一些理化参数的变化上，因此可以从混合前后原油理化参数的变化，预测原油一次加工的常减压总拔出率和二次加工原料的主要性质，然后取其总拔出率最高时的混炼比作为优化的调合比。

② 按照约束条件确定原油调合比。根据炼油厂的实际状况和要求，混炼两种或两种以上的原油时，往往会制定一些目标值(或称之为约束条件)，诸如 API 度、混合原油的硫含量和酸值之类来确定调合比。此举可借助原油评价数据来完成。

八、润滑油调合

中国润滑油市场的开放始于 1992 年。当时我国润滑油总体供不应求，利润又较高，因而不仅原有的一些炼油企业兴建或扩建润滑油生产装置，地方也纷纷建厂，同时国外石油公司开始大举进入。经过 10 多年的发展，中国石油、中国石化两大集团共有 21 个润滑油生产基地，各地也建成了 3000 多家大大小小的调合厂，国外石油公司则先后建立了 20 多家较大规模的调合厂。目前，润滑油市场竞争日趋激烈，也促使润滑油产品朝着精、细、廉的方向发展。故此，润滑油产品的调合技术是受众人重视和竞相研究开发的一个课题。

润滑油调合是将已脱沥青和脱蜡、经精制的不同黏度的一种或多种基础油作为组分油，与各种添加剂进行调合，生产出不同规格、满足不同需要的各种牌号的润滑油产品的过程。基础油调合的主要目的是为了调整黏度、黏度指数和颜色等质量指标；添加剂是为了提高油品的抗氧化安定性、防锈性和抗磨性等油品使用性能指标。

第二节　调合传质机理

油品调合大部分为液-液相系互相溶解的均相混合；个别情况下也有不互溶的液-液相系，混合后形成液-液分散体；当添加剂是固体时，则为液-固相系的非均相混合或溶解。固态的添加剂为数并不多，一般要求互溶而形成均相。所以下面主要讨论液-液相的均相混合，也简要说明不互溶的液-液相系的混合。

一般认为液-液相系均相混合是以下三种扩散机理的综合作用：

① 分子扩散。由分子的相对运动引起的物质传递。这是在分子尺度的空间内进行的。

② 湍流扩散。当机械能传递给液体物料时，处于高速流体和低速流体分界面上的流体，受到强烈的剪切作用，产生大量旋涡，造成对流扩散。这是在局部范围的旋涡尺度空间内进行的。

③ 主体对流扩散。包括一切不属于分子运动或蜗旋运动而使大范围的全部液体循环流动所引起的物质传递。这种混合传质过程是在大尺度空间内进行的。主体对流扩散只能把不同物料成较大“团块”地混合起来，通过大“团块”界面间的涡流扩散，把不均匀程度迅速降低到旋流本身的大小。此时虽没有达到均质混合，但是“团块”已经变得很小，而数量很多，使“团块”间的接触面积大大增加，为分子扩散的加速创造了条件，进而再通过分子扩散使全部油料达到完全均匀的分布状态。

油品调合是上述三种扩散过程的综合。但由于轻质油品(如汽油)、重质油品(如润滑油)的黏度差别很大，在实际调合时哪种扩散过程起主导作用是不尽相同的。例如，对高黏度的重质润滑油和重质燃料油的调合，在机械能传递给物料时，可能主要不是形成涡流扩散，而是在剪切作用下把被调合的物料撕拉成很薄的薄层，再通过分子扩散达到均匀混合。对于低黏度的轻质润滑油调合，蜗旋扩散将起重要作用，但最终还是要由分子扩散达到完全均匀的混合。

不互溶的液-液相系的混合，实际上是其中的一相(分散相)分散到另一相(连续相)中，使连续相内液滴不断地分散和不断聚结形成液-液分散体。当液滴的分散速率与聚结速率相等时，体系达到了动平衡状态，此时形成了稳定的分散体。如润滑油调合中硅油类添加剂调入润滑油时，为不互溶的液–液相系的混合。硅油和润滑油基础油不互溶，调合时需先向硅油中加入约9倍的煤油，制成“母液”——煤油为连续相，硅油为分散相的液–液分散体，由于煤油的“稀释”，在调入基础油中则可以较快的均匀分散，形成新的稳定的分散体亦即润滑油产品。

第三节 油品调合工艺

目前，常用的油品调合工艺可分为两种方式：油罐调合和管道调合。油罐调合有时称为间歇调合、离线调合、批量的罐式调合。管道调合有时称为连续调合、在线调合、连续在线调合。这两种不同的调合工艺由于都有各自独有的特点和不同的适用场合，所以目前两种调合工艺共存。有时也将油品调合工艺分为三种方式：罐式调合、罐式–管道调合(部分在线调合)、管道自动调合。罐式–管道调合是根据生产需要介于两者之间的一种复合型工艺(过渡型工艺)。

一、油罐调合

油罐调合是把待调合的组分油、添加剂等，按所规定的调合比例，分别送入调合罐内，再用泵循环、电动搅拌等方法将它们均匀混合成为一种产品。这种调合方法操作简单，不受装置馏出口组分油质量波动影响，目前大部分炼油厂采用此调合方法；缺点是需要数量较多的组分罐，调合时间长、易氧化、调合过程复杂、油品损耗大、能源消耗多、调合作业必须分批进行，调合比不精确。在具体操作中有以下两种方案：

① 组分罐与成品油调合罐分开，各装置生产的组分油先单独进组分油罐，确定调合的目的产品，然后采样分析组分油的质量指标，通过计算公式或经验确定调合量进成品调合油罐。

② 不分组分罐和成品油调合罐，各装置生产的组分油合流进罐，采样分析罐中油品质量指标，符合调合的产品质量指标即可出厂，不符合调合产品质量指标，将其他组分油通过计算或经验确定调合量进调合油罐，并循环。

根据罐内搅拌方式的不同，油罐调合可分为泵循环调合和机械搅拌调合两种。以前还有使用压缩空气调合，但易使油品氧化变质，并造成油品蒸发损耗及环境污染等缺点，一般已不采用。

1. 泵循环调合

先将各种组分油和可能有的添加剂送入罐内，用泵不断地将罐内物料从罐底部抽出，再循环回调合罐，在泵的作用下形成主体对流扩散和涡流扩散，从而逐渐使油品调合均匀。为了提高调合效率，降低能耗，在生产实践中不断对泵循环调合的方法进行了改进。主要有以下两种方法。

(1) 泵循环喷嘴搅拌调合

该工艺就是在调合油罐内增设喷嘴，被调合物料通过装在罐内的喷嘴射流混合。高速射流穿过罐内静止的物料时，一方面可以推动其前方的液体流动形成主体对流运动；另一方面在高速射流作用下，在射流边界上存在的高剪切速率造成大量旋涡把周围液体卷入射流中，这样把动量传给低速流体，同时使两部分流体很好混合。这一方法适用于调合比例变化的范围较大、批量较大和中、低黏度油品的调合，设备简单，效率高，管理方便。

喷嘴有单喷嘴和多喷嘴两种，单喷嘴本身是一个流线型锥形体，安装在罐内靠近罐底的罐壁上，倾斜向上。多喷嘴一般由5个或7个喷嘴组合而成，整套喷嘴安装在罐底部中心，并垂直向上，四周喷嘴围绕中心喷嘴略显倾斜。

(2) 静态混合器调合

该工艺就是在循环泵出口、物料进调合罐之前增加一个合适的静态混合器，用静态混合器强化混合，可大大提高调合效率，据文献报道，可比机械搅拌缩短一半以上的调合时间，而调合的油品质量也优于机械搅拌。

2. 机械搅拌调合

使用机械搅拌也是油罐调合的常用方法，适用于批量不大的成品油的调合，特别是润滑油。被调合物料是在搅拌器的作用下，形成主体对流和涡流扩散传质、分子扩散传质，使全部物料性质达到均一。罐内物料在搅拌器转动时产生两个方向的运动：一是沿搅拌器的轴线方向的向前运动，当受到罐壁或罐底的阻挡时，改变其方向，经多次变向后，最终形成近似圆周的循环流动；二是沿搅拌器桨叶的旋转方向形成的圆周运动，使物料翻滚，最终达到混合均匀的目的。搅拌调合的效率，取决于搅拌器的设计及其安装。搅拌器主要有罐壁伸入及罐顶中央伸入两类。

(1) 搅拌器罐壁伸入式搅拌调合

搅拌调合搅拌器由罐壁伸入罐内，每个罐可装一个或几个，搅拌器的叶轮是船用推进式螺旋桨型。螺旋桨转动时，罐内油品产生两个方向运动：一是沿桨的轴线方向向前运动，受到罐壁障碍时，沿罐壁上升至另一侧下降，从而形成垂直方向的圆周运动；另一是沿桨的旋转方向成圆周运动，使油品上下翻腾，最终达到均匀的目的。

影响搅拌调合所需功率的几个因素：

① 罐的容积与高径比。一般认为搅拌器叶轮排出油品体积等于罐内油品容量的 2~3 倍，即罐内油品全部被搅拌循环 2~3 次时，调合即达均匀。因此，罐容积是选择搅拌器功率最重要的依据，容积越大，所需总功率越大。罐的形状系指高度与直径之比(H/D)，比值越大，静压头就越大，所需总功率也越大，比值等于或小于 0.8 时，即可不考虑对所需功率的额外影响。

②介质黏度。油品黏度越高，则流动阻力越大，搅拌功率就相应增大。在黏度小即流体的雷诺数值大于 10000 时，可不特殊考虑黏度对功率的影响。

③ 搅拌时间。连续搅拌时间长，则所需搅拌器功率就较小，反之，要求短时间内完成调合就要使用较大功率。

④ 搅拌运行方式。以两组分为例，可有三种运行方式：a. 两组分同时进罐，边进边搅，全部进罐后继续搅拌 2h；b. 组分一先进罐，组分二开始进入时启动搅拌，组分二进完后继续搅拌 2h；c. 两组分全进罐后才启动搅拌，可要求在 8h、2h、以至 1h 内达到均匀的目的。实测结果表明第一种方式每单位容积所需动

力最小。

按目前使用情况，搅拌器布置可归纳如下：不论使用几台搅拌器(一般最多不超过4台)，应集中布置在罐壁圆周1/4的范围内；如组分进罐时不启动搅拌器，则油罐出、入管线的位置对搅拌器布置无影响；如在油品进、出过程中需要开动搅拌器，则出、入口离搅拌器宜有30°的夹角；可将搅拌器轴心线对油罐中心线偏离一定角度(一般偏7°~12°，小罐取小值，大罐取大值)；搅拌器轴心线离罐底的距离，取桨叶直径的1.5倍。

(2) 搅拌器罐顶中央进入式搅拌调合

只使用在小型立式调合罐上(容积约20m³以下)，适用于小批量而质量、配比等要求严格的特种油品的调合，如特种润滑油的调合，便于小包装灌桶作业以及稀释添加剂的基础液等。搅拌器有桨式与推进式两种。

① 桨式搅拌器。是一种低速搅拌器，油品的流动状态保持层流，可不另设挡板，罐内径与桨叶外径之比为1.25~2.0。由于低速搅拌需要较长的调合时间，但优点是所需功率小。

② 推进式搅拌器。转速较高，桨叶有单层或双层。调合油品液层较浅，黏度低(小于100mm²/s)的可用直径较大的单层桨叶，反之可用双层。罐内还应增设挡板，使流型保持在湍流状态。

二、管道调合

1. 管道调合工艺

管道调合(包括油罐——管道调合)是利用自动化仪表控制各个被调合组分流量，并将各组分油与添加剂等按预定比例送入总管和管道混合器，使各组分油在其中混流均匀，调合成为合乎质量指标的成品油；或采用先进的在线成分分析仪表连续控制调合成品油的质量指标，各组分油在管线中经管道混合器混流均匀达到自动调合目的。经过均匀混合的油品从管道另一端出来，其理化指标和使用性能达到预定要求，油品可直接灌装或进入成品油罐储存。管道混合器(常用的是静态混合器)的作用在于流体逐次流过混合器每一混合元件前缘时，即被分割一次并交替变换，最后由分子扩散达到均匀混合状态。

调合系统需要保持两种或两种以上物料的一定比值关系。在设计调合系统时要选择某一种物料作为主要物料。这种物料称之为主物料，表征该物料的参数称为主动量。而其他物料则按主物料来进行配比，在调节过程中跟随主物料而变化，因此称它们为从物料，表征它们特征的参数称为从动量。在炼油厂中，被调合的物料，往往是不同组分的油品。人们常把主物料称为主组分油品，而从物料则称为分组分油品。与此相应把表征其特征参数目“主动量”和“从动量”分别称为“主流量”和“从流量”或“分组分流量”。

(1) 主流量选择原则

在设计调合系统时，究竟选择哪个流量作为主流量，一般来讲，应遵循下述原则：

① 选择调合油品中的主要油品。

② 选择可测量而不可控的物料，如装置馏出口外送的油品。

③ 选择调合物料中最大的组分流量为主流量，而把流量较小的油品或添加剂则作为从动量。其优点是调节阀可用得小一些，同时调节灵敏度也较高。

④ 若工艺有特殊要求时，则应服从安全操作的要求。

管道调合操作方式有：a. 在计算机控制下，实现自动操作；b. 使用常规自控仪表、人工给定调合比例的手动操作管道调合；c. 用微机监测、监控的半自动调合系统。这三种管道调合方法我国都有实际使用。

(2) 管道调合组成

管道调合一般由下列部分组成：

① 组分油(基础油)、添加剂组分罐和成品油罐。

② 组分通道，每一个通道应包括配料泵、计量表、过滤器、排气罐、控制阀、温度传感器、止回阀、压力调节阀等；组分通道的多少视调合油品的组分数而定，一般 5~7 个通道，也可再

多一些，通道的口径和泵的排量，由装置的调合能力和组分比例的大小而定，各组分通道的口径和泵的排量是不相同的。

③ 总管、混合器和脱水器、各组分通道出口均与总管相连，各组分按预定的准确比例汇集到总管；混合器也有叫均质器，物料在此被混合均匀，该设备可为静态的，亦可是电动型的；脱水器是将油品中的微量水脱除，一般为真空脱水器，也有采用其他形式的。

④ 在线质量仪表，主要是黏度表、倾点表、闪点表和比色表，尤其在采用质量闭环控制或优化控制调合时，必须设置在线质量仪表。

⑤ 自动控制和管理系统，根据控制管理水平的要求，可选用不同的计算机及辅助设备。

(3) 管道调合工艺流程

管道调合工艺流程有以下4种：

① 罐式在线调合：将组分油从罐内抽出，经在线分析仪及控制系统确定不同的比例组分油进成品调合油罐。

② 罐式调合直接出厂：把调合和装油出厂两种作业结合在一起，将组分油从罐内抽出，经在线分析仪及控制系统确定不同的比例组分油调合直接出厂。

③ 馏出物在线调合进油罐：装置馏出物经在线分析仪及控制系统确定不同的比例组分油调合进罐。

④ 馏出物直接调合出厂：把装置馏出物与组分油直接在管道内调合直接出厂，多余部分送入成品罐储存。

2. 管道调合发展概况及优点

从调合工艺流程上看，调合方法由批量的罐式调合，逐步发展为调合与装油联合作业的直接调合、馏出油与其他组分油直接调合出厂等方式。

从调合系统应用仪表控制方面来看，经历了20世纪50年代、60年代、70年代的模拟式仪表、数字式仪表，到80年代、90年代应用电子计算机、智能软件、高精度流量计、快速稳定性能高的在线质量分析仪表等实现了闭环的最优化控制。目前已有多种以微处理机为核心、智能软件为基础的专用调合成套设备在石化、石油系统中应用。

在调合产品质量指标方面，已由幅值控制发展到目标控制，即由比值调节、比值调节质量监视的幅度控制发展为比值调节质量监控的目标控制，以及在最佳调合系统中由控制一两个主要目标质量发展为控制产品全部目标质量的所谓闭环的高级控制系统。

管道调合具有下列优点：

① 可使组分油储存罐减少并可取消调合罐，成品油可随用随调，且能连续作业，这样可节省成品油的非生产性储存，减少油罐容量。

② 组分油能合理利用，尤其对批量较大的油品，添加剂能准确加入，避免质量“过头”，可以提高一次调合合格率，成品油质量可一次达到指标。

③ 减少中间分析，节省人力，取消多次油泵转送和混合搅拌，节约时间，降低能耗。

④ 由于全部过程密闭操作，减少油品氧化蒸发，降低损耗。管道调合适用于大批量的调合。

⑤ 在操作中容易改变调合方案，并可避免对有毒添加剂的直接操作，若在线控制仪表稳定、可靠，可确保调合精确。

因此，各炼厂都在油罐调合成功应用的基础上，积极采用新技术推广管道自动调合。

三、两种调合工艺的比较

油罐调合是把定量的各调合组分依次或同时加入到调合罐中，加料过程中不需要度量或控制组分的流量，只需确定最后的数量。当所有的组分配齐后，调合罐便可开始搅拌，使其混合均匀。调合过程中可随时采样化验分析油品的性质，也可随时补加某种不足的组分，直至产品完全符合规格标准。这种调合方法、工艺和设备均比较简单，不需要精密的流量计和高度可靠的自动控制手段，也不需要在线的质量检测手段。因此，建设此种调合装置所需投资少，易于实现。此种调合装置的生产能力受调合罐大小的限制，只要选择合适的调合罐，就可以满足一定生产能力的要求，但劳动强度大。

管道调合是把全部调合组分以正确的比例同时送入调合器进行调合，从管道的出口即得到质量符合规格要求的最终产品。这种调合方法需要有满足混合器要求的连续混合器，需要有能够精确计量、控制各组分流量的计量器和控制手段，还要有在线质量分析仪表和计算机控制系统。由于该调合方法具备上述这些先进的设备和手段，所以管道调合可以实现优化控制，合理利用资源，减少不必要的质量过剩，从而降低成本。管道调合是连续进行的，其生产能力取决于组分罐和成品罐容量的大小。

综上述，油罐调合适合批量小、组分多的油品调合。在产品品种多、缺少计算机技术装备的条件下更能发挥其作用。而生产规模大、品种和组分数较少，又有足够的吞吐储罐容量和资金能力时，管道调合则更有优势。油罐批量调合一般情况下，设备简单，投资较少；管道连续调合相对投资较大。具体调合厂的建设取何种调合方法，需作具体的可行性研究，进行技术经济分析再最后确定。

四、影响调合质量的因素

影响油品调合质量的因素很多，调合设备的调合效率、调合组分的质量等都直接影响着调合后的油品质量。这里主要分析工艺和操作因素对调合后油品质量的影响。

1. 组分的精确计量

无论是油罐间歇调合还是管道连续调合，精确的计量都是非常重要的。精确的计量是各组分投料时正确比例的保证。批量调合虽然不要求投料时流量的精确计量，但要保证投料最终的精确数量。组分流量的精确计量对连续调合是至关重要的，流量计量的不准，将导致组分比例的失调，进而影响调合产品的质量。连续调合设备的优劣，除混合器外，就在于该系统的计量及其控制的可靠性和精确的程度，它应该确保在调合总管的任何部位取样，其物料的配比是正确的。

2. 组分中的水含量

组分中含水会直接影响调合产品的浑浊度和油品的外观，有时还会引起某些添加剂的水解，而降低添加剂的使用效果，因此应该防止组分中混入水分。但在实际生产中系统有水是难免的，为了保证油品质量，管道调合器负压操作，以脱除水分，或采用在线脱水器。

3. 组分中的空气

组分中和系统内混有空气是不可避免的,对调合也非常有害。空气的存在不仅可能促进添加剂的反应和油品的变质,而且也会因气泡的存在导致组分计量的不准确,影响组分的正确配比,因为计量器一般使用容积式的。为了消除空气的不良影响,在管道连续调合装置中不仅混合器负压操作,还在辅助泵和配料泵之间安装自动空气分离罐,当组分通道内有气体时配料泵自动停机,直到气体从排气罐排完,配料泵才自动开启,从而保证计量的准确。

4. 调合组分的温度

要选择适宜的调合温度，温度过高可能引起油品和添加剂的氧化或热变质，温度偏低使组分的流动性能变差而影响调合效果，要根据各组分油及产品油的物性来确定，一般以 55~65℃为宜。

5. 添加剂的稀释

有些添加剂非常粘稠，使用前必须熔融、稀释，调制成合适浓度的添加剂母液，否则既可能影响调合的均匀程度，又可能影响计量的精确度。但添加剂母液不应加入太多的稀释剂，以免影响润滑油产品的质量。

6. 调合系统的洁净度

调合系统内存在的固体杂质和非调合组分的基础油和添加剂等，都是对系统的污染，都可能造成调合产品质量的不合格，因此润滑油调合系统要保持清洁。从经济性考虑，无论是油罐调合还是管道调合，一个系统只调一个产品的可能性是极小的，因此非调合组分对系统的污染不可避免，管道连续调合采用空气(氮气)反吹处理系统，油罐间歇调合在必要时则必须彻底清扫。实际生产中一方面尽量清理污染物，另一方面则应尽量安排质量、品种相近的油在一个系统调合，以保证调合产品质量。

第四节　采用模拟式仪表的调合系统

模拟式仪表为大多数人所熟悉，易于维修，工作稳定，用于调合系统尽管精度不如数字调合系统高，但仍然获得相当广泛的应用。

数字调合系统是控制各个瞬时流量、追踪累积流量值的控制系统。采用常规模拟仪表可以组成流量比率控制系统，其实质是瞬时流量按给定的比率进行控制。

最简单的一种模拟仪表调合系统是各个组分都是一个独立的流量调节系统，各流量的给定值均人为地预先计算后给定，经混合器获得相应的产品。当任一组分压力变化或其他干扰流量变化时，尽管瞬间流量最终仍可回到给定值，但干扰引起的变化而使过程流量累计始终存在误差，因此相对数字调合系统而言调合精度较差。

一、模拟式仪表组成调合系统的基本方案

1. 单闭环比值调节系统

对于二组分的调合，典型的一种模拟仪表比率调节系统可用如图 2-1 所示的单闭环比值调节系统来构成。

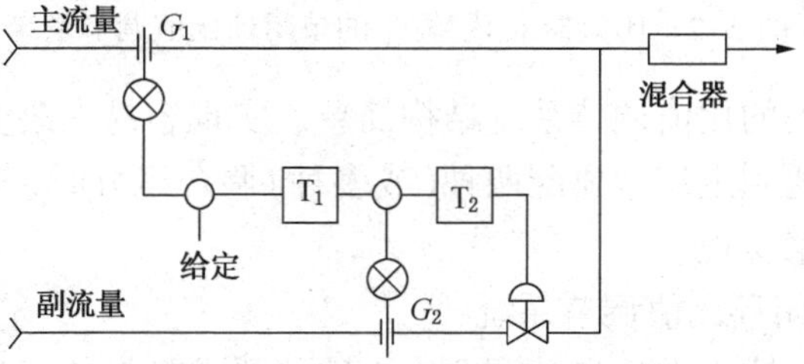

图 2-1　单闭环比值调节系统

主流量等于给定值时，主调节器 T_1 的输出稳定，并作为副调节器 T_2 的控制给定值。副流量由闭环调节系统来稳定，而且两个流量保持一定的比值。

当 G_1 因干扰发生变化时，主调节器 T_1 的输出去改变副调节器 T_2 的给定值。如果 G_2 也受干扰影响而波动时，T_2 就按变化的 G_2 测量信号与变动中的给定值之差进行调节并发出相应的信号去改变调节阀的开度，使两个流量在新的数值下重新保持原定的比值关系。

此处主流量是开环的，主调节器 T_1 只接收信号而对 G_1 没有反馈作用，亦即主流量是可以任意变化而不受调节的。而副调节回路是闭环的。在主流量发生变化时，副流量通过调节按比例变化。因此，在此系统中主调节器实际上是个比例调节器，也可如图 2-2 所示，T_1 用一个比值器 K 来代替。副环的功能是快速而且精确地(无余差)随动于主参数而动作，通常都采用比例积分调节器。

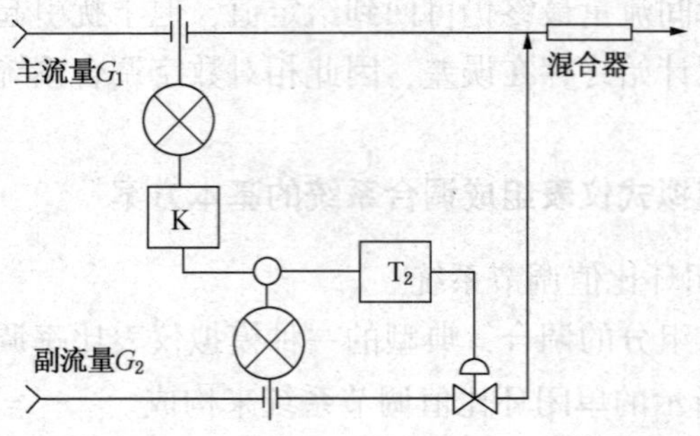

图 2-2　比值器 K 代替 T_1 的单闭环比值调节系统

这一类的比值调节系统结构简单、实现容易，改变调合比方便。如果遇到主流量要配两种(或多种)调合组分时，可由图2-3所示方式来实现。

2. K 闭环比值调节系统

在组分罐一类的自动调合中，往往要求各自的流量能比较稳定。如果其中主流量经常出现干扰，采用双闭环比值调节系统比较合适，如图 2-4 所示。

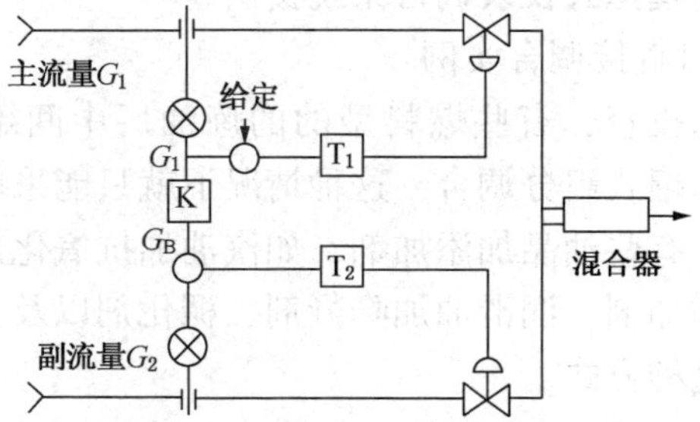

图 2-3　多组分比率调合流程

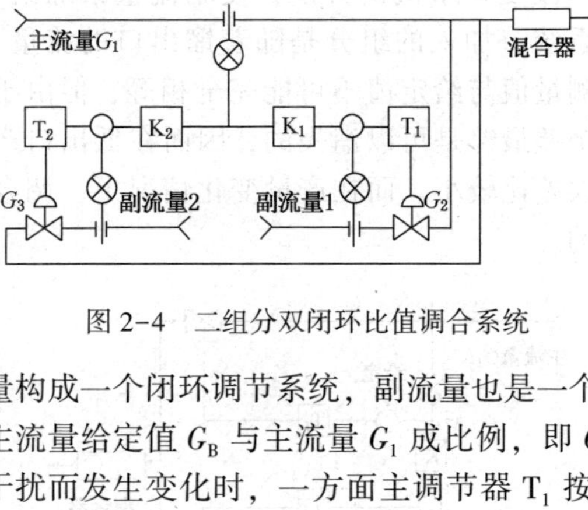

图 2-4　二组分双闭环比值调合系统

主流量构成一个闭环调节系统，副流量也是一个单独的闭环系统，但主流量给定值 G_B 与主流量 G_1 成比例，即 $G_B=KG_1$。当主流量受干扰而发生变化时，一方面主调节器 T_1 按流量定值调节，另一方面经比值器 K 改变 T_2 的给定值，实现比值调节。经自动调节两个流量都可重新回到给定值并保持原有比值不变。为了达到都重新回到给定值的目的，两个调节器都应采用比例积分规律并按各自的单回路进行整定。

比值调节作用只是在主流量受干扰作用时才开始发生，到重新稳定在给定值这段时间内发挥作用。因此只有当主流量经常扰动的情况才采用。

这种方案的优点是结构简单，所用比值器的精度可达 1%，性能稳定，使用可靠，可在很宽的范围方便地改变调合比，特别适用于主流量是馏出口直接引出加入其他组分或添加剂的情况。

二、采用模拟式仪表调合系统实例

1. 馏出口直接调合实例

为了节约投资，有些燃料型的的炼油厂中间罐较少甚至没有，难于考虑罐式组分调合，这种情况下就只能采取馏出口直接调合的工艺。有些油品加添加剂，如汽油加抗氧化剂，喷气燃料加抗静电剂添加剂，润滑油加降凝剂、稠化剂以及多效添加剂等就可以采用这种方式。

实际方案如图 2-5 所示。它是一个单闭环比值调节系统。在主流量发生变化时，副流量的给定值按比例变化，比例积分调节器的输出改变调节阀的开度，使副流量跟踪给定值变化。由于是跟踪系统，加入的组分是随着馏出口的流量不断变化，每一瞬间的测量值与给定值不可能完全相等，但由于有积分作用，二者的余差最终是可以消失的，因而在低出口产量相对稳定时，调合误差比较小。而在产量变化情况下，调合的累积误差也是较小的。

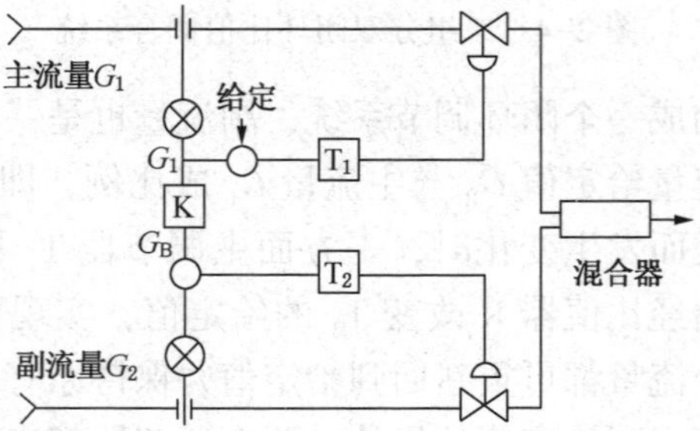

图 2-5 馏出口直接调合工艺

2. 油品添加剂的调合系统

下面举实例并结合一些具体条件说明该调合系统的基本组成及操作方式。

某炼油厂为提高催化裂化汽油的抗氧化安定性，需加抗氧添加剂 2,6-二叔丁基对甲酚或 N,N'-二仲丁基对苯二胺。添加剂采用催化汽油稀释为母液的形式加入。调合控制流程如图2-6所示。

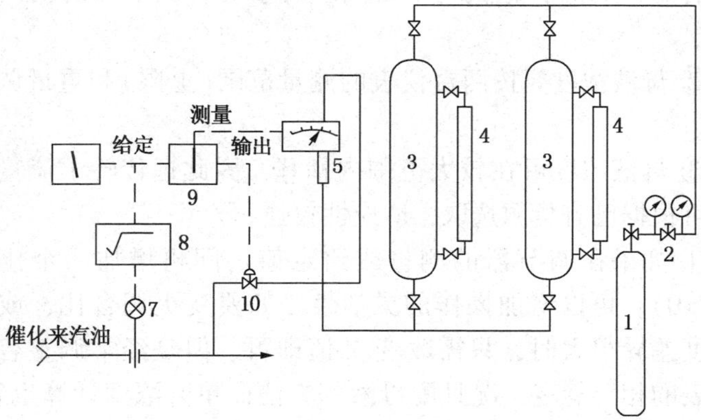

图 2-6　汽油添加剂调合系统

图 2-6 中，催化汽油由孔板-气动差压变送器 7 测量，最大刻度为 $100m^3/h$。母液流量用气远传转子流量计 5 测量，最大刻度为 160L/h。调合质量比为十万分之六。调节阀装在母液线上，母液罐 3 为两个体积不等的立式罐。为了保持调节阀前的压力稳定，母液罐上端空间充以氮气并由氮气减压阀调节压力保持 0.4MPa。为了使两种流量变送器的讯号在调节器中相对应，孔板差压变送器 7 输出讯号经气动开方器后作为给定，两个流量计的量程匹配是通过配置母液浓度来达到的。

下面讨论几个问题：

① 汽油一类的组分流量很大，工业上通常是用孔板流量计测量的，而添加剂的流量相对很小，采用孔板流量计就困难了。从获得测量讯号的观点来看，采用电远传比气远传转子流量计好。如果添加剂是导电介质，采用小口径电磁流量计也是合适的。这些讯号都是线性的，因此孔板所测流量讯号要经开方器运算使二者信号一致。

即使两个流量均在节流装置调节范围内，采用两台差压式流量计时，变送器的输出最好也采用开方器，这对提高调合精度是有利的。如果不用开方器，给定与测量都是非线性讯号，在二者不一致时，上偏与下偏同一流量时，调节器的输出是不同的。

② 母液浓度要按两台仪表的测量范围(上限)和重量调合比配好。

③ 母液浓度可在较大范围内稀释，因此远传转子流量计的量程可根据已有货源选取，适应性较强。

④ 如果在调节器的测量或给定值之间再增加一个比值器($1>K>0$)，可以增加操作的灵活性。如要变更调合比，或是母液浓度差异很大时，只需改变 K 值即可。但是经常调整容易破坏仪表的相对稳定，况且配母液的方法简单、浓度计算也容易，当需变更调合比时，改变浓度较妥。

上述二组分跟踪调合系统尽管模拟式仪表的精度不高，但系统简单可靠，易于实现，跟踪也较及时，多年的运行证明累计误差不大，能满足生产的需要。当变更质量调合比时，不需改变仪表，只要在配置母液时改变浓度，因此实施是很方便的。

如果还需同时再加入第二种添加剂时，可在现有的工艺流程基础上再增加一套母液罐及调节系统。现有的汽油流量变速器开方信号，再引作第二套调节器的给定值就可以实现。可参见图 2-3 所示的流程框图。更简便的方法是任何设备都不增加，计算好第二种添加剂的浓度，在配置母液时，将第一种和第二种添加剂同时加入混合母液。

第五节　数字式仪表控制的调合系统

在流量比值调节系统中，模拟流量调节器是以流量的瞬时偏差进行调节的。在调节过程中，由于系统存在惯性等原因，各组分流量间很难严格保持给定的比例关系，由此造成各组分的累积流量间不能保持给定的比例。为了克服这种流量动态偏差，需要在比值调节系统中，增加较复杂的动态补偿环节。在数字式配比调节系统中。由于数字式流量调节器是按照流量的累积偏差进行调节的，因此能消除累积流量偏差，调节精度高。下面对数字式混合配比调节系统的方案及其工作原理作简要介绍。

一、数字混合配比调节系统的方案

数字混合配比调节系统的基本方式有两种：主振荡跟踪方式和主流量跟踪方式。

1. 主振荡器跟踪式调合系统

主振荡器跟踪式调合系统是采用混合流量设定器设定调合产品的总流量，通过混合调节器的控制，使各组分流量与总流量成一定比例的调合方法。常用于多组分调合且要求总流量为一定。

主振荡器跟踪式调合系统如图 2-7 所示。实线框为数字混合调节器，框内方块表示其各部分组成。

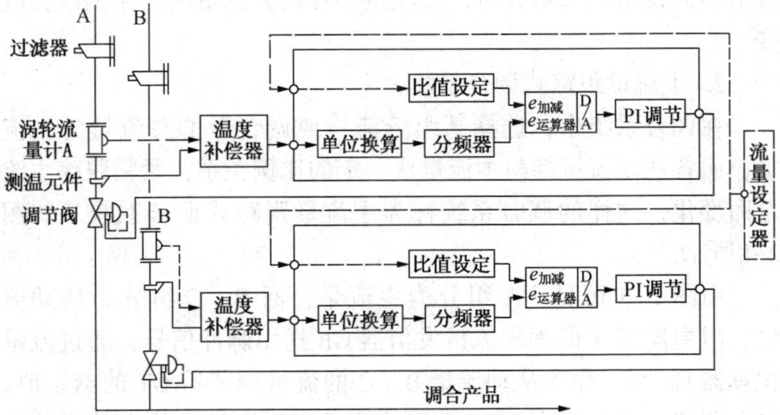

图 2-7　主振荡器跟踪式调合系统原理方框图

一台混合调节器用来控制两个组分的流量比，采用多台混合调节器就可控制多个组分物料流量比，故可组成多组分混合配比调节系统。

混合流量设定器按照调合产品总流量的要求，送出相应的主脉冲信号，经调节器的比值设定单元乘以比值系数后，进入加减运算器的减法端作为给定脉冲信号。各组分流量通过流量计的发信器送出脉冲信号，经温度补偿器、单位换算单元及分频器后送入加减运算器的加法端作为测量脉冲信号。给定与测量脉冲信号通过加减运算器运算得出偏差信号，再经过数—模转换把数字量偏差变换为模拟量偏差信号输出给 PI 调节单元，控制调节阀的开度，从而实现自动调节，保持各组分流量与其给定值相等并与调合产品流量成一定的比例。如果由于某种干扰使 A 组分流量增加(或减少)，涡轮流量计 A 发出的脉冲数随之增加(或减少)，从而使混合调节器在给定值不变而测量值增加(或减少)的条件下，通过输出控制信号使阀门开度减小(或增加)，A 组分流量随之减小(或增加)。这种调节作用直至消除累积流量偏差为止。当混合流量设定器给出不同设定流量时，总流量和各组分流量值随之改变，但它们之间的物料比例是不改变的。只有当改变流量调节器的设定比值系数时，总流量和各组分流量间的比例才会改变。

2. 主流量跟踪式调合系统

在调合系统中，选择某组分流量或调合后的总流量为主流量，而各从动流量都与主流量成一定的比例关系，紧紧跟踪主流量而变化，这样的调合系统称为主流量跟踪式调合系统。如图 2-8所示。

由图 2-8 可见：A 组分为主流量，而 B、C 组分为从动流量。由主流量 A 的涡轮流量发信器 GB 送出脉冲信号，通过流量积算器 GS 后，作为从动流量 B、C 的流量调节器 GT 的给定值。二个调节器 GT 分别使 B、C 组分流量以给定的比值自动跟踪主流量 A。主流量 A 由手动操作器 GR 设定其流量。当由于某种干扰使主流量 A 增加(或减小)时，各从动组分流量 B、C 也按照给定的比值成比例地跟踪增加(或减小)。若干扰来自从动流量 B 或 C，由于主流量 A 没有变化，因此组分流量调节器给定值不会变，但测量值改变，也须不断调节。这种调节过程一直进行到消除累积流量偏差为止。

如果调合作业是间歇式操作，例如调合和定量装车相结合，则可采用分批调节器和上述方案组合的方式。

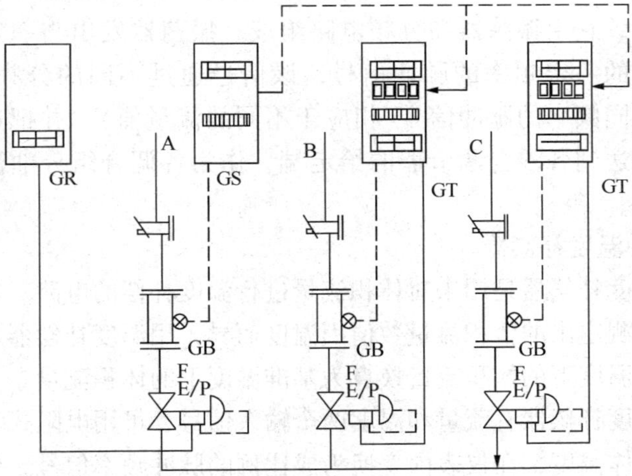

图 2-8　主流量跟踪式调合系统

二、数字式混合配比调合系统的组成

目前，国内外在调合系统中使用的数字式混合调节器类型繁多，但从仪表的主要结构来看，它们的基本组成部分大致相同，由它们和其他仪表所组成的调合系统也类似，故下面主要以我国的 TDP-10 型混合调节器为例介绍。

电子数字式混合配比调合系统是由流量计、温度补偿器、混合流量设定器、混合调节器、流量积算器和调节阀等组成。

1. 流量计

采用不同形式的配比调节仪表，应使用与其相适应的不同类型的流量检测仪表。数字式混合配比调合系统，由于流量混合调节器需要脉冲输入信号，因此流量的测量仪表就应该采用能把流量转换为电脉冲信号的流量计。对汽油、柴油等低黏度流体可采用涡轮流量计；对重油等高黏度流体可采用椭圆齿轮流量计，它们的精度都比较高。

2. 混合流量设定器

混合流量设定器是一个输出频率可调的脉冲信号发生器，是系统的给定指令发信器，也是对各组分流量给定值进行设定的仪表。它由振荡器和分频电路组成。振荡器发出与一定流量相对应的一定频率的脉冲信号，该信号通过不同的分频电路，得到不同频率的脉冲信号(相应于不同的流量值)，并把这些信号分别送到各混合调节器的给定端，作为各调合组分油流量的给定值。

3. 温度补偿器

温度补偿器是用来对体积流量进行温度补偿的电路。容积式流量计测定出的体积流量数值因温度而异，用温度补偿器后，可将任意温度下的体积流量换算为基准温度下的体积流量。

温度补偿器有流量和温度两个输入信号，可用电阻式温度计测量流体温度，在仪表内变换为成比例的脉冲频率信号。任意温度下的流量输入也是脉冲频率信号，温度补偿器将这两个脉冲信号进行运算后，输出一个代表基准温度下的流量脉冲信号。

4. 混合流量配比调节器

混合流量配比调节器简称为混合调节器，是系统中的主要仪表，如图 2-9 所示。

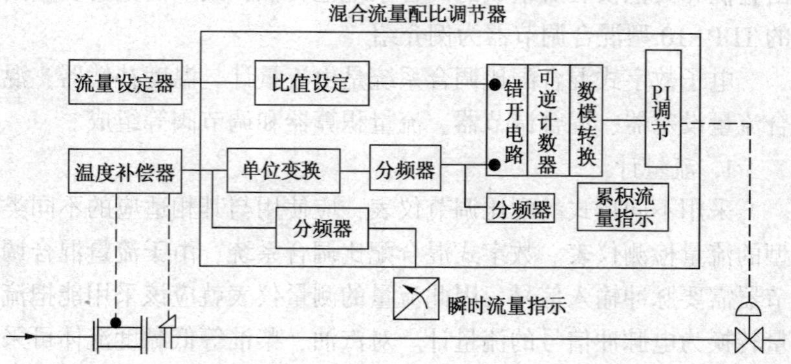

图 2-9　混合流量配比调节器方框图

混合调节器是由比值设定、单位换算、分频器、错开电路，可逆计数器、数-模转换器和 PI 调节等主要单元所组成。由流量设定器送来的给定指令脉冲信号 f_0，经比值设定单元乘以比值系数 X 后，将脉冲频率为 f_0 的给定信号变换脉冲频率为 $f_{(-)}$，并送入加减运算器的减法端，作为流量的给定脉冲信号。

被测流量通过流量计的发信器和温度补偿器后变换成频率为 f_1 的脉冲信号，再经单位变换单元进行体积当量的换算，每一个脉冲就代表单位体积量或整数化体积量。这个脉冲信号再经过分频电路把频率变为 $f_{(+)}$ 作为流量测量脉冲信号送入加减运算器的加法端。给定流量脉冲频率信号 $f_{(-)}$ 与流量测量脉冲频率信号 $f_{(+)}$，通过加减运算器计算出偏差脉冲信号量，再经过数-模转换单元，把脉冲量偏差转换成为模拟量偏差信号送给 PI 调节单元，去改变调节阀的开度，使流量保持给定的比值关系。

TDP-10 型混合调节器的加减运算器是由错开电路和 11 位二进制可逆同步计数器组成的。给定指令脉冲信号经比值设定单元送入错开电路的减法端，而测量脉冲信号则经过单位变换和分频等单元送入错开电路的加法端，然后再通过可逆计数器，对给定与测量脉冲信号进行加或减运算得出偏差脉冲信号。

加、减脉冲频率信号 $f_{(+)}$ 与 $f_{(-)}$ 之间的相位关系，可能有三种情况，即加减脉冲完全重叠，部分重叠或完全错开。

由于可逆计数器不能同时进行加法和减法运算，为了使可逆计数器能够正确地计算出给定与测量两种脉冲信号的偏差量，需要把完全重叠或部分重叠的加减脉冲信号进行处理。或者将它们完全错开，或者不作计数运算(即相当于加一个脉冲又减一个阶冲)，这个任务由错开电路完成。

错开电路送来的加、减脉冲，在可逆计数器中进行加减法运算，计算出给定脉冲数与测量脉冲数之差。11 位二进制可逆计数器，其初始状态设置在$(10000000000)_2=(1024)_{10}$，并以此为基数进行加法或减法运算。从加倍端送来的 $f_{(+)}$ 脉冲累加可增加到$(2047)_{10}$；

从减法端送来的$f_{(-)}$脉冲累减可减少到$(0)_{10}$。

当调节系统处于平衡状态时，加减运算器的状态为$(1024)_{10}$。在干扰作用下，组分流量发生变化时，通过加减运算器的运算得到以数字量表示的累积流量偏差。再由“T型解码网络”构成的数字-模拟转换电路，把这个二进制数字量的累积流量偏差转换为模拟量电压信号送给PI调节单元。

5. 报警

调合系统在运行中，由于某种原因，使可逆计数器的累积脉冲偏差达到设定偏差限值时，系统便发出声光报警信号。一般设有两级报警信号，第一级是预报警，第二级是停车报警。预报警是生产工艺过程短时允许出现的正、负累积流量偏差。这时的报警信号告诉操作人员，调合系统流量偏差已经过大，要注意观察，迅速处理。一级报警后，如操作人员处理不力，可逆计数器偏差继续向同一方向累增，这种情况如不及时处理，则必造成事故，因而报警电路中设置了二级报警停机电路。当流量累积偏差达到或超过允许的最大设定值时，便发出二级报警，同时驱动停机电路，迫使整个系统停止运行。

6. 流量积算器

流量积算器可采用电磁积算器。为使电磁积算器能够正常工作，其工作频率一般小于15Hz，被测流量通过流量计、单位变送单元、分频电路D_1和D_2(设置D_2的目的就在于将脉冲频率限制在15Hz以下)使流量脉冲信号的频率降低到电磁积算器的工作频率之内，并由电磁积算器指示出被测流量的累积值。

由图2-10可知，被测流量脉冲信号频率f_1经频率-电流变换器F/I，输出一个与实际流量成正比的0~1mA(直流)信号到现场，作为瞬时流量指示。

流量积算器除接受流量计输出的测量脉冲信号作为流量的累积和瞬时指示外，还可经过适当的分频器输出整数单位脉冲，作为其他组分流量混合调节器的给定脉冲信号。

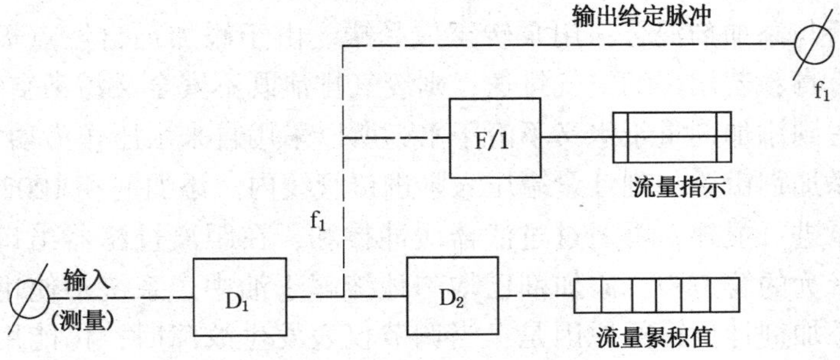

图 2-10　流量积算器

三、数字式配比调合系统的应用实例

某炼厂 1002 油与添加剂的管道调合系统，采用混合总流量跟踪式调合系统方案，如图 2-11 所示。

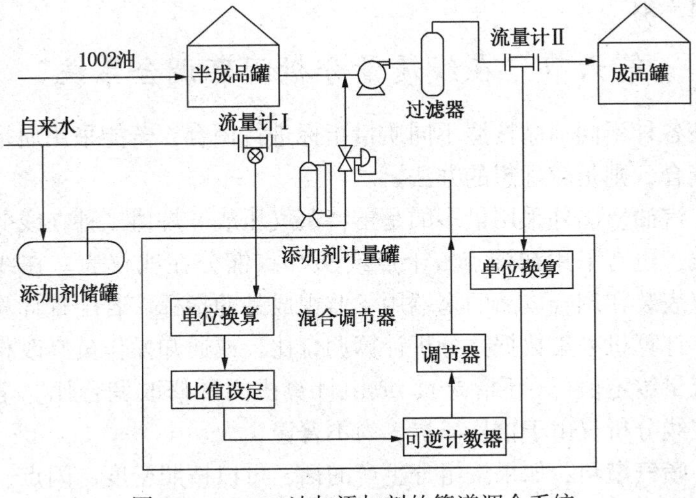

图 2-11　1002 油与添加剂的管道调合系统

由图 2-11 可见：调节阀安装在添加剂管线上，故添加剂为从动量，混合总流量为主流量，添加剂流量跟踪混合总流量而变化，且保持设定的比值关系。单位换算和比值设定等单元的参数，可根据仪表特性及调合配比要求，按前述方法计算。

由装置馏出的1002油通过管道流入半成品储罐，经分析合格后与添加剂混合，用泵转至成品罐。由于添加剂自燃点极低又有毒；若用压缩空气排送；则废气排泄既不安全又污染空气。考虑到添加剂重于水又不溶于水，所以采用自来水压作为动力，将添加剂由添加剂计量罐压入泵进口管线内。添加剂和1002油经泵进行搅拌，再通过过滤器缓冲掺和，在距离过滤器出口十几米远的管道中，添加剂已均匀地溶解于油中。系统中使用一只添加剂计量罐的原因是：当调节仪表发生故障时，仍能用它作为添加剂的计量手段，继续使用管道调合，以保证管道调合连续操作。

由于添加剂的腐蚀性很强，因而将添加剂流量计安装在自来水管线上。调合时，自来水流量就等于添加剂流量，这样就大大地延长了小口径涡轮流量计的使用寿命，也便于标定该流量计的流量系数。

第六节　在线质量分析闭环调合系统

各种不同油品按照不同质量指标进行调合，若能采用质量闭环调合，则是较理想的办法。

汽油： 国外采用最多的是雷特蒸气压或辛烷值二种在线分析仪表，也有采用初馏点、干点或90%点馏分在线仪表。在线分析仪表装在调合成品的末端用于监视成品的指标。若配置计算机时，计算机采集数据并分析计算调合比，或通知操作员修改相应的流量给定值(开环指导)，或由计算机闭环修改调合比。辛烷值在线分析仪由于价格昂贵，尚不普遍。

喷气燃料： 如果按组分生产的话，可以按照密度、闪点、冰点等若干指标进行调合，但国内的炼油厂都是直接生产全馏分而不是采用组分调合的方法。为改善喷气燃料的烧蚀性能，需加入添加剂。这种比例相差悬殊的工艺，用流量比率自动调合系统难以达到良好的效果，最好的办法是采用在线硫含量分析仪，连续检定添加剂的含量，并由此组成闭环质量调节系统。

柴油：闪点、凝点均为柴油的重要指标。对于以石蜡烃为主的原油生产的柴油，凝点用作判断质量就尤为突出了。国外用相应的在线倾点仪监视调合后的产品。

重油：重油主要包括船用、电站锅炉用以及炼钢用燃料重油。由于多数中东原油含硫量很高，国外多采用放射性在线硫含量分析仪监测调合后的重油，甚至由计算机将监测信号进行直接数字控制。控制重油中含硫量对环境保护、设备寿命都是很重要的，因此硫含量成了调合的主要指标。为避免油品中钠、钒、镍等金属离子对分析干扰造成误差，目前放射性含硫量分析仪已发展了"辐射荧光法"的硫含量分析仪，采用同位素 Fe^{55} 作为辐射源。

润滑油：润滑油大多是由组分罐经管道调合再进入成品罐，很少是直接调合出厂的。在线监测的主要指标是黏度和凝点。其中黏度是最主要的。国外有多种连续的在线黏度分析仪，在生产润滑油组分的减压蒸馏塔侧线上，应用该分析仪组成的串级调节系统效果是很显著的，用于润滑油成品闭环调合也很成功。尤其是按线性规划的方法用计算机按黏度测量值进行运算和控制，在保证产品质量的同时可以获得更好的经济效果。

对于某些冬用油品或对凝点有特殊要求的润滑油或电器用油，也有按凝点进行调合的。

一、与流量比率调合系统相关的控制流程

1. 组分调合进罐

如图 2-12 所示，按人工事先调节好的调合组分 C_1 与 C_2 比率由调合主控器控制二个流量流经混合器进罐。流量(流速)的大小可由 FSC 定量控制器给定，并在达到数量时使两个调节阀切断。在线分析器连续获得调合后的质量数据与给定值进行比较，按照偏差的大小经分配器分别给出 ΔR_1 和 ΔR_2 两个校正讯号自动修改比率给定器的数值，从而达到按质量指标进行控制的目的。这种方案对进罐调合尤其是润滑油组分调合很适用。

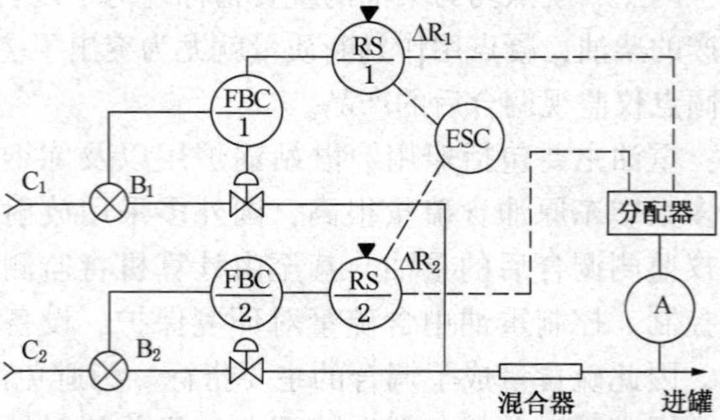

图 2-12　质量指标校正流量比率的调合过程

FBC—调合主控器；FSC—定量控制器；C—调合组分；
RS—比率给定器；A—在线分析控制器；B—流量变送器

2. 馏出口主油流加入某组分或添加剂进罐

如图 2-13 所示，这是一种对应于图 2-4 的主流量跟踪式调合系统。其不同点在于副流量的给定值不仅仅当主流量变化时随着变化，而且在混合器后当质量指标变化时，在线分析控制器的输出也修改比率给定器的比率，从而改变副流量的给定值。

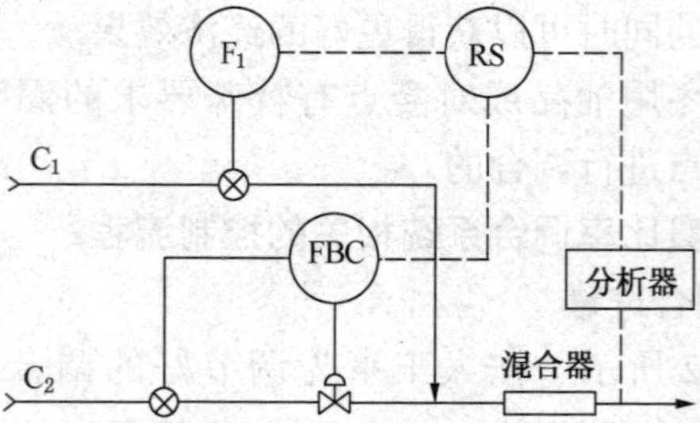

图 2-13　主流量与质量指标共同校正副流量的调合流程

这种方案适于馏出口组分加入另外的组分或添加剂直接进入成品罐，而且主流量相对稳定时效果更好。因此在产品出装置时由流量调节或流量与集油箱(或塔底)液位均匀(串级)调节的情况下，调合的效果良好，馏出口的质量波动作为主要干扰由分析仪检出后通过改变副流量来克服。

3. 直接调合出厂的方案

随着调合精度的提高和仪表可靠性的增加，国外很多炼油厂都推广采用只生产各种组分、然后根据用户需要在提货时直接调合出厂或装车船的调合方式。这样就省去了相应多的成品罐，对节约投资、钢材、场地以及维护费用都有重要的意义。

这个方案是在图 2-12 流程的基础上增加了出厂定量控制器。当达到出厂预定量时，出厂截止调节间分二段先后关闭，如图 2-14 所示。

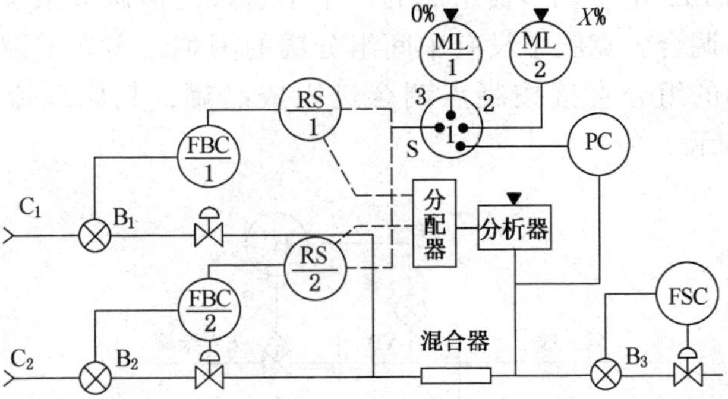

图 2-14　定量出厂的质量调合流程

此外，系统中还有一个切换开关 S，附有两个手动给定器（遥控板）和压力调节器。调合是由集合管压力控制、流量比率控制与质量校正的三者结合。

出厂装油开始时，S 开关放在“2”的位置，比率给定器按手动给定器 ML-2 预定的 *X*%输出，乘以 RS-1 和 RS-2 各自整定的比率系数，打开组分回路的调节阀。当压力上升后，将 S 置于“1”位置，按压力进行调节。

如果油品质量变化，分析仪表输出信号给分配器，从而对 RS-1 和 RS-2 给出不同的修正值，改变两种组分回路调节阀的开度。

装油终了时，将 S 开关置于“3”的位置，ML-1 给出 0%信号，使各组分调节阀关闭。

选择开关 S 由程序自动切换。出厂开始按下“启动”按钮后即可自动工作，压力达到预定值以及定量第一段关阀的信号作为程序切换的标记。

二、质量闭环调合系统

前面的一些调合系统所用仪表较多，系统复杂，都是在数字调合系统的基础上加上在线质量仪表组成的。最简单的调合方案是直接由在线分析器组成的单参数闭环调节系统。

国内有的炼油厂采用自己研制的连续式在线凝点分析仪和常用的 PID 电子调节器组成的一个单参数定值调节系统用于轻柴油的调合，克服了没有中间组分罐的困难，实现了馏分油出口送出的组分直接按凝点调合进入成品罐，其原理流程如图2-15所示。

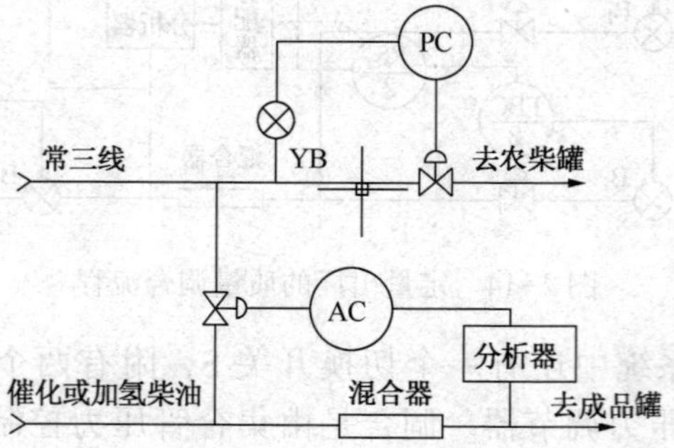

图 2-15　凝点在线调合流程

催化或加氢柴油组分作为基础组分。调入常三线重组分。二个组分经混合器后进入成品罐，混合器后自动采样进入凝点分析仪，测量信号与 XDD 400 的给定值比较。有偏差时，0～10mA 的输出信号经电/气转换器改变气动薄膜调节阀的开度，即改变常三线重组分的调入量，从而保持成品的凝点符合规格要求。

为防止馏出口产量变化造成的干扰以及防止常压三线出装置泵憋压，在常三线多余组分线上设有一压力调节器，由改变送往农柴组分罐的流量，维持凝点调节阀前的压力稳定。下面对具体设备作些说明。

1. 混合器

这个调节系统要求经混合器后油品调合均匀、有代表性，而且凝点测量要相当精确可靠。所以混合器是关键设备之一。化工机械中的混合器形式多种多样。本例中采用的混合器是由两段内装两个导向固定叶轮管串联而成。第一个导向轮的叶片左斜 30°角，第二个的叶片则为右旋 30°角，两段短管完全一样。流体流过两组串联的叶轮时，流束形成旋转使流体剧烈搅动达到均匀调合的目的。整个混合器的压力损失不超过 5kPa。

2. 采样系统

要达到测量准确必须具备两个条件。

① 流过冷芯体的试样恒流。

② 试样不能含水。调合组分微量带水将对分析造成严重困难。在冷冻过程中，如达到水的冰点，水附在分析器的流通铜管壁上结冰，流道缩小而使滴率下降，从而造成假测量值。要解决这个问题，必须对试样采取脱水措施，根本的办法应该在组分出装置前脱水。

采用图 2-16 所示的采样系统，既可满足稳压恒流的要求，又基本上能保证试样进分析器时无水。

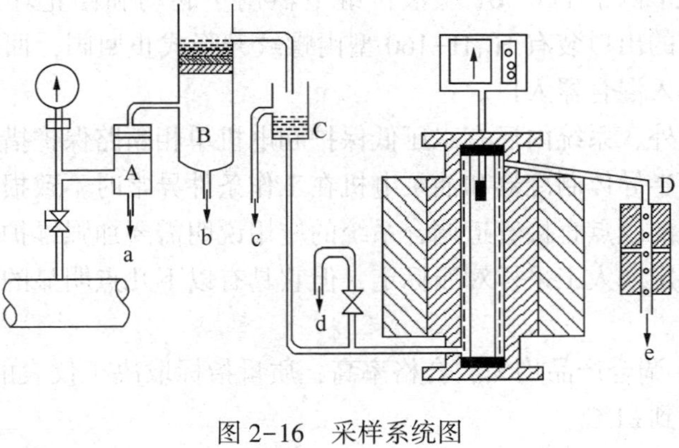

图 2-16　采样系统图

采样点应在调合物流充分混合的部位，分析器和采样点之间的采样线要尽可能短以减少时间滞后。为了得到最好的响应速度，试样输送系统的时滞应不超过 60s，输送系统的整个容积应尽量小，线速应在允许压力降和所需的流量条件下尽可能高。比较良好的输送系统，试样线速应维持在 1.5~3.5m/s 之间。

混合器后的试样经过滤脱水器 A，再在溢流式的过滤器 B 中过滤，试样中的水可在透明的 A、B 过滤器中分出。通过毛毡和滤纸之后的油进入溢流二级稳压器，保持恒压差往冷芯体内进油。

由于过滤器的容积较大，时滞大大超过 60s，除从脱水位置回油外，还从进入分析器的位置采用快回路系统，通过调节小阀的开度，使 C 的溢流面不被破坏，回油尽可能快，从而提高试样的线速度。

由于分析器流道钢管的容积及冷冻需要一定的时间，这个系统的总滞后大约 3min 左右。

3. 回油系统

图 2-16 中的 a、b、c、d、e 五处回油集中在一个专用的回收油罐中，回收操作是自动进行的。回收罐下装有一台 ZH_3-70 型环形活塞泵，由 0.75kW 的防爆三相异步电机驱动。油罐上装有上、下两个 JYF-01 型液位继电器用于起动和停止环形活塞泵。泵的出口装有 H_{11}H-160 型内螺纹升降式止回阀，回收油经此阀注入混合器入口。

此外，系统内还有水压低保护和电机单相断路保护措施，用以保护半导体制冷器和油泵电机在工作条件异常时不致损坏。

柴油凝点直接管道调合系统的应用说明需要加强维护，经常照料并定期人工采样对照标定，但它具有以下几点明显的技术经济效益。

① 调合产品均匀，合格率高，质量指标取决于仪表的精度，可以达到±1℃。

② 与原先用压缩空气在罐内搅拌比较，提高了产品质量，

相应地延长了产品的储存期约 1~2 个月，而且减少了油气对环境的污染。

③ 简化了工艺，减轻了人工操作的劳动强度和化验次数。

④ 加快了调合速度，缩短了半成品在库的停留时间。

⑤ 节约了倒油搅拌的动力消耗。

第七节　电子计算机控制的调合系统

20 世纪 70 年代初，在美国、英国、法国、日本等国家，都先后实现了管道调合计算机控制与管理，还出现了各种以微处理机为核心的调合专用装置。电子计算机的控制方案大体上可分为直接数字控制和最佳控制，而最佳控制包括应用常规调节仪表研制调合比的计算机监控系统和计算机最佳控制系统等方案。

一、计算机直接数字控制

计算机直接数字控制又称为 DDC，是由小型或微型计算机，配以相应的输入、输出外围设备，取代模拟调节器，能直接对几十个甚至上百个控制回路进行自动巡回检测和数字式控制。

在管道调合系统中，直接数字控制机的主要任务是通过程序实现数字配比调合系统的功能。具体地说，就是把数字式混合配比调节器、总流量设定器、温度补偿器、定量出厂控制器等几种仪表的功能，集中起来，再加以扩充完善，用一台小型机或微型机来完成多种功能的控制。当接入在线质量分析仪表组成闭环系统时，它还具有分配器的功能。在操作管理方面，直接数字控制能控制泵的起停、阀的开关、混合器的开停等，这些操作都通过程序控制来完成。此外，直接数字控制机还能收集各种数据如流量、温度、压力、液位、质量及泵出口压力等参数，还具有对各参数自动巡测或选点检测，并进行打印、显示和越限报警等功能。

直接数字控制机常用于罐式调合、馏出调合、直接调合出厂以及它们相结合的调合系统。其控制方式常采用主振荡器跟踪方式的比值控制系统或比值调节质量监控系统。如果采用与在线质量仪表联用等方式，则能实现最佳调合。下面列举几种典型方案，为便于了解，仍借用常规仪表的画法。

1. 罐式调合控制系统

（1）主振荡器跟踪方式的比值调节系统

如图 2-17 所示，有两种被调合组分 C_1 及 C_2，分别经各自的流量调节阀汇集于调合总管后流入成品罐 K。控制部分如虚线所示，由图可知这是主振荡器跟踪方式的比值调节系统。

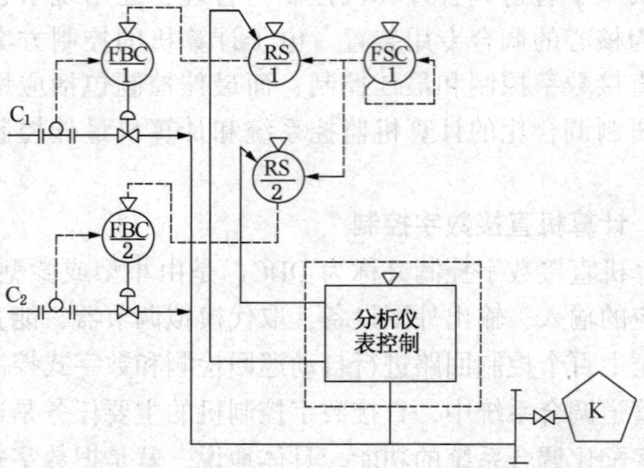

图 2-17 罐式调合系统

FBC-1，FBC-2—调合控制；RS-1，RS-2—比值设定器；FSC-1—定量控制；C_1，C_2—调合组分；K—成品罐

根据调合产品流量的要求，对 FSC-1 进行混合流量设定，FSC-1 给出的流速脉冲信号作为比值设定器 RS-1 及 RS-2 的输入信号，经比值运算后的信号，再作为调合控制器 FBC-1 及 FBC-2 的给定值，对各组分流量进行比值控制。这个系统是并联的定值比值调节系统。

（2）比值调节质量监控调合系统

在主振荡器跟踪系统的基础上，在调合总管处接入"分析仪表控制"以实现质量控制，如图 2-17 所示。"分析仪表控制"方框中包括分析仪表比例积分控制器 A 和分配器，如图 2-18 所示。

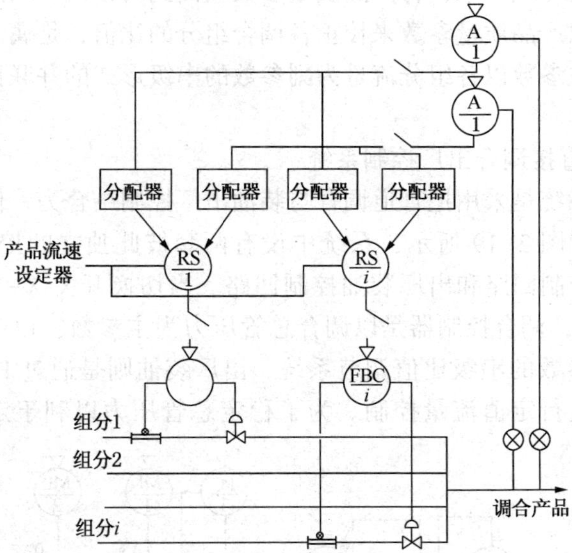

图 2-18　分析仪表控制的调合系统

图中有 i 套分析仪表控制系统，通过开关换接，可对调合产品质量中的一个或 i 个参数进行控制。

分配器的任务是接受分析仪表 PI 控制器 A 的信号，通过运算输出一个控制信号，作为比值设定器的给定值，故分配器的输出信号是产品质量参数的实际分析值与目标值之间的偏差以及 i 组分调合比例的函数。当 i 组分的调合比例数大，质量参数分析值与目标值偏差增大时，分配器的输出信号也就随之增大。

这种控制方式是把产品质量的一个或几个主要参数作为被调参数进行闭环控制的。当调合系统稳定，产品质量参数为目标值时，各组分流量间就保持一定的比值关系。由于某组分流量或某组分成分发生变化，而使产品质量偏离目标值时，由在线质量分析仪表测出的质量参数信号，经分析仪表控制器将质量偏差信号进行 PI 运算后送给分配器，通过各组分分配器运算后的信号作为各组分比值设定器的给定值，再通过各流量调节器调节各组分流量间的比例关系，将产品质量参数调回到目标值。因此，这个系统是以产品质量参数来校正各调合组分的比值，是属于以产品质量为主参数以各组分流量为副参数的串级形式的并联比值调节系统。

2. 直接调合出厂控制系统

该系统是采用把管道调合与装油出厂控制结合为一体的控制方式。如图 2-19 所示，系统中设有两套彼此独立的控制回路，即调合控制回路和出厂装油控制回路。当切换开关 X-1 置于位置“1”时，调合控制器是以调合总管压力为主参数，以各组分流量为副参数的串级比值调节系统。出厂装油则是通过 FSC-1 及 FSC-2 进行定值流量控制。为了稳定总管压力以利于定量出厂

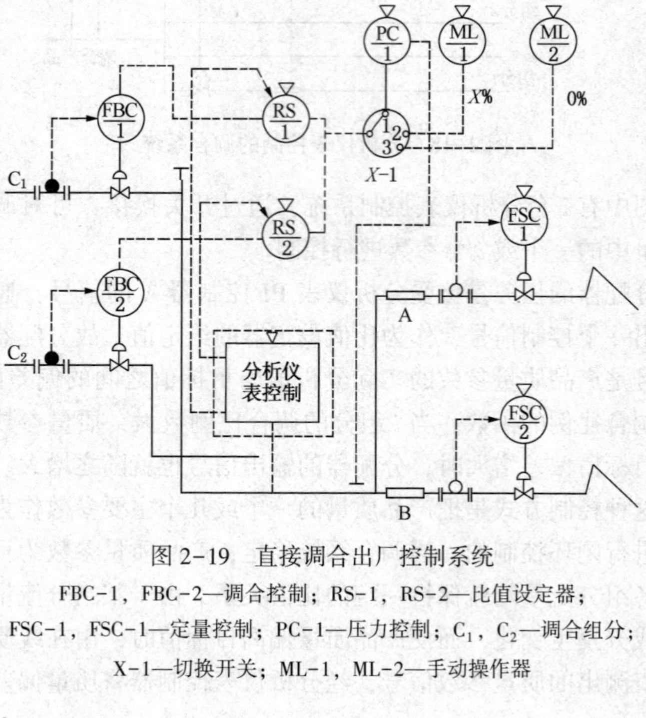

图 2-19　直接调合出厂控制系统

FBC-1，FBC-2—调合控制；RS-1，RS-2—比值设定器；

FSC-1，FSC-1—定量控制；PC-1—压力控制；C_1，C_2—调合组分；

X-1—切换开关；ML-1，ML-2—手动操作器

控制，在系统中设有总管压力控制回路。当干扰使总管压力增加(或减少)时，压力控制器PC-1的输出信号，经两个比值设定器RS-1及RS-2后分别改变两个流量控制器FBC-1、FBC-2的给定值，使两个调节间的开度都与之成比例的减少(或增加)，从而使总管流量随之减少(或增加)，总管压力得到恢复。在装油开始或终了时，调合总管的压力变化大，这时，如采用压力控制，易造成混乱，因此使用定时器自动投入压力控制系统。

装油时，定时器先将切换开关X-1置于“2”的位置，手动操作器ML-1的输出信号将各组分的调节阀打开，组分C_1及C_2流入调合总管，压力随之上升，当总管压力上升到给定值时，定时器自动地将切换开关X-1由位置“2”切换到位置“1”，使压力控制器的输出接通两个组分的比值设定器，调合系统即按总管压力进行控制。当装油结束时，定时器又将切换开关X-1自动地置于位置“3”，这时手动操作器ML-2的输出信号分别经各自比值设定器RS-1、RS-2，调合控制器FBC-1、FBC-2控制组分调节阀，使它们全关停止装油。

在上述控制系统的基础上，还可在调合总管处接入“分析仪表控制”进行质量目标控制，其作用原理与罐式调合系统中的比值调节质量监控系统完全相同，不再重述。

3. 直接调合出厂罐式调合控制系统

这种系统是将调合后的部分产品直接装车出厂，而把多余的部分送入成品罐。如图2-20所示，控制系统中设有两个切换开关X-1及X-2。当切换开关X-2处于不同位置时，可实现下述三种控制方式。表2-5为调合方式与阀位开关的对应关系。

表2-5 调合方式与阀位的对应关系

阀　　位	V_1	V_2	V_3	X-1	X-2
直接出厂-1	关	开	开	1,2,3	1
直接出厂-2	开	开	开	—	3
罐式调合	开	开	关	—	2

(1) 直接调合出厂—1

当切换开关 X-2 置于位置“1”时，该系统有两套彼此独立的控制回路即调合控制回路和出厂装油控制回路。如在此基础上，再接入“分析仪表控制”就成为比值调节质量监控系统。这两种控制方式与前 2 所述完全相同。

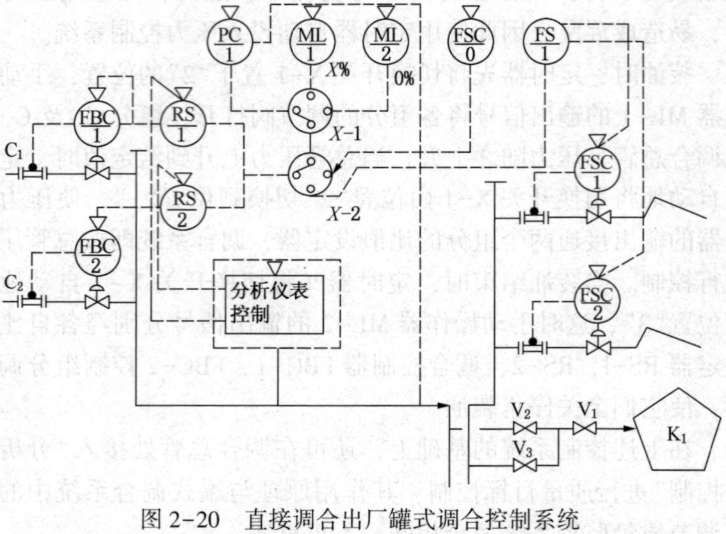

图 2-20　直接调合出厂罐式调合控制系统

FBC-1，FBC-2—调合控制；PC-1—压力控制；RS-1，RS-2—比值设定器；FS-1—流速加法器；FSC-1，FSC-2—定量出厂控制；FSC-0—调合定量控制；ML-1，ML-2—手动操作器；X-1、X-2—切换开关；C_1，C_2—调合组分；K—成品罐

(2) 直接调合出厂—2

当切换开关 X-2 置于位置“3”且阀 V_1、V_2 及 V_3 全部打开时，即可实现定量装油、出厂控制。按照装油计划，设定定量出厂控制器 FSC-1、FSC-2 的给定值，这给定信号除分别给出出厂调合流速外，还通过流速加法器 FS-1 把两个给定信号进行相加作为各组分流量比值设定器 RS-1 及 RS-2 的输入信号，这信号通过比值运算后再作为调合流量控制器的给定，以控制各组分流量间的固定比例关系。各组分油通过总管混合后，部分产品出

厂，多余部分送入成品罐 K_1 储存。

(3) 罐式调合控制系统

打开阀门 V_1 及 V_2 并关闭阀门 V_3。

当切换开关 X-2 置于位置“2”时，调合定量控制器 FSC-0 的输出信号经各比值设定器后，作为调合控制器 FBC-1、FBC-2 的给定值以控制各组分流量间的比例。各组分油品经比值调合后流入调合总管再送入成品罐 K_1。

在上述三种控制方式基础上,在总管处接入“分析仪表控制”并将其输出作为比值设定器的给定,就构成了比值调节质量监控系统。

4. 馏出调合系统

这个系统是把装置馏出口组分油 C_1 与另一组分油 C_2 直接进行调合。由于装置馏出口组分油 C_1 是可测不可控的物料，故选它为主流量并组成主流量跟踪调合系统如图 2-21 所示。通过手

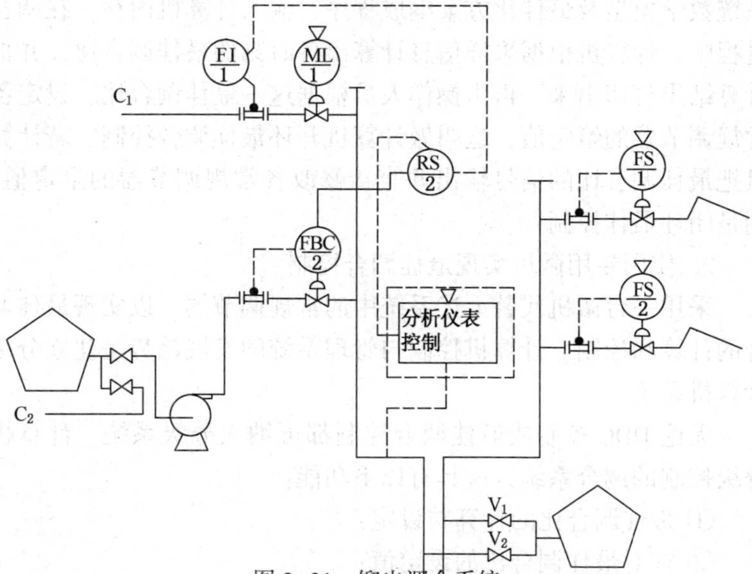

图 2-21 馏出调合系统

C_1—主流量；C_2—组分流量；FI-1—流量指示仪；ML-1—手动操作器；FBC-2—调合控制；RS-2—比值设定器；FS-1、FS-2—定量控制；V_1、V_2—罐根阀

动操作器 ML-1 调节主流量的大小。主流量信号经流量指示仪表 FI-1 通过比值设定器 RS-2 乘以比值系数后，作为调合控制器 FBC-2 的给定值，以控制组分流量 C_2 跟踪主流量，从而使主、从流量 C_1 及 C_2 满足给定的比例关系。组分油 C_2 中的部分油品用泵打入调合总管与组分油 C_1 混合后，通过阀门 V_1、V_2 进行定量出厂装油控制，C_2 的剩余部分送入缓冲罐储藏，因此这个系统必须设缓冲罐。

二、最佳调合控制

实现最佳调合控制的关键是要计算最佳调合量，这可由计算机完成。

1. 常规调节仪表控制调合比例，计算机监控实现最佳调合

调合过程是由常规调合仪表控制各被调合物料间的比例，而寻找最佳调合比则由计算机来完成。这种方案，需要事先把调合系统数学模型及最佳化方案编成程序，输入计算机内存。在调合过程中，计算机根据采样信息计算出各时刻的最佳调合比，并把计算结果打印出来，再由操作人员根据这一最佳调合比，设定各常规调节器的给定值，这叫做计算机开环最佳调合控制。若计算机把最佳调合比的信号输出并直接修改各常规调节器的给定值，则是闭环最佳控制。

2. 使用专用微机实现最佳调合控制

采用一台微机代替上述系统中的常规调节器，以实现最佳调合的计算和控制。计算机控制与管理系统的发展趋势是建立分级计算机系统。

无论 DDC 控制或最佳调合控制都可纳入分级系统。计算机分级控制的调合系统，应具有以下功能：

① 最佳调合比的计算与设定；

② 核对最佳调合比的设定值；

③ 选择调合管线，控制调合泵的关停；

④ 对流量信号进行温度补偿，并计算流量的累计值；

⑤ 对各组分流量进行比值控制；

⑥ 核对并设定总调合量的设定值；

⑦ 核对与设定调合流速；

⑧ 操作在线质量分析仪表并收集其质量数据；

⑨ 异常现象的检出及处理；

⑩ 对调合系统开始运行及停止工作进行控制。

第八节　油品调合模型及调合优化软件

一、油品调合优化系统的发展

从20世纪70年代起，面对经常变化的原油品质及原油价格，以及不断推出的政府环保法案，国外的一些炼油厂就意识到了优化汽油调合的必要性，并在20世纪80年代初开发了最早的离线调合优化系统，用于指导调合操作。如美国的Texaco炼油厂在20世纪80年代就开发了OMEGA系统，并在20世纪90年代初升级为StarBlend系统。进入20世纪90年代，随着油品性质在线分析技术(主要是近红外分析技术)的日趋成熟，一些控制软件厂商如Honeywell、ABB、SetPoint(后来被AspenTech收购)等，纷纷针对在线管道调合开发了各自的调合优化软件包。这些软件包基本上都采用了分级优化的思想，如采取计划优化、离线优化、在线优化、常规控制的结构，如图2-22所示。国外的许多炼油厂

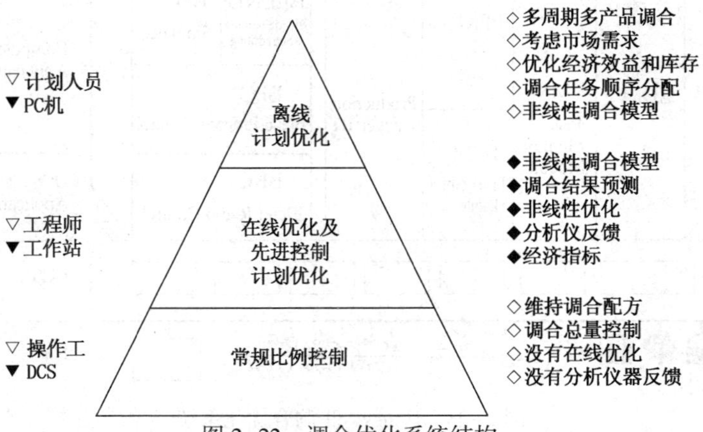

图2-22　调合优化系统结构

也广泛应用了这些调合优化系统，并取得了良好的经济效益。国内在油品调合的离线调优方面做了一定的工作，但大多数采用的调合模型简单，精确度不高，国内自主开发的调合优化软件包很少，少数炼油厂引进了国外的调合优化软件，成本较大。

二、国外油品调合软件

下面对当前国际上流行的各公司商业调合软件进行简单介绍。

1. Honeywell

Honeywell 的调合解决方案属于 Business FLEX+ 应用和服务的一部分，是炼油厂完成调合计划、调合执行及调合性能监视的详尽解决方案，如图 2-23 所示。这一工业化的方案由四个紧密结合的模块构成：调合计划(BLEND)、调合属性控制(BPC——Blend Property Control)、调合比率控制(BRC——Blend Ratio Control)、调合管理(Blend Management)。Honeywell 还提供 OpenBPC 模块，供非 BRC 调合控制系统的用户使用。

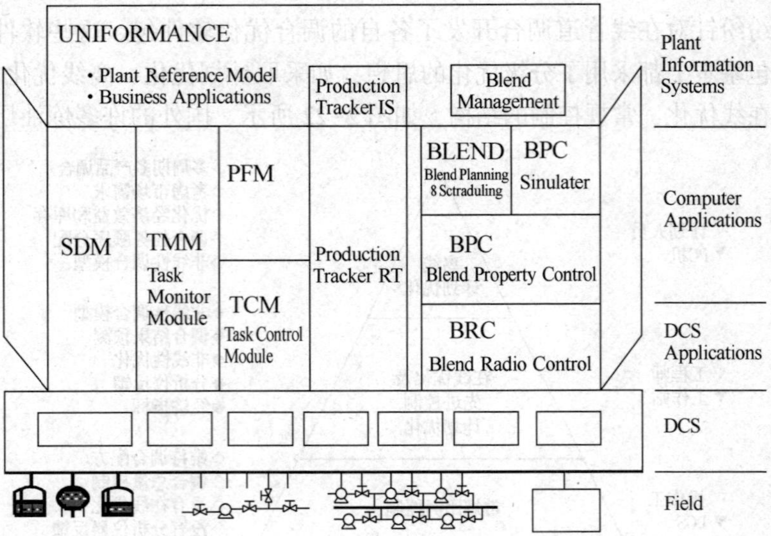

图 2-23　Honeywell 调合优化系统

BLEND 模块为计划和调度人员提供最佳的调合配方，将中间组分按时调合为成品，使得质量过剩最小。它是一个多周期多产品的调合计划和调度优化工具，综合考虑组分的生产、产品销售，其目标是使炼油厂的利润最大。

BPC 模块是在线优化调合配方的非线性调合性优化器。BPC 可以在将燃料油有效地调合成符合质量要求的同时进行优化。

BRC 模块通过管理调合开始到结束的顺序控制在线调合过程，确保被调合的产品符合配方各项指标的要求。

OpenBPC 模块使用工业标准的 OPC 客户机/服务器结构实现和第三方调合控制系统的连接。

Blend Management 应用结合 Uniformance[+] 数据库，是一套决策支持系统。它通过保存所有历史数据、为计划工具提供反馈、提示操作中的变动，在经营层评估主要绩效指标(KPIs)，形成一个业务流程的闭环。

2. Aspen

AspenTech 的调合解决方案由以下两部分组成：

(1) Aspen MBO(Multiperiod Blend Optimization)

Aspen MBO 是一个多周期调合优化工具。可以在多个周期的基础上为每次调合任务生成最优调合配方；在调度的层次上进行调合优化；支持线性/非线性调合模型；考虑产品罐底；支持自动将最优配方通过调合控制接口(BCI——Blend Control Interface)导入至调合控制系统。Aspen MBO 属于 Aspen PPIMS(一个多周期线性规划优化工具)应用中的一个模块。

(2) Aspen Blend

Aspen Blend 将 Aspen PIMS 优化器和 DMCplus 多变量动态矩阵控制器结合到一起，以实现每次调合过程的优化控制。在调合过程中，通过对调度优化产生的配方的在线调整保证产品的质量指标，同时优化组分的使用。

3. ABB

ABB 公司的调合解决方案主要由两部分组成：先进调合控

制和常规调合控制。

(1) 先进调合控制(ABC——Advanced Blend Control)

ABC提供调合指令管理、调合设备组态、调合前优化、在线调合优化控制、调合过程监视及报表等功能。它从一个调合计划优化系统下载电子调合指令，或者用户直接创建调合指令。调合操作人员可以选择一条指令并执行调合任务。ABC模块在调合过程中，以一定的周期监控产品罐累积性质并及时调整配方使产品质量达标。

(2) 常规调合控制(RBC——Regular Blend Control)

RBC运行在ABB的Advant Master或Advant Open Control系统上。用以启动/停止一次调合任务，从而调节组分流量以维持给定的配方。使用标准的接口生成调合指令或从上层系统(如ABC)下载调合指令，现场设备选择或组态，人工或自动，维持一个目标流量和目标调合总量，控制泵开启顺序，调合总流量自动爬升/降低，显示当前的以及累计的状态和调合结果。

4. Shell

StarBlend是一个多周期调合优化工具，可以为每次具体的调合任务生成调合配方。其原型是美国Texco炼油厂开发的O-MEGA调合优化软件，后来在其基础上经过重新开发升级为StarBlend，现在归Shell公司所有。

5. Technip

Technip公司的调合管理和控制技术包括多周期调合调度、调合过程多变量控制。

(1) FORWARD

FORWARD是一个调度优化系统。用以优化未来的调合任务，生成调合指令。

(2) ANAMEL

ANAMEL在线调合多变量控制和优化系统，以减少质量过剩，实现产品质量在线认证/发运。

6. Foxboro

Foxboro公司的调合优化系统BOSS(Blend Optimization and

Supervisory System）是一个在线有约束调合优化器。它和 DBS（Digital Blending System）以及 NMR（核磁共振）分析仪一起使用，根据实时产品质量分析值提供最优调合比例设定值。BOSS 与绝大多数其他系统不同的是，Foxboro 公司的调合系统采用 NMR 分析仪，而不是近红外（NIR）分析仪。

7. Yokogawa

横河（Yokogawa）公司的调合系统作为 EXA-OMS（油品储运软件包）系统的一部分，由下面两部分组成：

（1）Exablend 批量管道调合，自动路径选择/组态；

（2）Exabpc 多变量调合质量控制和优化。EXA-OMS 的其他部分包括：Exatim（罐存监控管理）、Exatrans（油品移动监控）、Exaomc（任务监督及与炼厂调度系统接口）、Exapath（油品移动路径自动选择）。

三、国内油品调合软件

国内油品调合软件开发单位也较多，下面着重介绍北京汉盟科技有限公司自主开发的一套调合优化软件包（TurboBlend）。

TurboBlend 软件包在上位机上运行，对汽油调合采用按三个层次的分级策略进行优化，即依次是调合计划优化、离线配方优化、在线优化控制。此外还有调合任务管理和调合模型参数回归两个模块。软件包结构如图 2-24 所示。

图 2-24　软件包总体结构

调合计划优化是将一个单周期静态的生产计划分解为更接近实际的多周期生产计划动态模型，各个周期中可考虑组分油的产量及产品销售情况的不均衡变化，通过各个周期内的库存调整以保证整个周期的生产效益最大，指导油品调合调度计划。离线配方优化模块通过采用更准确的非线性调合模型对调合成品汽油的性质进行预测，寻找最佳调合方案，作为在线调合的初始配方或者直接指导传统的倒罐调合。在线优化控制模块属于控制系统逻辑的在线优化层，针对汽油管道调合系统开发，根据在线分析仪表的测量值实时修正调合配方，并作为设定值交给下层常规控制级执行。调合任务管理模块是一个管理调合任务的平台，包括调合任务的定义、调合配方、调合过程、调合结果、产品规范等，每次调合的所有信息都可以从此平台得到。调合模型参数回归模块根据历史调合数据和调合试验数据对汽油质量预测模型进行参数回归，以提高调合模型的精确度。

1. 调合任务管理

TurboBlend 软件包采用关系数据库来存储数据，以调合任务 ID 作为关键字，将调合任务信息、调合组分、调合过程、产品规格等不同的表关联起来。采用了基于 ODBC 协议的数据访问技术，可以使权限用户从任何一个客户端访问数据库，读取调合信息，管理调合数据。该模块综合管理优化的调合计划、实际调合结果等数据信息，同时还提供调合报表功能。由于 Visual Basic 具有高效的数据库开发功能，这个模块采用 Visual Basic 开发，它调用其他相关模块时采用 Shell 函数调用，见图 2-25。

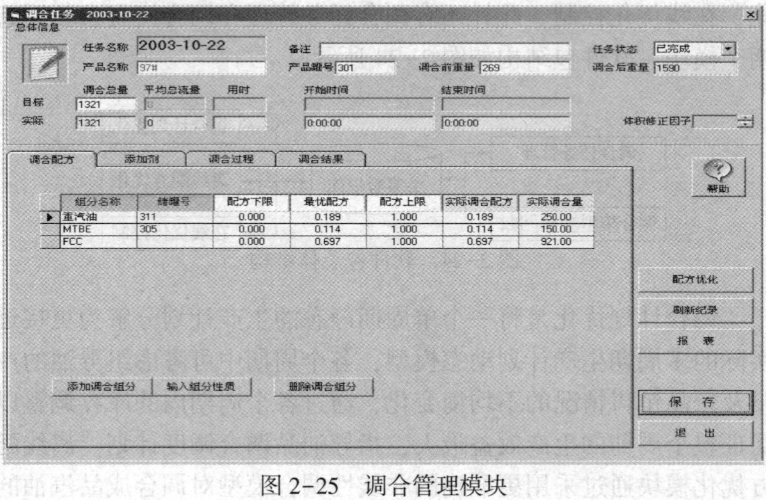

图 2-25 调合管理模块

2. 调合计划优化

多周期优化模型方程包括：经济效益目标函数、物料平衡方程、库存产量约束方程、周期连接方程、产品质量指标约束方程。与传统的计划优化软件不同，软件中对产品质量的预测采用了非线性调合模型，以使性质预测更准确。这样得到的多周期优化问题是一个非线性规划问题，其独立变量数随着周期数目和调合组分数目的增加迅速增大，问题规模显著增大，求解过程需要耗费较长的运算时间。软件设计为图形化建模方式，可以通过拖拉图标建立直观的图形来表示调合拓扑结构，然后可以以表格方式或属性页的方式输入基本数据(性质、规格、价格)。在优化器处理范围内，周期数目、组分数目、产品数目可以任意设置，通过优化计算得到各个周期的各个产品的优化调合方案，见图2-26。

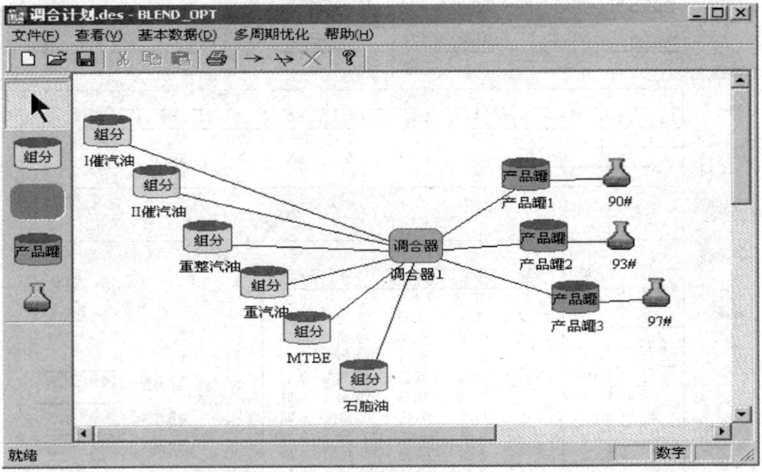

图2-26 调合计划优化模块

3. 离线配方优化

该模块的优化算法采用非线性规划算法 SQP(Sequential Quadratic Programming)求解非线性优化问题，对产品性质的预测可以从多种质量预测关联模型公式中选择，参数从调合模型回归模块生成的模型文件中读取，可以导入模型文件对辛烷值、蒸气压、馏程等重要的非线性调合指标的调合质量预测关联方法进行设置。软件中同时设计了线性模型和非线性调合模型，其中辛烷值模型包括 Ethyl RT-70 公式、Dupont 交互系数公式、Mobil 转换法公式、Twu_ Coon 公式、指数转换公式以及 Zahed 公式。优化过程离线进行，根据各组分油的实验室质量分析数据和调度指令确定初始调合配比。调合优化的目标是调合成本最低或成品汽油质量过剩最小，同时考虑满足汽油质量指标约束、各调合组分的库存和产量限制以及各组分的调合配方限制。同时，软件还设计了预测结果功能，使用户可以自己输入调合配方，用软件预测调合结果，见图 2-27。

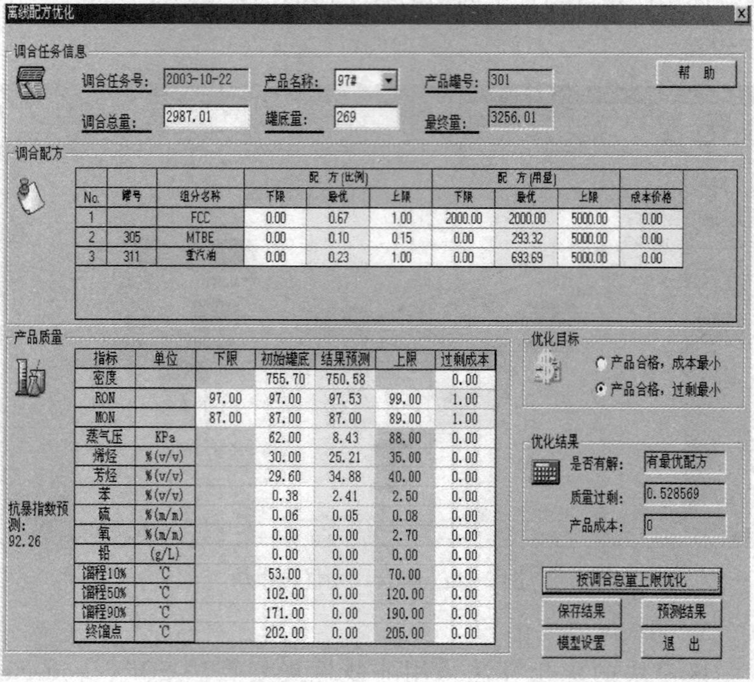

图 2-27　离线配方优化模块

4. 在线优化控制

根据调合前罐底的性质以及调合后实时调合产品的性质，累计计算罐底性质(Tank Quality Integration)。根据在线分析仪对汽油辛烷值、蒸气压、馏程等指标的质量分析结果，优化控制器进行在线配方优化，优化的目标可以是质量过剩最小、产品成本最小或者是与计划优化产生的初始配方偏差最小。同时，在优化目标中引入配方变化惩罚项，避免产生剧烈的控制动作变化。约束是汽油质量指标限制、各组分汽油流量限制。由实时修正的调合配方计算得到的各组分汽油流量的设定值下传至集散控制系统(DCS)进行常规控制，以保证产品的质量指标，同时减少质量过剩，降低调合成本，见图 2-28。

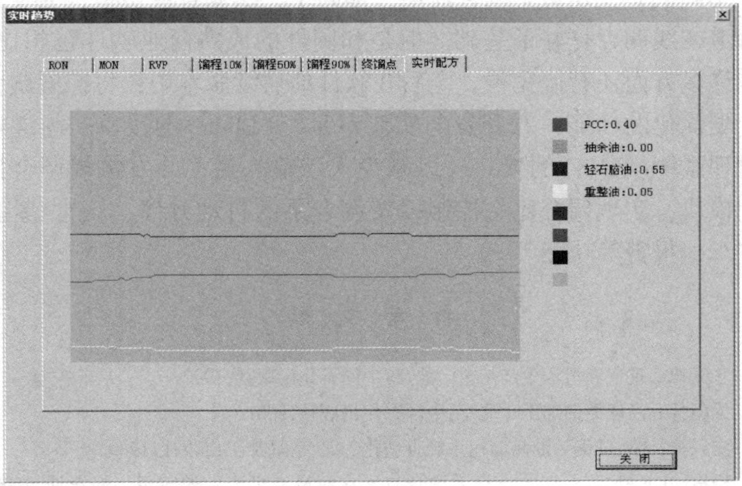

图 2-28　在线优化控制模块

5. 调合模型回归

根据实际的调合配方和调合结果，对调合模型参数进行最小二乘法回归，使模型预测产品性质和实际值之间误差平方和最小，保证模型的准确度。调合模型生成模块从调合任务数据库中导入历史调合数据，对于历史数据可分时段筛选保证回归得到的模型接近实际调合情况，也提供了调合试验数据的录入界面，可以人为确定试验数据在回归中的权重。对多种模型公式同时进行参数回归，用户每次分析得到的模型都保存为模型文件，用户可以根据需要调出不同时期的模型。

6. 在线帮助

软件包的每个模块都提供了详细的在线使用帮助，使用户可以快捷方便地熟悉和使用本软件。

7. 扩展方向

本软件包结构层次清晰，可扩展性强。针对我国大多数炼油厂的现状，可以采取分层次应用的策略。软件包已经在某炼油厂得到实际应用，主要是离线配方优化模块，在一定的程度上代替了小调试验，缩短了调合周期，提高了一次调合成功率，为实现管道在线调合打好了基础。但是和国外的成熟商业软件包相比，在许多方面还有待完善。今后在软件的后续版本中，将扩展调合计划优化的功能，并开发与实验室系统（LIMS）的接口、与罐存管理系统（TIMS）的接口，以减少人工输入量；开发常规调合控制模块，实现调合比率控制以及调合泵的自动开停、正常/紧急停车、报警等功能。

参 考 文 献

1 水天德．现代润滑油生产工艺．北京：中国石化出版社，1997
2 梁朝林．高硫原油加工．北京：中国石化出版社，2001
3 庄兴稼，沈桂跃编．油品储运系统自动化．北京：烃加工出版社，1989
4 杨榕，叶元凯，陈永红等．自动调合技术在润滑油生产中的应用．润滑油，2000，15（5）

第三章　油品调合设备

油品调合主要有三种：罐式调合、罐式-管道调合、管道自动调合。

罐式调合根据不同的条件采用不同的调合设备，主要有循环调合、喷嘴调合、搅拌混合。

① 循环调合：利用油泵与调合罐使油品在泵与罐之间循环调合，达到油品各组分均匀混合的目的。

② 喷嘴调合：在油罐进口处设置单喷嘴、多喷嘴或旋转喷嘴使油品在罐内由喷射造成涡流扩散达到均匀混合的目的。

③ 搅拌混合：在油罐内设置搅拌器，将油品及添加剂搅拌混合为成品油。批量少，质量要求高的成品油可选用顶部搅拌器；批量大的成品油应选用带侧向搅拌器的拱顶罐。

罐式-管道调合主要设备是采用罐式调合中的设备和在管道上应用各种在线分析仪。

管道自动调合中主要设备为各种在线分析仪及计算机。

第一节　罐式调合设备选用与计算

调合装置的通用设备主要是泵，由于调合的工艺条件一般不太苛刻，所以可根据调合装置的能力和物料性质直接选用合适的泵。调合装置的关键设备是混合设备，如间歇调合的调合罐，连续调合的柯涅尔均化器、普罗波尔什奥尼尔斯蒸发器、静态混合器等，这些混合设备直接影响着调合效率和调合质量。

调合罐的基本结构是由带油料进出口的罐体和蒸汽盘管加热器组成。为了强化混合，提高调合效率，一般又在罐内加装喷嘴、喷射系统或机械搅拌器。单个调合罐的大小主要由调合能力、调合速率所决定，但也要考虑到油品黏度大小的影响。

一、调合喷嘴设备的选用与计算

喷嘴分为单头喷嘴(又称古巴喷嘴)、多头喷嘴(有的厂称为子母式喷嘴)、旋转喷嘴和喷射系统。喷嘴调合适用于调合比例变化范围较大、批量也较大的中或低黏度油品的调合。根据油罐结构的不同、油品特性、循环泵的性能，喷嘴类型的选择也不一样，外浮顶罐、拱顶油罐结构多采用单头喷嘴、喷射系统；内浮顶油罐结构采用多头喷嘴、旋转喷嘴。

油品调合器安装方式有两种：一种是安装于油罐壁与油罐内输油管线相连接，例如单头喷嘴、喷射系统采用该种安装方式；另一种是安装于油罐内中心，采取法兰与油罐内输油管线相连接，例如多头喷嘴、旋转喷嘴采用该种安装方式。通过工艺管线将各组分油品输入罐内，再经调合器单头喷嘴喷出或多头均布的喷嘴和顶部喷嘴喷出，可以使油罐内的油品充分混合，防止储罐内沉积物的堆积，起到清罐作用，对油品或其他介质进行调合，从而达到热传递均匀化的目的，它具有结构紧凑，操作方便安全可靠，效率高及避免油品氧化等优点。

1. 单头喷嘴计算

单头喷嘴是一个流线型锥形体(类似变径管，即同心大小头)，安装在调合罐内靠近罐底的罐壁进油管上。喷嘴示意图见图 3-1，喷嘴的安装示意图见图 3-2，因结构简单，其设备一般由使用单位自己制作。喷嘴中心的延长线与罐内最高液面的交点应位于油罐直径的 2/3 处。

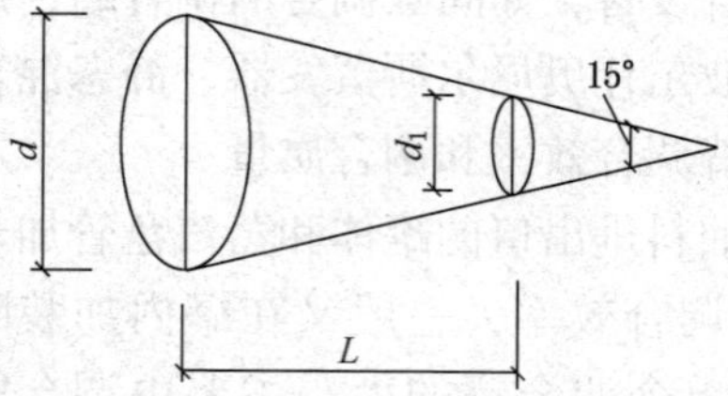

图 3-1　喷嘴示意图

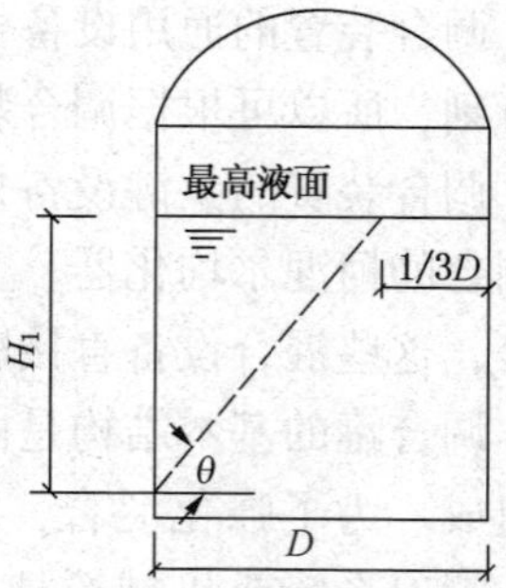

图 3-2　喷嘴安装示意图

喷嘴仰角由式(3-1)确定：

$$\mathrm{tg}\theta = \frac{H_1}{\frac{2}{3}D} \tag{3-1}$$

式中 H_1——油罐进口中心线至油罐最高液位的高度，m；

D——油罐内径，m；

θ——喷嘴仰角，(°)。

喷嘴锥形角一般取为15°。

喷嘴出口处的有效压头是指喷嘴喷射混合组分后不分层所需的压头，不包括克服罐内液体静压头所需的压力，由式(3-2)确定：

$$\Delta P = \frac{H_1 S}{\sin(\theta + 5)} \times \frac{F(S_2 - S_1)}{S_2} \tag{3-2}$$

式中 ΔP——喷嘴出口处的有效压头，m；

H_1——油罐进口中心线至油罐最高液位的高度，m；

S——调合后成品油的相对密度；

S_1——较轻组分油的相对密度；

S_2——较重组分油相对密度；

F——相对密度常数，与(S_2-S_1)有关，推荐值见表3-1。

喷嘴出口直径按式(3-3)计算：

$$d_1 = 9.17\sqrt{\frac{Q}{\sqrt{\Delta P_1}}} \tag{3-3}$$

表3-1 F推荐值

S_2-S_1	F
0.01	23
0.02	18
≥0.06	15

式中 d_1——喷嘴出口内径，mm；

Q——通过喷嘴流量，m^3/h；

ΔP_1——喷嘴出口实际有效压头，应大于 ΔP 与油罐内静压头之和，m 液柱。

喷嘴长度按式(3-4)计算：

$$L = 3.8(d - d_1) \qquad (3-4)$$

式中　L——喷嘴长度，mm；

d——喷嘴入口内径，mm；

d_1——喷嘴出口内径，mm。

调合时间按式(3-5)计算：

$$T = 0.0648\frac{D^2}{\sqrt{Q\sqrt{\Delta P_1}}} \qquad (3-5)$$

式中　T——油品调合时间，h；

D——油罐内径，m；

ΔP_1——喷嘴出口实际有效压头，m 液柱。

2. 多头喷嘴计算

多头喷嘴一般由 5~7 个喷嘴组合而成，每个喷嘴头结构与单头喷嘴结构相同。多头喷嘴与单头喷嘴相比，具有减少循环时间，节约能量，保护罐内内浮盘设备，降低油品蒸发损耗等优点。

多头喷嘴安装在调合罐底部中心。其中一个喷嘴位于中心垂直向上，其余喷嘴均匀安置在中心喷嘴周围，以一定角度向四周倾斜，见图 3-3、图 3-4。

仰角按式(3-6)计算：

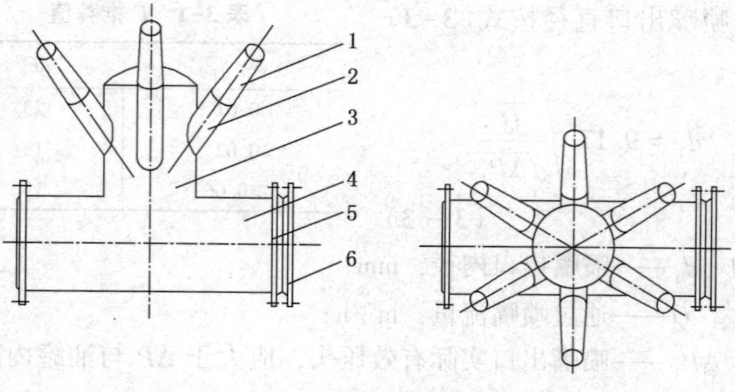

图 3-3　多头喷嘴结构图

1—喷嘴头；2—导管；3—分配管；4—集油管；5—法兰；6—法兰盖

$$\mathrm{tg}\theta = \frac{3H}{D} \qquad (3-6)$$

式中 H——油罐进口中心线至油罐最高液位的高度，m；

D——油罐内径，m；

θ——侧向喷嘴仰角，(°)。

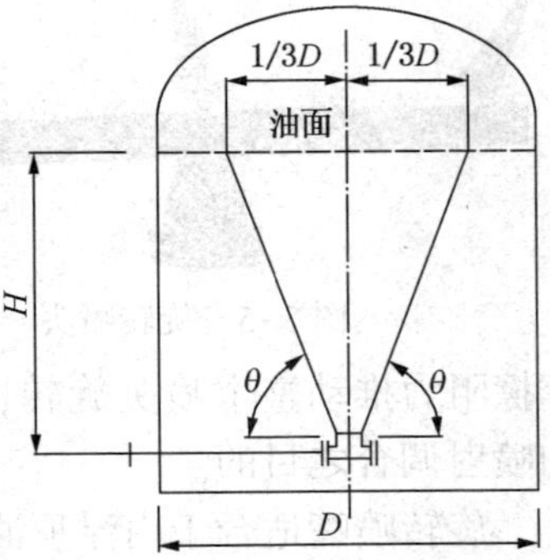

图 3-4　多头喷嘴搅拌器安装图

喷嘴喷射速度按式(3-7)计算：

$$v = \sqrt{2gh} \cdot \mathrm{cosec}\theta \qquad (3-7)$$

式中 g——重力加速度 9.81m/s²；

θ——侧向喷嘴仰角，(°)；

v——喷嘴出口处流速，m/s。

喷嘴出口直径按式(3-8)计算：

$$d_1 = \sqrt{\frac{\phi_1 Q}{0.7854\phi_2 nV}} \qquad (3-8)$$

式中 Q——多头喷嘴总流量，m³/s；

v——喷嘴出口处流速，m/s；

ϕ_1——流量系数，0.9~0.95；

ϕ_2——摩阻系数，汽油：1.05~1.1，煤油：1.1~1.15，柴油：1.15~1.2，润滑油：1.25~1.5；

n——喷嘴数量。

喷嘴长度计算：与单头喷嘴相同。

导管直径计算：可按分配给每个侧向喷嘴的流量确定导管直径。

3. 旋转喷嘴

旋转喷嘴一般有两组，每组有 3~4 个喷嘴组成，如图 3-5 所示，每个喷嘴头结构与单头喷嘴结构相同，在多头喷嘴的基础上增加了旋转轴承。

图 3-5 旋转喷头

（1）原理

油罐油品调合旋转喷头充分利用流体本身的压力能，在满足喷嘴喷射调合的同时，借助喷嘴偏心安装产生力矩作用，克服摩擦阻力推动整个喷头旋转，从而达到旋转喷头绕 360°圆周均匀喷射调合之目的。

旋转喷嘴适合于内浮顶油罐的调合，对内浮顶的冲击瞬间即逝，减小对内浮顶的危害。

（2）喷头规格

以江西仁达实业有限责任公司生产的产品为例，喷头规格见表 3-2。

表 3-2 旋转喷头规格

旋转喷头型号	XPT10000	XPT5000	XPT3000	XPT2000	XPT1000
喷嘴数（个）	3～4	3～4	3～4	3～4	3～4
公称直径（*DN*）/mm	100、150、200	100、150、200	100、150、200	100、150、200	100、150、200

（3）喷头选型及安装

旋转喷头根据油品种类、油罐规格、机泵性能等进行选型，应尽量靠近罐中央安装，当由数个旋转喷头组合时，应注意喷头间安装间距，以保证有效旋转，同时应注意避开浮盘支柱。安装示意图见图 3-6。

4. 喷射系统

喷射系统是一种用于混合和翻转液体的高效混合喷射泵，其最大优点在于可靠、简洁、环保、节能，国内有启东市金松机械设备制造有限公司生产的 SG 系列混合喷射搅拌系统，如图 3-7 所示。

SG 系列混合喷射搅拌系统适用范围广阔，可以说，只要用离心泵可以传送翻转液体，就可使用这种混合喷射搅拌系统，其主要用于容器、储存罐和中和池，如油品调合、酸碱中和反应等工艺过程，成为理想的混合设备。

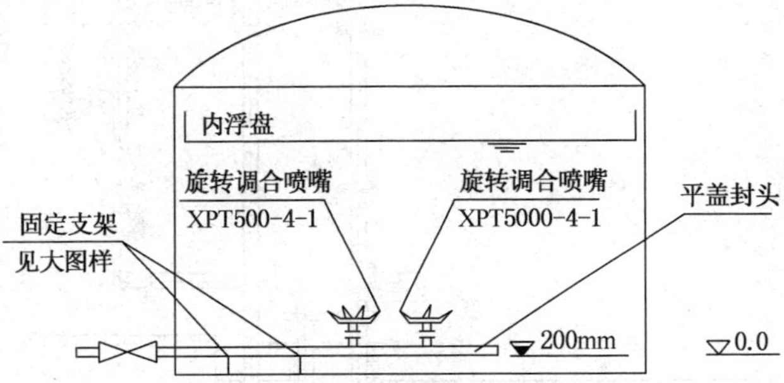

图 3-6 旋转喷头安装示意图

（1）工作原理

从混合喷射器喷嘴中喷出的液流以其高速度在其锥形入口内形成低压，从而从罐中吸附并带动一股液流，使其加速，在喷射器内高度涡旋，产生了一个内部混合的混合液。

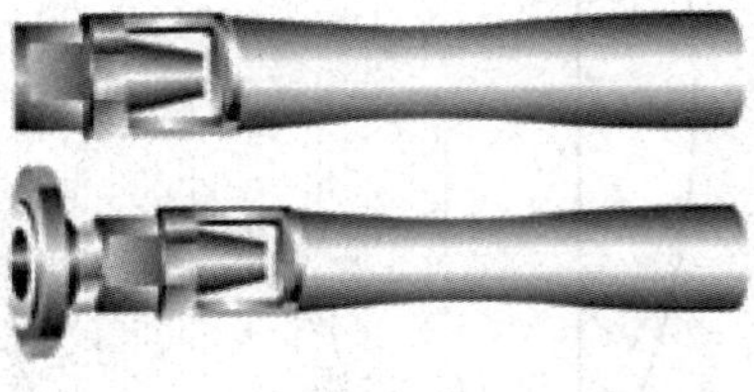

图 3-7 喷射系统设备

在混合喷射出口处，这种混合速度部分被转换为压力，使从喷射器中喷出的混合液成圆锥状扩散，并将其周围的液体带起来，达到罐内液体混合、中和的目的。技术指标：液-液混合不均匀度系数 $a \times x^{-2} \leqslant 7.5\%$，最高分散度 5~20μm。

如果一个或几个 SG 系列混合喷射器排列正确，在罐中就产生了一个三维射流，它把整个罐内的物质进行均匀混合，而不产生旋转的运动。

混合喷射器与 ISHG 化工离心泵、正推进器组成 SG 系列混合喷射搅拌系统，工艺流程如图 3-8 所示。系统液位顶部设有自动液位控制装置，与上部喷头联锁，当液位低于警戒线时自动液位控制装置发出信号使上部喷头停止工作。

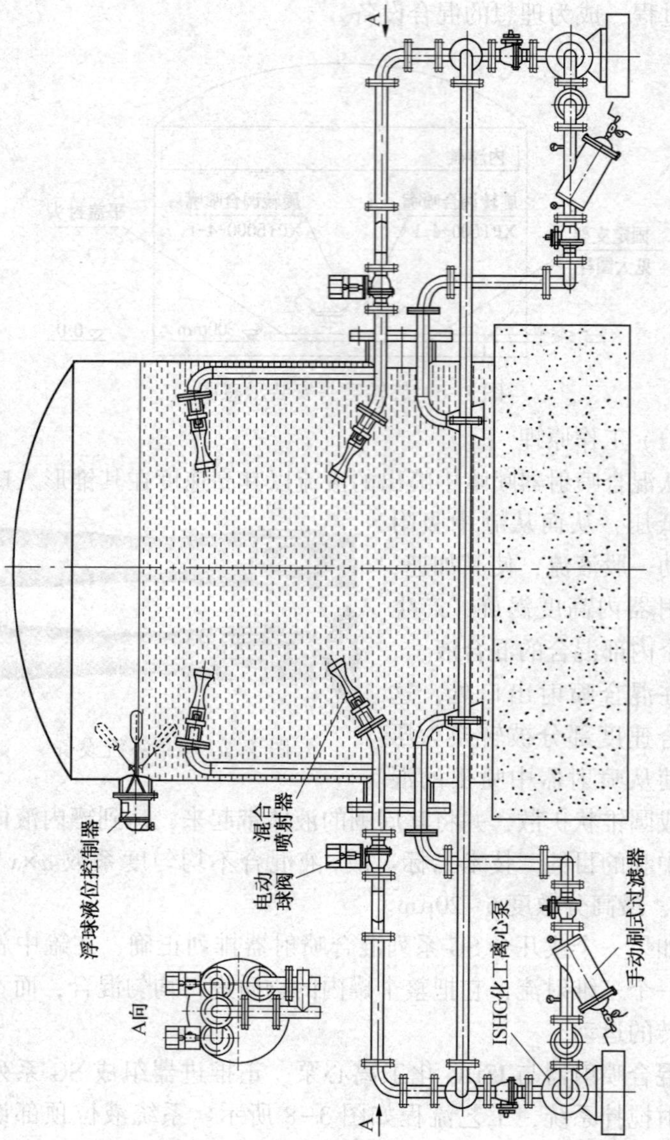

图3-8 喷射系统安装示意图

（2）产品规格

产品规格如图 3-9 所示。系统液位顶部设有自动液位控制装置，与上部喷头联锁，当液位低于警戒线时自动液位控制装置发出信号使上部喷头停止工作。

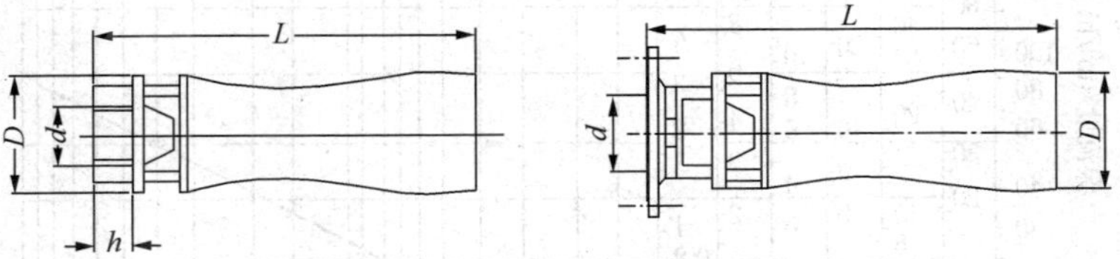

图 3-9　喷射设备结构图

（3）产品安装

SG 系列混合器喷射器应尽可能安装在最深的位置，这样在液体量少的情况下也能保证取得有效的混合效果，SG 系列混合喷射器在罐中安装一般位置如图 3-10 所示。

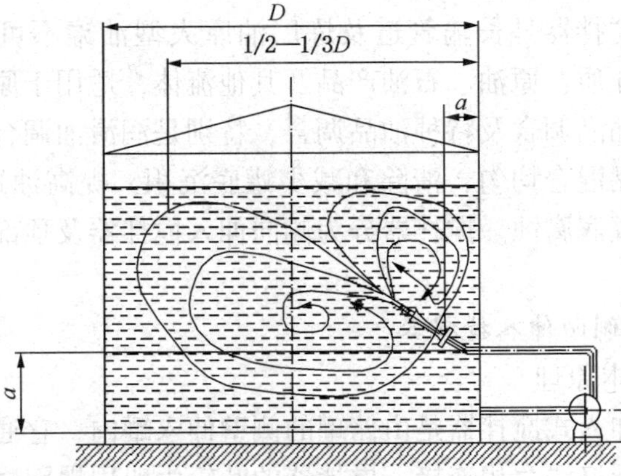

图 3-10　喷射设备安装示意图

对于一些容易形成泡沫的液体来说，可以使液面高于混合喷射器 1~2m，就可避免产生泡沫。

（4）产品选型

SG 系列混合喷射搅拌系统型号和尺寸号，对于一般的工艺要求来说，可根据下列图 3-11 功率曲线选择设备。

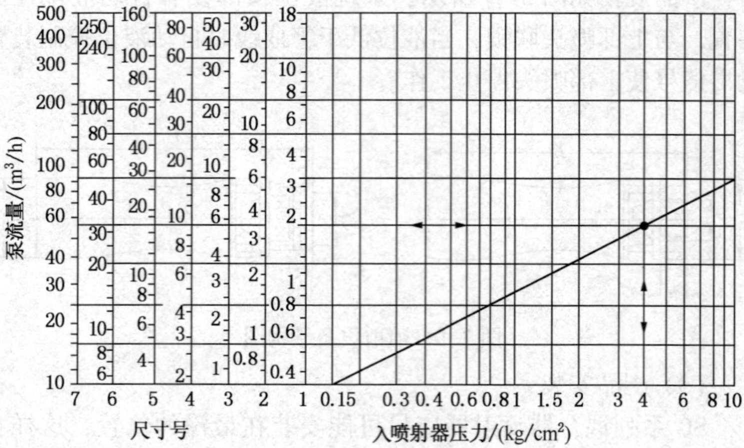

图 3-11 功率曲线

二、搅拌器设备的选用

油罐搅拌器是长输管道及炼厂油库大型油罐不可缺少的附件，适用介质：原油、石油产品及其他流体，适用于原油、重油和小批量油品调合及特种油品调合，特别是润滑油调合。它的应用可使油品混合均匀，清除和减少罐底沉积，提高油罐利用率，以及减少罐底腐蚀。搅拌器分为侧向伸入搅拌器及顶部垂直伸入搅拌器。

（一）侧向伸入搅拌器

1. 基本原理

侧向伸入式搅拌器是由储罐的侧壁伸入罐内，它通过法兰盖与罐体的开口法兰相连接。搅拌器的叶轮为船用螺旋桨型。由于螺旋桨的转动，使罐内液体产生两个方向的运动，一个沿着螺旋桨轴线方向向前运动，另一个沿螺旋桨圆周方向动，其方向与螺旋桨的旋转方向相同。轴线方向的运动，由于受到罐壁的阻碍而使罐内液沿着罐壁作圆周方向的运动。而液体沿螺旋桨圆周方向的运动，就使罐内液体上下翻动，流动状态见图 3-12。这样就使罐内液体得到搅拌，并可防止罐内沉积物的堆积，比用其他形式较为经济。

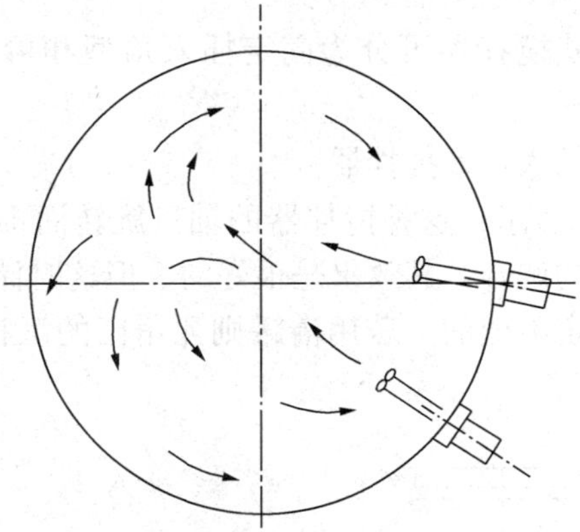

图 3-12　流动状态

侧向伸入式搅拌器适于安装在储存黏度较低的液体的大中型立式储罐上，每台调合罐根据油罐大小及油品黏度可设置 1～4 个搅拌器。搅拌器应集中设置在罐壁 1/4 圆周范围内，但要考虑进油管位置影响，最低限度减小搅拌时的扰动对进油的干扰。进油管与搅拌器宜有 30°夹角，搅拌器轴心线与油罐底中心到搅拌器在罐壁上的中心的连线的夹角约 7°～12°，同时还要考虑搅拌器桨叶与罐底或加热器等物件的距离。

侧向伸入式搅拌器有下列几个作用：

① 防止储罐内沉积物的堆积，特别在原油罐中，可以起到清罐作用，代替笨重的人工清罐并可增加储罐的有效容积。

② 使混合好的油品保持均匀和防止分层。

③ 把两种或两种以上的组分进行混合，可在规定时间内获得合格的调合产品。

④ 加强储罐内的热交换，保持介质温度均匀。

在实际的应用中，上述四种功能有可能只用一种，也可能用多种。对于具有多种功能的场合必须最苛刻的用途来选择搅拌器，一般来说，满足了最苛刻的用途，其他用途也能满足。通常情况下，调合是要求最苛刻的。

2. 侧向伸入式搅拌器的分类

侧向伸入式搅拌器可分为固定插入角型和可变插入角型两大类。

(1) 固定插入角型搅拌器

见图 3-13 所示，这种搅拌器的轴只旋转而不能摆动，它适用于液体介质的调合，其效果是很好的。但这时储罐内的液体的流动状态是固定不变的。若用清罐则死角区的沉积物无法清除，见图 3-14 所示。

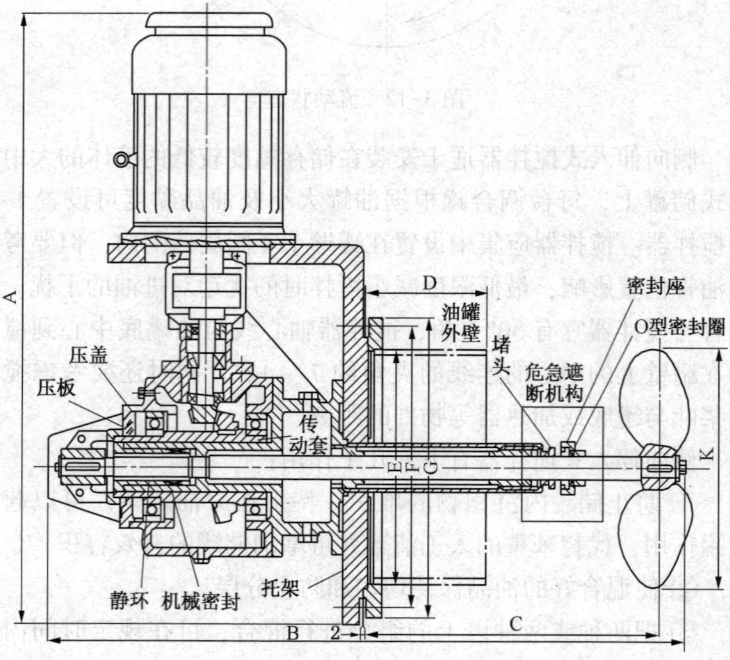

图 3-13　固定插入角型搅拌器

(2) 可变插入角型搅拌器

可变出入角型搅拌器如图 3-15 所示。可变插入角型搅拌器的轴与储罐中心线之间的夹角，可按操作的需要，在左、右 30°范围内变动。这种搅拌器可改变罐内液体的流动状态见图 3-16 所示，从而消除死区，可以有效地减少罐内沉积物的堆积量见图 3-17 所示。因此，美国和日本等国从 20 世纪 60 年代末就开始在原油罐上安装可变插入角型搅拌器，目前日本的大部分原油罐上已安装了这种搅拌器，以防止罐中沉积物的堆积。

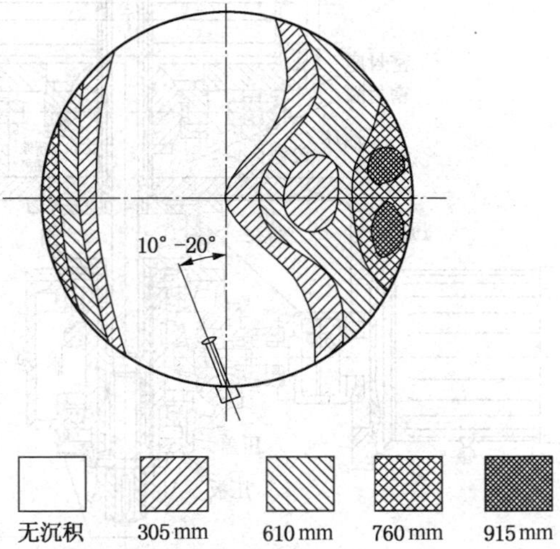

图 3-14　固定插入角型搅拌器搅拌时沉积物在罐底的分布情况

综上所述，凡以清除罐底沉积物为主要目的的储罐，使用可变插入角型搅拌器比使用固定插入角型的具有更多的优点，节省了投资，减少了动力消耗，清罐效果好。

如果在同一罐内，既要调合又要清罐，就可选用可变插入角型搅拌器。

3. 侧向伸入式搅拌器的选用

侧向伸入式搅拌器的选用，与介质的性质、油罐的特征、搅拌目的、操作条件等有关，因此在选用搅拌器前首先必须确定这些条件，再根据这些条件确定搅拌器的形式和功率。

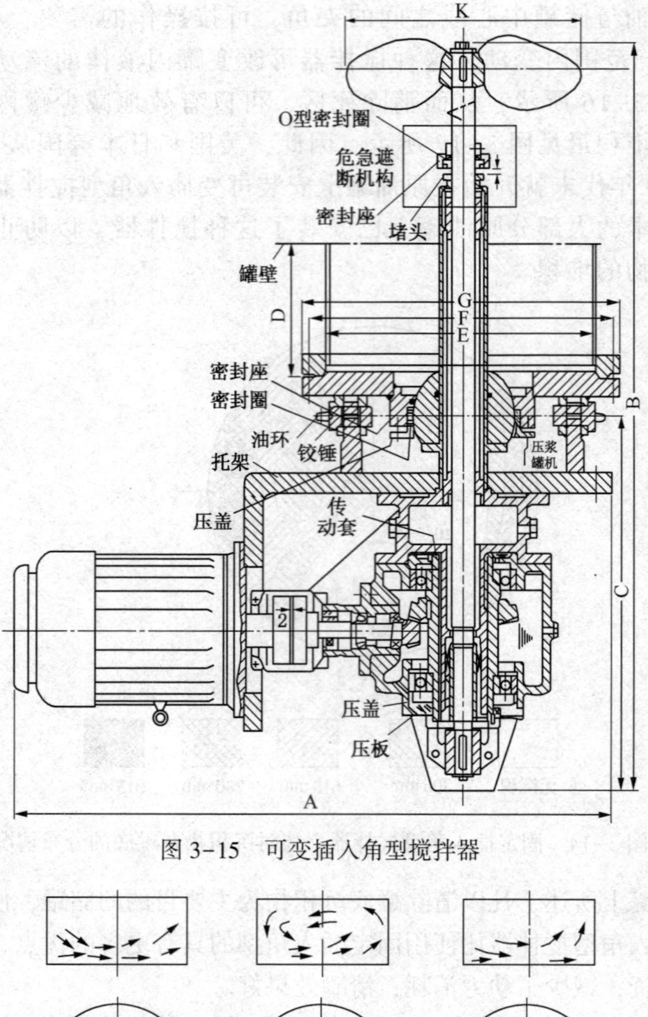

图 3-15　可变插入角型搅拌器

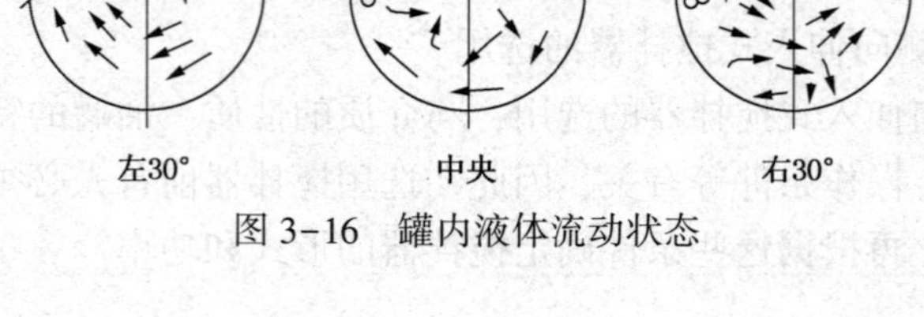

图 3-16　罐内液体流动状态

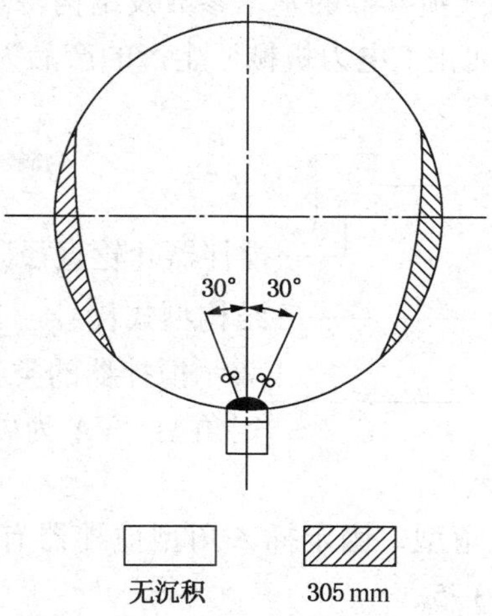

图 3-17　可变插入角型搅拌时沉积物在罐底的分布情况

(1) 固定插入角型搅拌器的选用

固定插入角型搅拌器主要用于油品调合、热均匀等，可按表 3-3选用搅拌器的功率。

表 3-3　固定插入角型搅拌器功率选择

储罐有效容积/m³	<100	>100~200	>200~500	>500~900
搅拌器配置功率/kW×台数	0. 6×1	1. 1×1	2. 2×1	4×1
储罐有效容积/m³	>900~1500	>500~2000	>2000~4000	>4000~5000
搅拌器配置功率/kW×台数	7. 5×1	15×1	15×2	15×3

(2) 可变插入角型搅拌器的选用

可变插入角型搅拌器主要用于防止油罐底部沉积物的堆积，可按表 3-4 选用搅拌器功率。

表 3-4　可变插入角型搅拌器功率选择

储罐有效容积/m³	2000	5000	10000	20000	30000	50000
搅拌器配置功率/kW×台数	7. 5×1	18. 5×1	22×1	30×1 或 22×2	45×1 或 22×2	45×2 或 30×3

4. 侧向伸入式搅拌器的基本参数及结构特点

以江阴市石油化工电力机械厂生产的产品为例。

(1) 型号说明

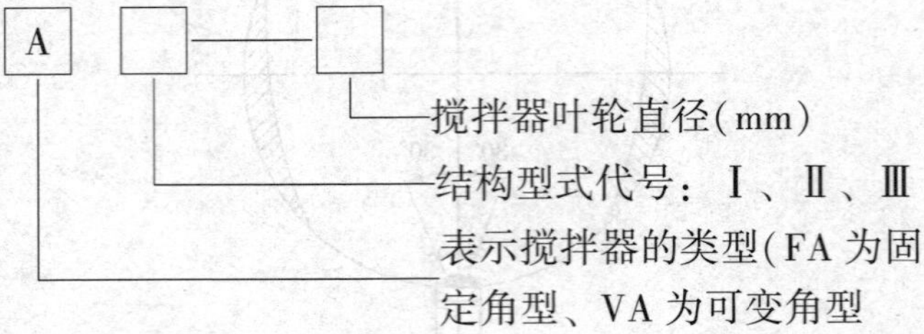

(2) 基本参数

① 固定插入角型。固定插入角型搅拌器有七种规格，其主要技术参数见表 3-5。

表 3-5 固定插入角型搅拌器主要技术参数

搅拌器型号	电机型号	功率/kW	主要外形尺寸/mm								搅拌器质量/kg
			A	B	C	D	E	F	G	K	
FAⅢ-300	YB80I-4	0.55	918	1044	620	200	$\phi430$	$\phi515$	$\phi565$	$\phi300$	223
FAⅢ-350	YB90S-4	1.1	947	1049	620	200	$\phi430$	$\phi515$	$\phi565$	$\phi350$	233
FAⅢ-400	YB90L-4	2.2	977	1049	620	200	$\phi430$	$\phi515$	$\phi565$	$\phi400$	266
FAⅡ-400	YB90L-4	2.2	1106	1322	620	200	$\phi430$	$\phi515$	$\phi565$	$\phi400$	353
FAⅡ-450	YB112M-4	4	1263	1322	615	210	$\phi530$	$\phi620$	$\phi670$	$\phi450$	475
FAⅡ-500	YB132M_1-4	7.5	1333	1322	615	210	$\phi530$	$\phi620$	$\phi670$	$\phi500$	531
FAⅠ-560	YB160-4	15	1472	1596	662	220	$\phi630$	$\phi725$	$\phi780$	$\phi560$	847

② 可变插入角型。可变插入角型搅拌器有五种规格，其主要技术参数见表 3-6。

表 3-6 可变插入角型搅拌器主要技术参数

搅拌器型号	电机型号	功率/kW	主要外形尺寸/mm								搅拌器质量/kg
			A	B	C	D	E	F	G	K	
VAⅠ-500	YB132M-4	7.5	1333	1553	808	210	$\phi530$	$\phi620$	$\phi670$	$\phi500$	660
VAⅠ-590	YB132M-4	7.5	1695	1535	817	220	$\phi660$	$\phi806$	$\phi870$	$\phi590$	1000
VAⅠ-620	YB180L-4	22	1665	1631	826	220	$\phi660$	$\phi806$	$\phi870$	$\phi620$	1103
VAⅠ-660	YB200L-4	30	1876	1833	955	220	$\phi750$	$\phi900$	$\phi970$	$\phi660$	1757
VAⅠ-700	YB225M-4	45	2062	1833	955	220	$\phi750$	$\phi900$	$\phi970$	$\phi700$	1936

(3) 搅拌器的结构特点

① 传动方式。

搅拌器的传动方式为齿轮传动(见图3-13、图3-15)，结构紧凑，搅拌器重心离罐壁近，罐壁上所受的载荷较小，采用了螺旋伞齿轮一级减速传动，这种结构除具有上述优点外，而且现场运转平稳，实测振幅最大为0.007～0.21mm；噪音小，实测为80dB左右。

② 危急遮断机构。

侧向伸入式搅拌器是从油罐侧壁把桨叶插入罐内的。搅拌器的维护检修和进行密封的更换或者发生预料不到的故障时，需将油罐排空进行处理。对于大型油罐来说要排空是较困难的，要花费很多的时间，因此必须设置危急遮断机构，供危急时使用。

图3-13、图3-15表示的危急遮断机构，经实际使用证明效果很好，操作方便，密封性好，制造容易。其操作方法如下：需要堵流时，将搅拌器轴往外拉一段距离，使堵头进入密封座，然后转动轴，堵头和密封座即能卡紧，堵头的端面和O形密封圈接触，防止了罐内液体的外流。此时就可以进行零件的更换和检修。

③ 轴封。

搅拌器旋转轴的密封结构有机械密封(见图3-13、图3-15)和填料密封两种两者能够互换，可按实际需要选用。其填料密封见图3-18。

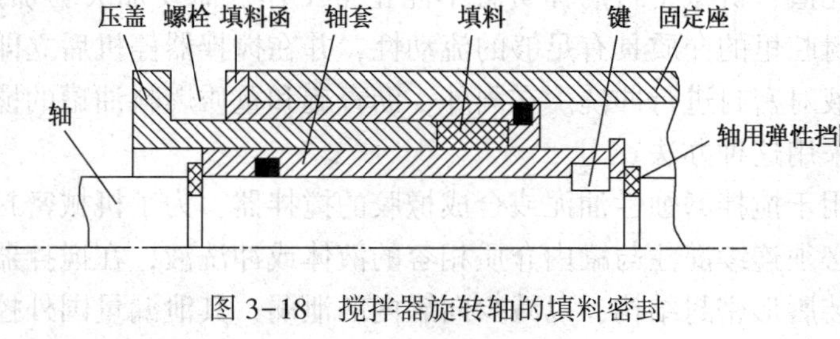

图3-18　搅拌器旋转轴的填料密封

填料密封的密封性能不如机械密封。它是用轴与填料的接触压力进行密封的，故易引起轴或轴套的磨损，动力消耗也比机械密封大。在使用中如果填料压得过紧，密封处易发热，因此某些易燃和润滑性差的油品不宜采用填料密封。但由于填料密封有结构简单、制造容易、成本低、更换方便等优点，可在用于润滑油调合的搅拌器上使用。

填料选用柔性石墨密封圈。卸掉填料函与固定座的连接螺栓就可以拉动轴，在抽轴过程中仍保持其密封性。为了在抽轴时石墨圈不被挤坏，在填料的两端用油浸石墨石棉盘根经预压成型。

机械密封泄漏量非常少，由摩擦而引起的动力消耗也少。一般地讲，被密封的介质就是它的冷却剂，所以不易发热，可以在储存闪点低的介质的储罐中使用。虽然配件多，精度高，价格贵，但由于优点多，适应性强，所以机械密封仍是搅拌器的主要密封形式。

机械密封采用内装式单端面非平衡型。静环的结构可以满足抽轴的轴需要，在抽轴时先取下压盖，静环由于受机械密封弹簧力的作用而后移并被轴用弹性挡圈挡住，由于移动距离小，抽轴过程中仍可保持端面的密封性。

不管是填料密封还是机械密封，轴上都装了外表面镀硬铬的轴套以减少磨损，轴和轴套之间用“O”形密封圈密封。

④ 高黏度液体和具有磨蚀性油泥的轴封。

机械密封一般限于黏度不大于 0.6Pa·s 的流体，如果黏度大于此值，机械密封的弹簧就不能正常工作。需要加夹套加热，使密封腔里的介质具有足够的流动性，并在搅拌器停机后立即用冲洗液对密封进行冲洗。在国外，沥青罐和重质燃料油罐的搅拌器就采用这种办法。

用于搅拌磨蚀性油泥或合成橡胶的搅拌器，为了机械密封可靠，必须连续灌注与罐内介质相容的液体或冲洗液，在搅拌器轴上安装唇形密封结构，以减少向罐内的泄漏，其泄漏量国外控制在 5~10L/h。

⑤ 可变插入角型搅拌器的摆动机构和球形密封机构。

可变插入角型搅拌器的摆动机构是球形旋转接头(见图3-15)。球是用不锈钢制造的，其表面经抛光处理。球与空心支座之间采用“O”形密封圈密封，球与法兰密封座之间用两道密封。第一道为“O”形密封圈，第二道是用三圈柔性石墨密封。柔性石墨圈内表面预压成凹球面。它与光滑的球面接触很好，实践证明密封可靠无泄漏。搅拌器的重量由上、下两个铰链支撑，铰链中心线必须通过球心。铰链销子及支耳开有润滑沟槽或孔，销子装有压注油杯以保证搅拌器转动灵活。

⑥ 接触液体部分的材料。

搅拌器和罐内液体接触部分的材料是由工艺条件决定的。

下述材料制成的搅拌器适合于大多数工艺条件：碳素铸钢(或球墨铸铁)的螺旋桨，碳钢的轴、密封箱和安装法兰，机械密封的动环在不锈钢基体上堆焊钴铬钨基硬质合金，静环是石墨浸渍呋喃树脂或青铜，“O”形密封圈为氟橡胶F-26。

高硫原油要求螺旋桨和轴应为不锈钢制造的，而有腐蚀性的化学药品或要求高纯度物料的工艺过程则要求全部钢结构均是不锈钢的。

5. 固定插入角型侧向伸入搅拌器的使用效果及安装方法

在国内炼油厂的成品罐中，经常需要利用搅拌的方法来达到产品调合的目的。以往使用的搅拌方法主要是鼓压缩空气和用泵打循环两种。

用压缩空气调合存在的问题主要是：

① 空气使油品氧化，降低了油品质量。因此低闪点或易氧化的组分油不能用压缩空气搅拌。

② 压缩空气内有水分和其他杂质，在搅拌过程中，这些外来杂质将污染油品。

③ 用压缩空气搅拌，罐内油品翻腾厉害，油品挥发损失大，而且污染环境。易产生泡沫的油品和有干粉状添加剂的油品不能用压缩空气搅拌。

④ 消耗的能量大。

⑤ 在介质中产生较大的静电。

利用泵打循环也有消耗功率大，需要增加油罐数量等缺点。而利用固定插入角型搅拌器来进行油品调合完全可以克服上述各种缺点，因此是一种比较理想的调合方法。

(1) 搅拌器在成品油调合罐中的使用效果

① 保证成品的调合质量。

a. 黏度的调合：北方某厂用 10 号机油和轻脱油进行调合，生产 15 号机油和内燃机油，搅拌器开动了 1.5h 后，成品黏度即合格。

b. 加添加剂调合：南方某厂分别在 $400m^3$、$700m^3$ 和 $1000m^3$ 调合罐上做了油品加添加剂的机械调合试验。现仅举一例说明如下。

在 $400m^3$ 油罐上用 FAII—400 型搅拌器进行搅拌试验，其条件为：用减压三、四线油调合成 40 号机械油，油的凝点为 -2℃。加 T801(1.8%)，要求凝点降为 -11℃。

油品温度：62℃

油面高度：6.9m

试验结果如表 3-7 所示。

表 3-7　南方某厂搅拌器试验结果

搅拌时间/h	取样部位	南取口		北取口	
		黏度(50℃)/(mm^2/s)	凝点/℃	黏度(50℃)/(mm^2/s)	凝点/℃
0.5	上	40.76	-12	40.63	-11
	中	40.53	-11	40.66	-11
	下	41.30	-11	40.71	-11
1	上	40.42	-12	41.22	-12
	中	40.73	-11	41.24	-11
	下	40.69	-11	40.97	-11
1.5	上	40.96	-11	40.58	-11
	中	40.97	-11	41.21	-11
	下	41.22	-11	41.04	-11

从表 3-7 中可以看出，基础油加添加剂后经 0.5h 的搅拌；各项指标均达到要求。在 $700m^3$、$1000m^3$ 调合罐上的试验也取得了同样的效果。

c. 静止 24h 的试验：北方某厂把经过搅拌器搅拌后合格的油品静置 24h 后，再取样分析。在罐内的上、中、下各层黏度和各组分含量均匀，证明油品质量稳定，没有分层。试验结果如表 3-8 所示。

表 3-8　北方某厂搅拌器试验结果

取样点	机械搅拌			
	黏度(100℃)/(mm^2/s)	锌含量/%	钙含量/%	酸度/(mgKOH/g)
上	13.98	0.041	0.047	1.09
中	14.04	0.040	0.047	1.06
下	14.04	0.042	0.041	1.09

d. 静置 30d 的试验：北方某厂将搅拌合格的油品，倒入小罐进行较长时间的静置试验。试验结果如表 3-9 所示，从表中可以看出油品质量均匀，没有分层。

表 3-9　北方某厂静置试验结果①

取样点	静置前				静置 10d				静置 30d			
	黏度	钙/%	锌/%	酸度	黏度	钙/%	锌/%	酸度	黏度	钙/%	锌/%	酸度
上	14.47	0.035	0.038	1.301	14.49	0.035	0.040	0.875	14.96	0.0416	0.040	0.978
中	14.63	0.039	0.038	1.325	15.0	0.036	0.039	0.922	14.91	0.045	0.044	1.175
下	14.54	0.035	0.038	1.193	14.86	0.037	0.040	0.691	14.90	0.065	0.044	1.105

① 黏度单位为 mm^2/s(100℃)；酸度单位为(mgKOH/g)。

(2) 在介质中产生的静电小

北方某厂利用 KS-471 型(日本产)集电式静电测试计对用搅拌器搅拌和用压缩空气搅拌在介质中产生的静电进行了测定和比较。搅拌器开动后测定电压力 100V，2h 后为 90V，3.5h 后仍为 90V 且稳定，而用压缩空气时为 190V。

南方某厂的试验是利用 OM-1 电荷密度仪和表头 DB-1 进行

测量的。用搅拌器搅拌产生静电为170V，而用压缩空气搅拌产生的静电为840V。以上两个厂的测定证明，用搅拌器搅拌比用压缩空气搅拌更为安全。

(3) 节省电能

北方某厂的2000m^3润滑油罐，如用压缩空气进行搅拌需要4h，压缩空气由风量为10Nm^3/min的空压机供给，空压机电机功率为75kW。4h共消耗电能300kW·h。而用搅拌器进行搅拌时仅需要1.5~2h，搅拌器电机功率为13kW，2h耗电量26kW·h，还不到前者的1/10。

南方某厂把用搅拌器进行搅拌与用压缩空气搅拌、喷嘴调合、泵循环等调合方法进行了比较，结果如表3-10所示。

表3-10 南方某厂采用不同调合方法试验结果①

油罐容量/m^3	搅拌器搅拌			压缩空气搅拌			喷嘴调合			泵循环		
	H	*P*	*Q*	*H*	*W*	*Q*	*H*	*P*	*Q*	*H*	*P*	*Q*
400	1.5	2.2	3.3	1	541	56.8				4	40	160
700	1.5	4	6	1	541	56.8				6	40	240
10000	1.5	7.5	11.52	1	541	56.8	5	75	150	10	40	400

① 符号说明：*H*—搅拌时间，h；*P*—电机功率，kW；*Q*—耗电量，kW·h；*W*—耗风量，m^3/h。

从表3-10可以看出，用搅拌器搅拌消耗电能最少。

(4) 操作方便，容易实施

搅拌器搅拌只要在罐侧壁安装搅拌器即可，而用风搅拌，需要压缩机厂房及管线系统。显而易见，搅拌器搅拌容易实施，搅拌器操作方便，维修量小，而压缩空气搅拌则操作较复杂，维修量也大。

(5) 搅拌器机械性能良好

北方某厂和南方某厂都对搅拌器的机械胜能进行了测试，其结果如下：

最大振幅　北方某厂：0.07~0.10mm

　　　　　南方某厂：0.005~0.021mm

噪音　　　北方某厂：80dB

　　　　　南方某厂：79dB

另外，电机工作电流均不超过电机的额定工作电流。在动密封处只能看到局部的渗湿痕迹，无明显泄漏。

(6) 搅拌器在调合罐中的布置和安装方法

① 集中布置。

在一个罐中，如果安装几台搅拌器，为了使介质混合均匀，主张集中布置，这样可以搅拌器的动能得到更好的利用。全部搅拌器都集中安装在罐的 1/4 圆周范围内，见图 3-19、图 3-20。

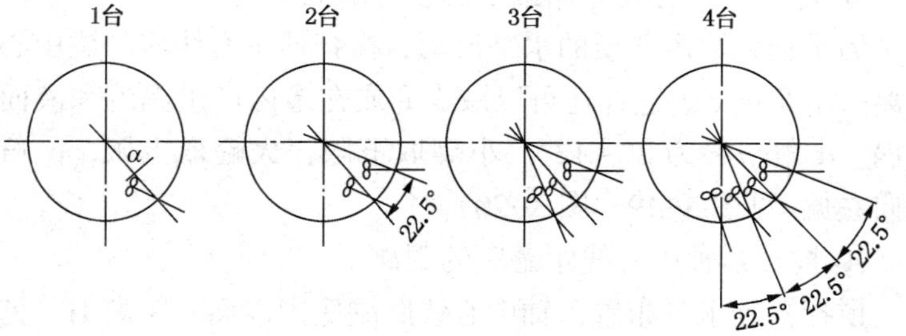

图 3-19　搅拌器在介质进、出罐时不运转的布置方位

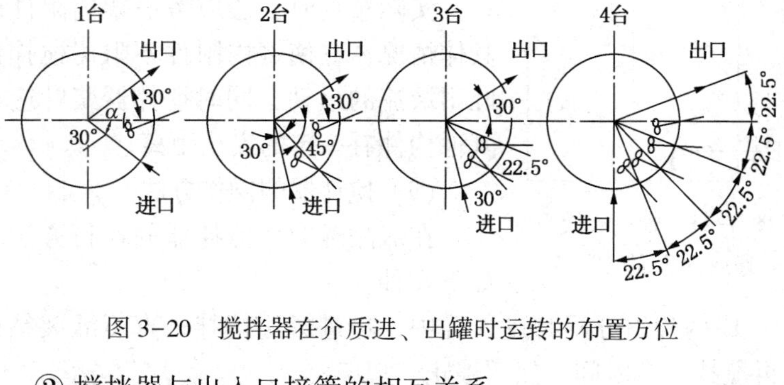

图 3-20　搅拌器在介质进、出罐时运转的布置方位

② 搅拌器与出入口接管的相互关系。

a. 介质进出罐时搅拌器不运转，则搅拌器与储罐的出、入口的相互位置对搅拌效果没有影响，搅拌器在罐上的安装方位可

以根据现场情况而定，如果在一个罐上安装多台搅拌器，其彼此相互位置可参考图 3-19。

b. 如果搅拌器在介质进、出罐时也同时运转，则要求把罐的出、入管线安装在其中一台搅拌器所造成的液流范围内，即将出、入口布置在离其中一台搅拌器 30°的位置上，这样就可以充分利用介质进、出罐时，在罐内产生的液体运动，从而使搅拌效果更好。

图 3-20 表示在一个罐中安装 1~4 台搅拌器时，搅拌器与储罐出、入口之间的关系。

③ 搅拌器中心线与储罐中心线之间的夹角。

为了加强罐内介质的水平流动，搅拌器中心线应与罐中心线偏离一个角度 α。这样还可以减少介质在罐内产生涡流和液面的旋涡。α 角一般为 7°~12°，小罐取下限，大罐取上限。α 角一般向左偏(见图 3-19、图 3-20)。

④ 搅拌器轴中心线距罐底的距离。

搅拌器轴水平布置，轴中心线距罐底内表面的距离 H，见图 3-21，由下式求出：

$$H=1.5\times\text{桨叶直径}(\text{mm})$$

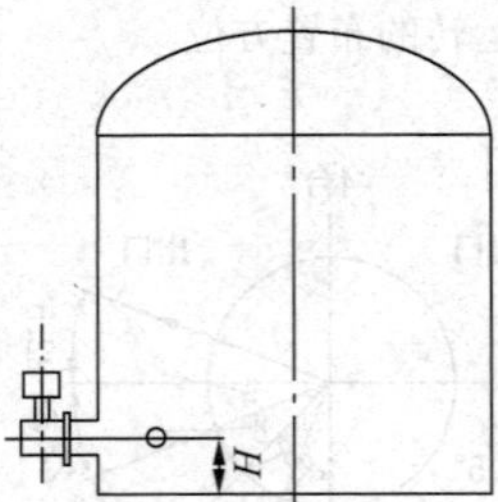

图 3-21　轴中心线距罐底内表面的距离

实际布置时，还应考虑罐内附件的具体情况，应使罐内附件不阻碍搅拌器吐出液流的运动，同时搅拌器桨叶应离其他构件有一定的安全距离。

(7) 搅拌器的操作方法

在成品罐中，搅拌器的运行方法有如下几种：

① 两种组分同时进入罐中，边进罐边搅拌，直至灌装结束后再搅拌一定时间，然后停止。

② 引第一种组分先进罐，第二种组分边进罐边搅拌，直至灌装结束后再搅拌一定时间，然后停止。

③ 两种组分进罐完毕后再搅拌。

按照我国的具体情况，选用第三种操作方法是合适的。不管用何种操作工艺，搅拌器轴中心线以上的液体要有一定的深度（一般不小于 3m）才能操作搅拌器，以免引起储罐或搅拌器的激烈振动和介质的飞溅。

6. 可变插入角型搅拌器的使用

原油中的油泥由于堆积在储罐的底部，形成了一层很厚的黏性很大的沉积物，特别是含量较多的原油或重质燃料油更为严重，有的罐沉积物的堆积达数米高，对油罐和附属设备的正常运行都带来种种困难，因此要防止沉积物在储罐中的堆积。这样有如下的好处：

① 确保油罐及其附属设备安全正常的操作，并充分发挥其功能。

② 确保罐的有效容积。如一个 10000m^3 的油罐，其底面积约为 640m^3。若堆积厚度为 1m，则油罐有效容积就减小 640m^3。若把 15 个这样的罐都装上搅拌器，防止沉积物的堆积就等于增加了一个 10000m^3 的储罐。

③ 油罐的装卸油作业好。

④ 由于油罐的沉积物少，所以油罐的检尺准确。

⑤ 由于减少了沉积物，从而减少了沉积物中的杂质（如盐类等）对罐底和下部罐壁的腐蚀。

⑥ 停罐时间大为缩短，甚至完全不需停罐。

⑦ 节约能源。以往的人工清罐中，往往有许多原油随沉积物一起被遗弃，造成很大的浪费。

⑧ 减少了对环境的污染。以往的人工清罐中，油罐周围到处都是一堆堆的沉积物，对环境污染十分严重。

⑨ 文明生产，节约清罐的人力。

（1）各种防止沉积物堆积方法的比较

在我国，为了防止原油罐中沉积物的堆积，往往是在罐底设置大量的加热管。如有的厂在 10000m^3 的原油罐中铺设了 180m^3 的加热管，靠通入大量的蒸汽达到保温和防止沉积物堆积的目的。还有些厂利用泵循环(喷嘴搅拌)的方法来防止沉积物的堆积。但是国外近年来已在大多数储罐上安装了搅拌器以取代其他的方法。

① 用加热盘管加热和用搅拌器搅拌两种清罐方法效果的比较。

日本某公司曾用两个容量相同的原油罐作过比较，两罐均装科威特原油，一个罐设置了加热盘管，另一个罐则安装了两台侧向伸入式搅拌器。经过两年多的使用和测定证明：设置加热管时，油泥堆积到一定量以后就不再增加了。使用搅拌器时，罐内油泥堆积的高度是设置加热盘管的一半以下。另外堆积物的多少随季节而变化，冬季堆积量增加而夏季减少。为了尽量减少罐内的堆积物，在夏季虽然堆积物不多，但也可以开动搅拌器，使罐内堆积物在夏季时清除得比较彻底，这样在冬季就比较好清罐了。这种操作方法比夏季不开搅拌器而等冬季再一起清除更为有利。

② 喷射搅拌和搅拌器搅拌的比较。

日本某石油公司用两个 15000m^3 的原油罐进行比较证明：用搅拌器搅拌来防止罐内沉积物的堆积是行之有效的方法。

(2) 可变插入角型搅拌器用于原油罐中的布置方法

① 搅拌器的安装方位。

搅拌器的布置应保证用最大的经济流量来横扫罐底，以清除罐底的沉积物。每个原油罐可按具体情况，安装 1~4 台搅拌器。安装方位可参照图 3-22。

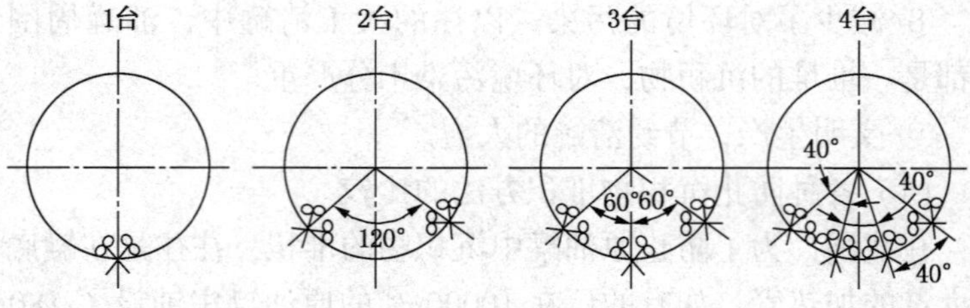

图 3-22　搅拌器在原油罐中安装方位

这种布置方案是把油品出口设在搅拌器的对面，因为那里是搅拌器推出的液体流速最小的地方，可利用抽油时的流速来弥补搅拌流速的不足。

② 搅拌器轴中心线距罐底的距离。

与在调合罐上安装搅拌器时相同。

③ 拉杆吊架的位置。

清罐所用的搅拌器一般为可变插入角型搅拌器。由于储罐大，搅拌器功率也较大，为了减少设备悬臂重量对罐壁的影响，就要设置拉杆，如图 3-23 所示。拉杆吊架孔眼垂直中心线必须通过球心，这样搅拌器才能左、右摆动。

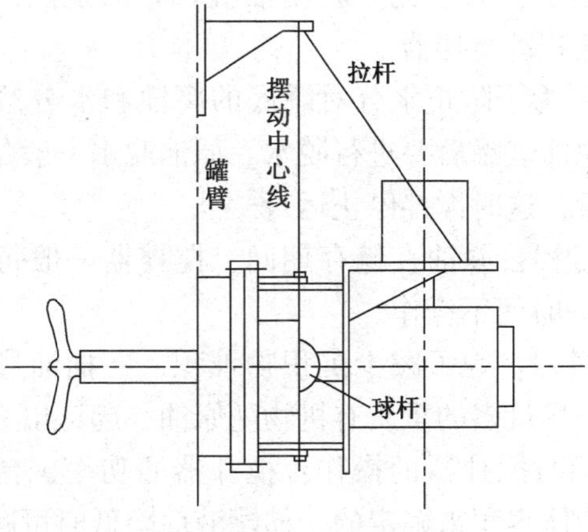

图 3-23　原油罐搅拌器拉杆位置设置

（3）可变插入角型搅拌器的操作方法

① 搅拌器摆转角度的变化。可变插入角型搅拌器一般用来防止沉积物的堆积，其摆转角度变化如下：

左 30°	0°	右 30°	0°	左 30°
2~4 星期	1~2 星期	2~4 星期	1~2 星期	2~4 星期

因为罐壁附近的区域比罐中心区域容易堆积沉积物，而且面积也大，所以两侧的搅拌时间较长。

② 搅拌器操作与油罐作业的相互配合。两者的配合可用图3-24表示。

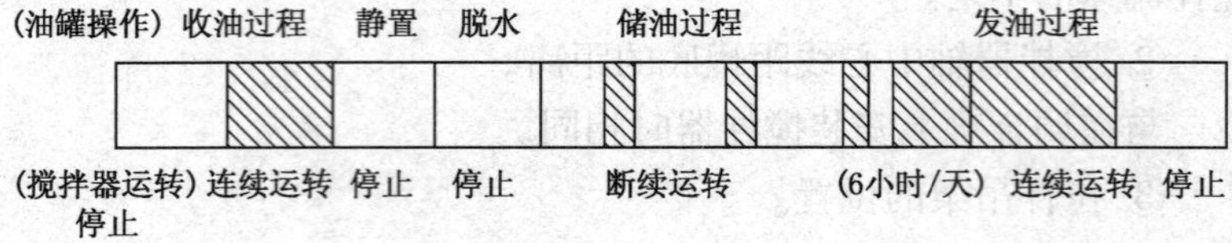

图 3-24　搅拌器运转与油罐操作相互配合示意图

收、发油时，搅拌器轴中心线以上液体深度小于3m时，搅拌器不操作。具体的操作说明如下：

a. 进油过程：为了充分利用油流入时的动能，在进油过程中应尽可能地开动搅拌器。

b. 脱水：为了防止水分对罐底的腐蚀和水分给装置带来的不良影响，原油进罐后要进行脱水。原油脱水一般是在原油静置一天以后进行，这时搅拌停止运行。

c. 储油过程：原油在储存期间，搅拌器一般每天连续操作6~8h，其余的时间不操作。

d. 抽油过程：为了减少沉积物堆积，在抽油过程中开动搅拌器，就可使尽量多的重质有机物随原油一起送出去。

e. 低液面时搅拌器的操作：搅拌器的功率，台数和操作时间是按满罐液体容积来确定的，储罐液面降低时可减少搅拌器的操作台数或缩短每天的操作时间。

f. 按季节的变化改变搅拌器的操作：储罐内的介质温度随季节而变化，如果在各个季节搅拌器每天操作时间都相同，夏季沉积物堆积量比冬季有明显减少。因此，搅拌器的操作应随季节而变化。有两种截然不同的操作方案。第一种方案：为了减少电能的消耗，在夏季减少搅拌器的运转时间或停止运转。而全年内各季节的平均沉积物堆积量不变。第二种方案：为了把冬季堆积下来的沉积物尽可能在夏季多清除掉一些，就应该延长搅拌器在夏季的运转时间。

7. 搅拌器的保养与维护

（1）现场组装注意事项

单机组装由制造厂负责进行，在现场只需将法兰焊在罐的接管上，并将托架和法兰连接好即可使用。如在现场要进行组装，使用单位必须注意下列各点要求：

① 叶轮，应为经过静平衡试验鉴定的合格品，同时其静平衡试验方法应符合国家标准《船用金属螺旋桨技术条件》(GB/T 12916—1991)中的有关规定。

② 减速机构的组装必须符合下述要求：

a. 大小齿轮中心线夹角的偏差：±0.08mm；

b. 大小齿轮中心线偏移量：<0.024mm；

c. 大小齿轮侧间隙：<0.17mm；

d. 齿面接触面积：沿齿长>50%，沿齿高>50%。

③ 联轴器的组装必须符合下列要求：角位移不大于 0.2mm/m。径向位移不大于 0.05mm。

④ 组装时必须注意在托架前端的三个爪子和密封座上的三个豁口位置正好对准时，在传动套和压板上各打一个标记以示对准位置，组装时不要弄错。如出现二次拆装时要注意压板的安装位置应保持原打印标记时的位置。

（2）齿轮箱及电机的润滑

① 大小齿轮及大齿轮轴承的润滑。

a. 齿轮采用飞溅润滑。润滑剂为 30 号机械油，油液面应在油尺两刻度线之间。空心轴的两个轴承利用齿轮飞溅的油来润滑。

b. 新安装的搅拌器在操作两星期之后，应将润滑油过滤一次。并将齿轮箱用轻质冲洗油冲洗干净后，再将经过过滤后的润滑油注入箱内。

c. 操作条件较好时，建议每操作 2500h 或六个月换一次油。

d. 如果操作条件比较恶劣，例如环境潮湿、灰尘多或有化学气味或其他原因容易引起齿轮箱温度上升，建议每一至三个月换一次油。

② 小齿轮轴承润滑。

小齿轮轴承是通过安装在小齿轮轴承箱上的压注式油杯将油输送到轴承部位而进行润滑的。

③ 电机轴承的润滑。

a. 电机轴承用滚珠轴承脂润滑。

b. 润滑周期视条件而定，一般半年加一次润滑脂。

④ 可变插入角型搅拌器销轴的润滑。

销轴的端部有一个压注式油杯，建议每次要转动搅拌器前先注入30号机械油，以保证摩擦面的润滑。

(3) 操作前的准备工作

① 检查所有的紧固件确属联接可靠，机器(包括电机)必须有良好的接地。

② 整个搅拌器包括电机外壳必须保持清洁干净。

③ 搅拌器叶轮中心线以上的液体深度应不小于3m。

④ 检查电机及其接线情况，使其具备起动条件。

⑤ 检查油罐或容器的接地电阻，使其符合有关规定。

⑥ 用手盘动搅拌器，检查转动是否灵活。

⑦ 点动搅拌器，检查叶轮的旋转方向，使其符合图纸要求的旋转方向，如旋转方向不符，应变换电机接线以更正。

(4) 操作注意事项

① 在操作过程中，如果搅拌器叶轮中心线以上的液体深度小于3m时，必须关掉搅拌器，以免引起储罐或搅拌器的激烈振动和介质的飞溅。

② 在操作过程中要检查轴承的发热情况，一般轴承处温度不得大于60℃。

③ 在操作过程中要经常检查机器的振动情况。

④ 在操作过程中要经常检查密封处的泄漏情况。

a. 如叶轮轴端为机械密封，在发现严重泄漏时，应寻找原因或停车更换机械密封。

b. 叶轮端为填料密封时，少量泄漏是允许的，如泄漏过大，应上紧填料压盖螺母或更换填料，使泄漏减少或消除泄漏。泄漏量的大小可以在压盖下部开口处视流出油的多少来判断。

(5) 密封零件的更换

① 轴封的更换。

当搅拌器泄漏严重而必须更换密封时，不必将罐内或容器内介质放空，利用危急遮断机构封住罐内介质，就可以进行密封机构的更换。

② 可变插入角型搅拌器球形接头处填料的更换。

此处的填料如发生泄漏，一般只要上紧压紧螺栓即可消除泄漏现象。如泄漏严重，必须更换填料。此处填料的更换须排空油罐，将搅拌器拆下来才能进行。

（二）顶部伸入式搅拌器

1. 用途

在立式油罐中安装顶部伸入式搅拌器，用来对油品或其他介质进行搅拌从而达到调合、热传递、均匀化的目的。使用这种设备具有投资少、结构紧凑、操作方便、安全可靠、效率高、消耗功率小、在介质中产生静电小以及避免油品氧化保证产品质量等优点。搅拌器的叶片有锚（框）式、浆式、叶轮式、组合式等，见图3-25，搅拌器安装图见图3-26、图3-27。

2. 基本参数

顶部伸入式搅拌器特性参数见表3-11，结构尺寸见表3-12。

表3-11　顶部伸入式搅拌器特性参数

叶轮直径/mm	叶轮转速/(r/min)	电机型号	电机功率/kW	减速机构化	油罐容积/m^3
<300	339	YB801-4	0.55	4.95	<120

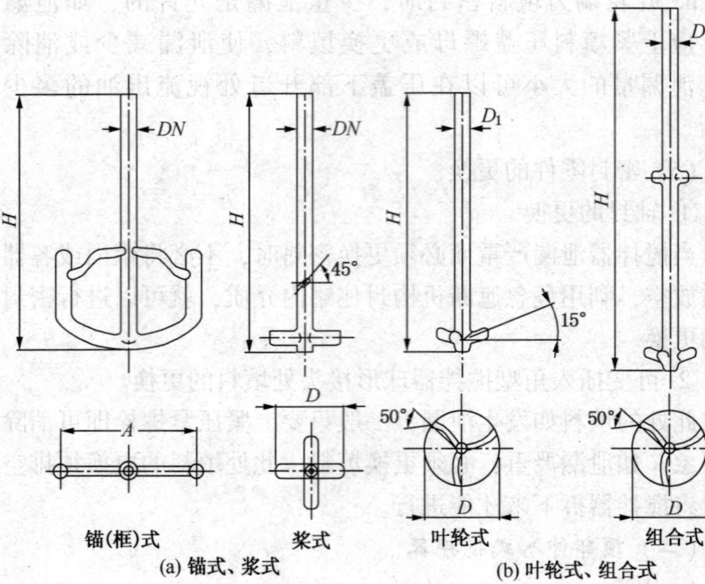

图 3-25　搅拌器叶片图

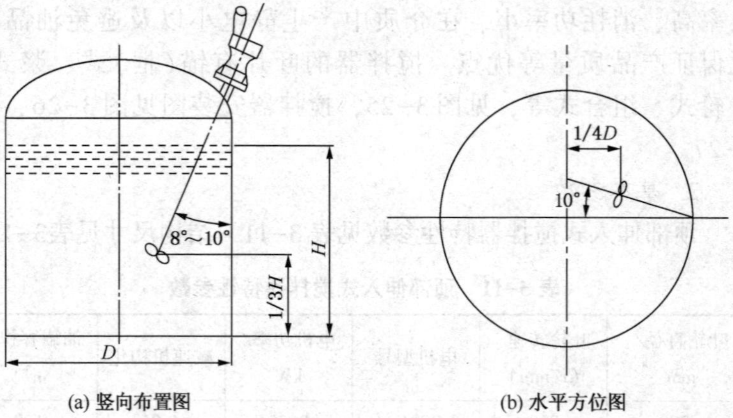

图 3-26　搅拌器安装布置图

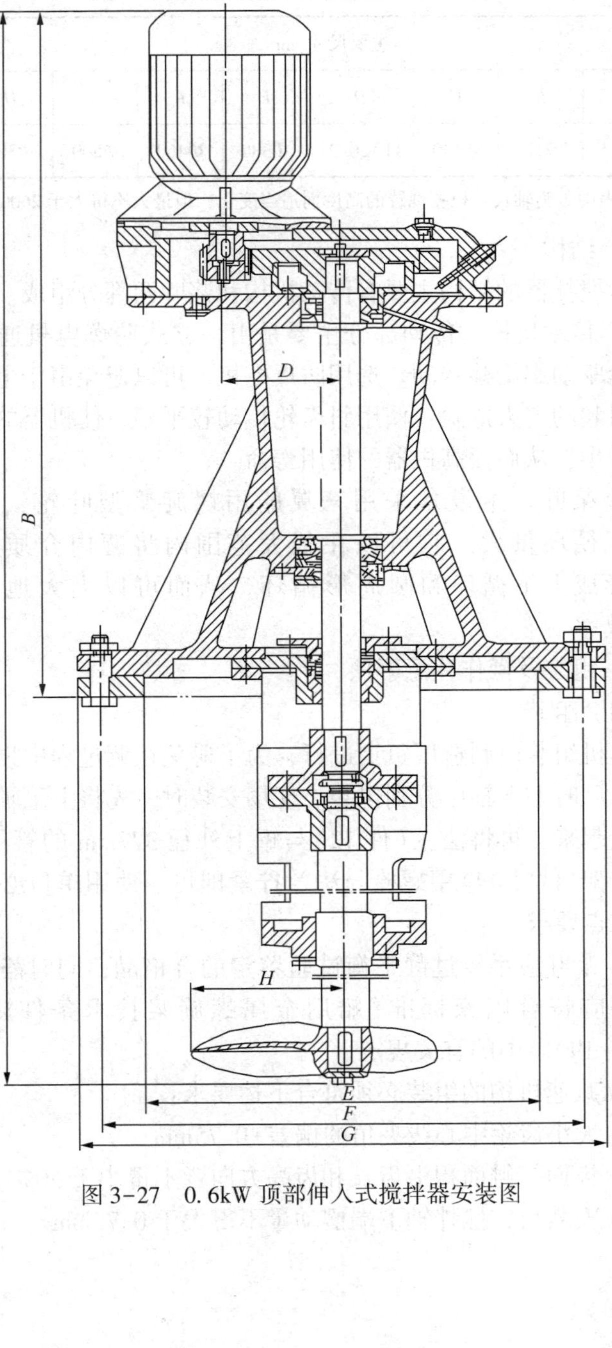

图 3-27　0.6kW 顶部伸入式搅拌器安装图

表 3-12 顶部伸入式搅拌器结构尺寸

主要尺寸/mm								质量/kg
A	*B*	*C*	*D*	*E*	*F*	*G*	*H*	
1025+*L*①	927	*Φ*130	110±0. 27	*Φ*380	*Φ*460	*Φ*500	*Φ*300	167

① 表中 *L* 为轴长，根据油罐的高度而适当变化，但最大不得大于 2600mm。

3. 结构

本搅拌器的结构主要有传动机构和桨叶两部分组成。

① 传动机构。传动部分主要是由一立式防爆电机通过一对斜齿轮驱动螺旋桨转动。选用防爆电机，可以避免由于电机的发火而引起的着火危险；使用斜齿轮传动较平稳，使机器的振动和噪声较小，从而提高机器的使用寿命。

② 桨叶。本设备采用三翼船用螺旋桨型叶轮，此类桨叶容积循环量大。它可以在很大范围内将罐内介质搅动起来，形成上下循环和圆周形循环，从而可以大大地提高搅拌的效率。

4. 组装及操作注意事项

(1) 组装

单机组装由制造厂负责进行，为了避免在调过程中损坏零部件，出厂时上下轴已分别包装。现场安装时，先将上下轴用联轴器连接起来，再将法兰(件 12)与罐上外径 377mm 的管子焊接，再将支架(件号 44)用螺栓与法兰拧紧即可。使用单位必须注意下列各点要求：

① 桨叶应系经过静平衡试验鉴定的合格品，同时静平衡试验方法应符合国家标准《船用金属螺旋桨技术条件》(GB/T 12916—1991)中的有关规定。

② 减速机构的组装必须符合下述要求：

a. 大小齿轮中心线夹角的偏差±0. 75mm；

b. 齿面接触面积沿齿长和齿高方向皆不得小于 50%。

③ 安装后，搅拌轴下端摆动量不得大于 0. 75mm。

(2) 操作前的准备

① 检查所有的紧固件确属联连接可靠，机器(包括电机)必须有良好的接地。

② 整个搅拌器包括电机外壳必须保持清洁。

③ 搅拌器桨叶以上的液体深度应至少保持为罐中液深的1/3，且不得小于500mm。

④ 检查电机及其接线情况，使其具备起动条件。

⑤ 检查油罐或容器的接地电阻，使其符合有关规定。

⑥ 点动搅拌器，检查桨叶的旋转方向，使其符合图纸要求的旋转方向，如旋转方向不符，应变换电机接线以更正。

(3) 操作注意事项

① 在操作过程中，要注意保持桨叶至液面的距离至少为罐中液体深度的三分之一。

② 在操作过程中要检查轴承的发热情况，一般轴承处温度不得大于60℃。

③ 在操作过程中要经常检查机器的振动情况。

三、混合器设备的选用与计算

静态混合器是20世纪70年代初开始发展的一种先进混合器，1970年美国凯尼斯公司首次推出其研制开发的静态混合器，20世纪80年代后，国内相关企业也纷纷投入研究生产，其中在乳化燃料生产方面也得到了很好的应用。

管道调合用的混合器有静态混合器和圆盘式混合器。每种混合器根据结构不同又有许多类型，如用于乙醇调合的花管混合器。我国常采用的混合器多为静态混合器，由于燃料油调合时其质量指标容易控制，一般选用国产静态混合器。而润滑油调合除采用国产静态混合器外，也有许多厂引进国外调合仪，其调合设备也多为静态混合器，亦有采用圆盘式混合器的，如北京长城润滑油公司采用的是圆盘式混合器。国产混合器选用计算可根据工艺条件生产厂家产品要求的计算方法计算选用，现仅以启东市金松机械设备制造有限公司的产品为主介绍选用计算方法。

（一）启东市金松机械设备制造有限公司的产品

1. 静态混合器工作原理

静态混合器的工作原理，就是让流体在管线中流动冲击各种类型板元件，增加流体层流运动的速度梯度或形成湍流，层流时是“分割-位置移动-重新汇合”；湍流时，流体除上述三种情况外，还会在断面方向产生剧烈的涡流，有很强的剪切力作用于流体，使流体进一步分割混合。由于混合元件的作用，使流体时而左旋时而右旋，不断改变流动方向，不仅将中心液流推向周边，而且将周边流体推向中心，从而造成良好的径向混合效果，最终混合形成所需要的乳状液。之所以称之为“静态”混合器，是指管道内没有运动部件，只有静止元件。混合器结构见图 3-28。

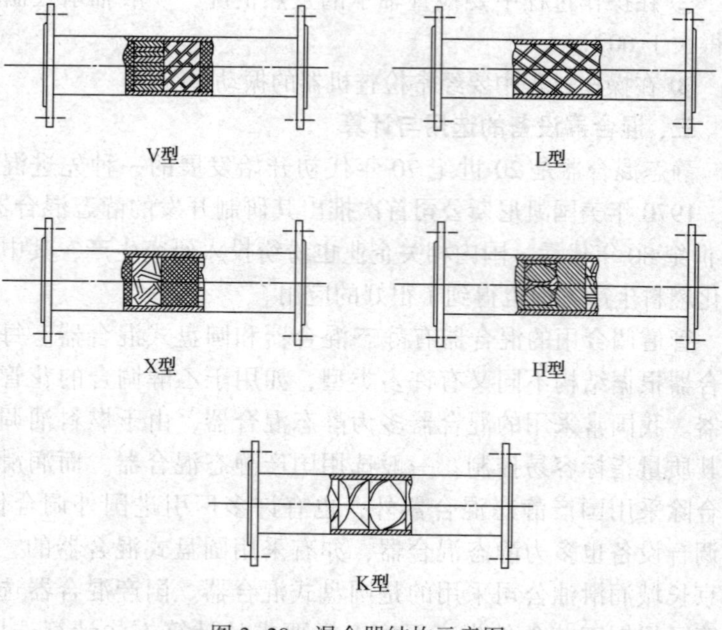

图 3-28 混合器结构示意图

2. 产品型号、规格表示方法

例如，XJX 型静态混合器：$d_h=75$mm，$DN=200$mm，$PN=1.6$MPa，$L=1000$mm，法兰、管道均为不锈钢，即 XJX-75/200-1.6-1000BB。

3. 产品压力降的计算

XJV 型、XJL 型、XJY 型静态混合器压力降计算是以水力直径为基准，并考虑空隙率的磨擦系数的影响。其雷诺数 $R_{e\varepsilon}$ 和摩擦系数 f 的关系如下。

$$\Delta P=\frac{f\rho_c\omega^2L}{2\varepsilon^2d_h}$$

$$R_{e\varepsilon}=\frac{d_h\rho_c\omega\varepsilon}{\mu}$$

式中 ΔP——设备阻力降，Pa；

f——摩擦系数；

ρ_c——流体密度，kg/m^3；

ε——空隙率；

ω——流体线速度，m/s；

L——设备长度，mm；

d_h——水力直径，mm；

$R_{e\varepsilon}$——考虑空隙率雷诺数；

μ——流体黏度，mPa·s。

4. 用途及技术性能

随着人们对静态混合器知识的不断掌握，静态混合器的应用范围亦愈来愈广，它之所以能受到人们的重视和广泛应用，因为静态混合器是一种本身没有运动部件的混合设备，它靠设备内部特殊结构的混合单元，促使流体在设备内部产生“切割”、“剪切”、“旋转”等作用，从而达到互不相溶流体的良好混合。它与传统的搅拌器、文氏管、孔板混合柱、调合器、均质器之类的动态和简单混合器相比，具有结构紧凑、流程简单、安装方便、能耗省、投资少、操作弹性大、效率高、维修少，特别适用于难混合的连续工艺过程等优点，因此，石油、炼油、化工、医药、农药、染料、兼、合成纤维、环保等行业，凡是涉及液-液、液-气、液-固、气-气的混合、乳化、反应、吸收、萃取、强化传热等过程，都有可能代替动态混合器，并且对简化操作条件、改善产品质量、增加产量、降低设备投资和生产成本，提高经济效益以及解决许多原工艺中难以解决的生产难题，起到了不可估量的作用。

仅在炼油工业中，静态混合器就已得到长足应用，如江苏启东混合器厂生产的系列化静态混合器已经应用在减粘裂化装置中减压渣油和沥青混合、渣油和调合油混合、渣油和蜡油混合、原油和水电脱盐、酮苯脱蜡、脱油、溶剂脱沥青提高转盘塔效率、液态烃脱硫醇、酸性烃中和、C_4 烃用萃取甲醇、各种油品的酸、碱电精制、碱渣氧化还原回收碱液、各种油品的自动调合，以及油品储运、污水处理等方面。从应用情况来看，性能良好，能满足设计的预期要求，大量实践证明，静态混合器在炼油工业中已经显著了这种高效混合新设备的综合优越性和取得了十分可贵的经济效益和社会效益。

根据静态混合器的构造的作用原理，可以概括其以下特点：

① 热交换系数大，根据不同体系，是同类规格空管的 5~25 倍，又可作为温度均化器使用。

② 分散效率高，分散程度可达微米数量级，可作为均化器。

③ 混合速度快，物料在混合器中停留时间接近柱塞式的排料效果。

④ 物料在混合器内压力降小，体积小，能耗少，管道化。

⑤ 工作中无死角，无残留，无噪音。

不同型号的产品用途及技术性能见表 3-13。

表 3-13　不同型号的产品用途及技术性能

型号	产品用途	技术性能
XJV	适用于黏度≤0.1Pa·s 的液-液、液-气、气-气的混合乳化、反应、吸收、萃取、强化传热过程； d_h≤3.5mm 适用于黏度≤0.1Pa·s 清洁介质； d_h≥5mm 应用介质可伴有少量非黏结性杂质	最高分散程度 1～2μm，液-液相不均匀度系数 $\sigma\sqrt{x}$≤1%～5%
XJX	适用于黏度≤10Pa·s 的中高黏度液-液反应、混合、吸收过程或生产高聚物流体的混合、反应过程，处理量较大时使用效果更佳	混合不均匀系数 $\sigma\sqrt{x}$≤5%
XJL	适用于化工、石油、油脂等行业黏度量≤1000Pa·s或伴有高聚物介质的混合，同时进行传热、混合和传热反应的热交换器、加热或冷却黏性产品等单元操作	液-液、液-固相混合不均匀度系数 $\sigma\sqrt{x}$≤5%
XJH	适用于精细加工、塑料、合成纤维、矿冶等部门的混合、乳化、配色、注塑纺丝、传热等过程，对流量小、混合要求高的中高黏度（≤1000Pa·s）的清洁介质尤为适合	最高分散程度 1～2μm，液-液相不均匀度系数 $\sigma\sqrt{x}$≤5%
XJY XJD XJK	适合于化工、石油、造纸、制药、食品、精细化工、塑料、环保、合成纤维、矿冶等部门的混合、反应、萃取、吸收、注塑、配色、传热等过程。对较小流量并伴有杂质或黏度≤1000Pa·s 高黏性介质尤为适用	最高分散程度≤10μm

注：表中 σ——标准偏差，%；x——平均示踪浓度，%。

5. 常用规格型号表

常用规格型号见表 3-14。

表 3-14　不同型号规格表

XJV 型	XJX 型	XJL、XJY 型	XJH 型	XJK 型	XJD 型	I			L/mm	DN/mm	Q/(m³/h)
						XJV	XJX	XJL、XJY			
				5/10	5/10				150	10	0.15~0.30
			3/15	7.5/15	7.5/15				300	15	0.3~0.6
2.3/20			4.5/20	10/20	10/20	0.88			500	20	0.9~1.8
2.3/25		12.5/25	4.8/25	12.5/25	12.5/25	0.88		0.937	500	25	1.4~2.9
3.5/32		16/32	7/32	16/32	16/32	0.909		0.937	500	32	2.2~4.5
3.5/40		20/40	9/40	20/40	20/40	0.909		0.937	500	40	3.5~7.5
3.5/50	12.5/50	25/50	12/50	25/50	25/50	0.909	0.825	0.937	500	50	5.9~12
5/80	20/80	40/80	19/80	40/80	40/80	1	0.825	1	1000	80	9.0~18
5/100	25/100	50/100	24/100	50/100	50/100	1	0.825	1	1000	100	14~28
5-7/125	30/125	60/125	30/125	62.5/125	62.5/125	1	0.825	1	1000	125	22~44
5-7/150	37.5/150	75.5/150	30/150	75/150	75/150	1	0.825	1	1000	150	30~60
5-20/200	50/200	100/200	49/200	100/200	100/200	1	0.825	1	1000	200	56~110
5-30/300	75/300	150/300	74/300	150/300	150/300	1	1	1	1000	300	125~250
5-30/400	100/400	200/400	98/400	200/400	200/400	1	1	1	2000	400	240~400
7-30/500	125/500	250/500	124/500		250/500	1	1	1	3000	500	353~706
7-30/600	150/600	300/600			300/600	1	1	1	3000	600	800~900
7-30/700	175/700	350/700			350/700	1	1	1	3000	700	850~1200
7-30/800	200/800	400/800			400/800	1	1	1	3000	800	1100~1500
7-30/1000	250/1000	500/1000			350/700	1	1	1	3000	1000	1413~2826

（二）花管混合器

花管混合器是针对乙醇调合汽油而设计生产的在线管道比例混合器。其设备及规格见图3-29、图3-30。

性能指标：

混合比（汽油：乙醇）：9：1

材质：20号碳钢

公称压力：1.6MPa

流量范围：20~60m^3/h

使用温度：-40~80℃

安装方式：法兰

图3-29　花管混合器

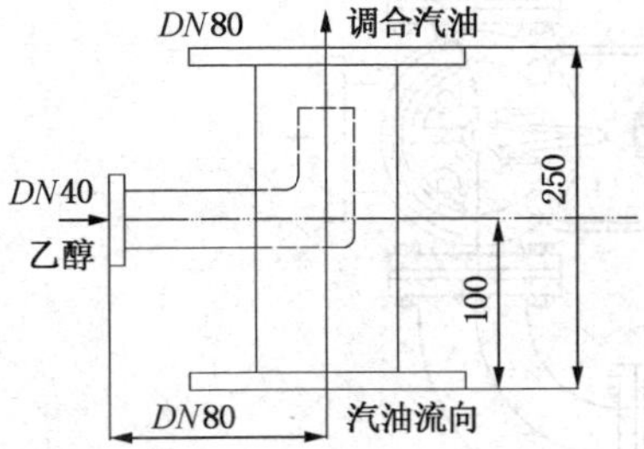

图3-30　花管混合器规格图

（三）自力式调合器

自力式调合器是一种能简便地使两种组分油或其他液体进行混合的调合设备。自力式调合器具有以下特点：

① 装置完全靠自力作用而不需要辅助能源，且坚固耐用，操作和维修技术要求低；

② 调合比例宽，可直接装船、装车出厂，而不用中间储罐；

③ 额定调合精度在1.5%以内，手动调节调合比；

④ 调合器安装比较灵活，既可固定安装，又可放在拖车或滑轨上安装，既可水平安装又可垂直安装。

用于调合两种低黏度的液体自力式调合器的外形如图3-31所示。它是利用两个双孔球体来实现平衡阀的调节功能的。装在调合调节阀内的两个节流孔，一个是固定的，另一个作成旋转圆盘的形式。固定圆盘上有两个环形孔，每一个孔对准一根管道，当旋转圆盘上的一个环形孔旋转时，它能打开固定圆盘上的一个孔而关闭另一个孔。这样，就能对两根管道的面积比在0~100%的范围内进行调节。操作人员利用带刻度指示的手柄操作旋转圆盘就能把调合比调整到所需要的数值。还有一种更为精确的调节方式，它不是用手柄操作，而是通过蜗杆和手轮调节调合比。

这种调合器适用于调合两种较轻的低黏度液体。在操作温度下，调合上限黏度为 175mm²/s，一种液体的调合比范围为 5%~95%。

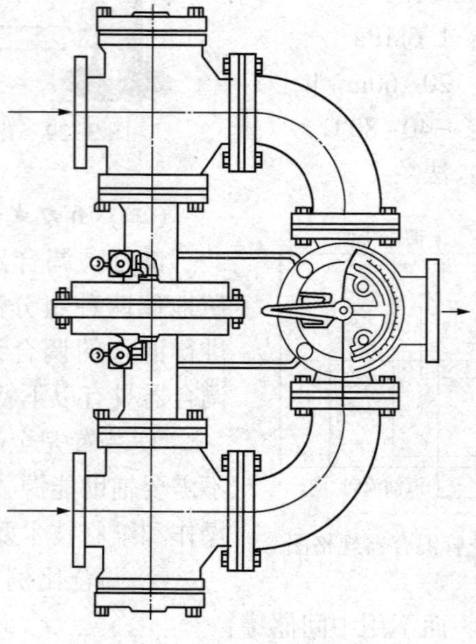

图 3-31　自立式调合器外形图

四、均化器

均化器是柯涅尔调合装置的混合器，在这里润滑油各调合组分充分混合均质，同时由于在负压(绝对压力 2.7~9.3kPa)下操作，调合组分中的水和空气也被脱除。

均化器的结构如图 3-32 所示。均化器主要由工作室 3、形成薄膜的圆环 4、半球形混合器 8、电动机 9 及其他部件组成。被调合物料从进料口 2 进入工作室 3，借助进料管末端的圆环 4 和转速为 900~1800r/min 的旋转产生的离心力，在半球形混合器 8 的底凹面形成很薄的薄膜，在离心力作用下，油被甩到器壁上，形成更薄的向下流动的薄膜(其边缘厚度只有 0.025mm)使物料在旋转力和摩擦力的作用下，引起分散和调合所必要的剪切变形，进而达到混合均匀。在离心力的作用下，调合均匀的润滑油在混合器的边缘集中起来，从油出口 7 流入蓄油器，再输转到储罐或装桶。

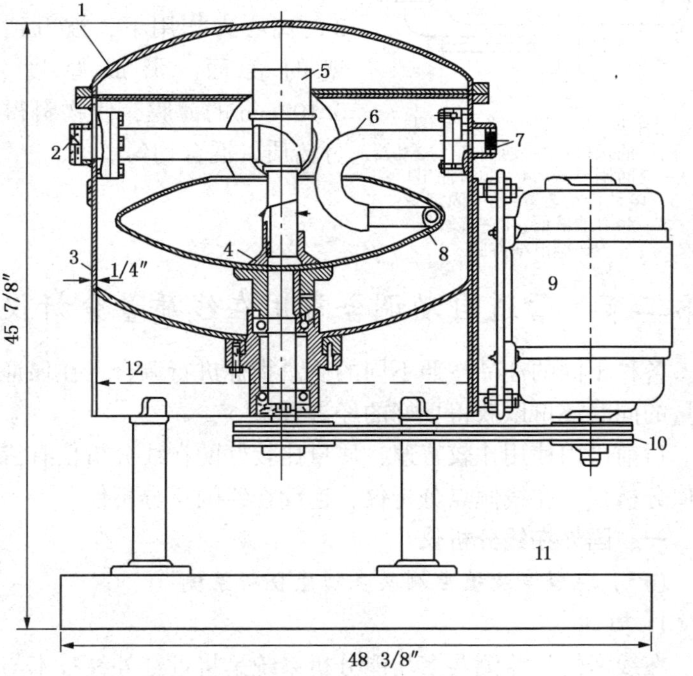

图 3-32　均化器外形图

1—盖子；2—进料口；3—工作室；4—圆坏；5—抽空器连线；6—排气管；7—出口；8—半球形容器；9—电机；10—三角皮带；11—底座

五、蒸发器

蒸发器是普罗波尔什奥尼尔斯调合装置的混合器，被调合组分在这里混合均匀，操作压力为 5kPa 左右，组分中的水和空气同时也被脱除，也许这个原因所以把它叫做蒸发器。

蒸发器的结构和工作原理与柯涅尔均化器大体相同，主要由工作室和旋转盘 8 及其他部件组成如图 3-33 所示。调合组分进入工作室后，在高速旋转的圆盘 8 的离心力作用下，被甩到容器壁的表面，形成厚度约为 0.102mm 的薄膜，使物料得以充分传质，混合均匀。

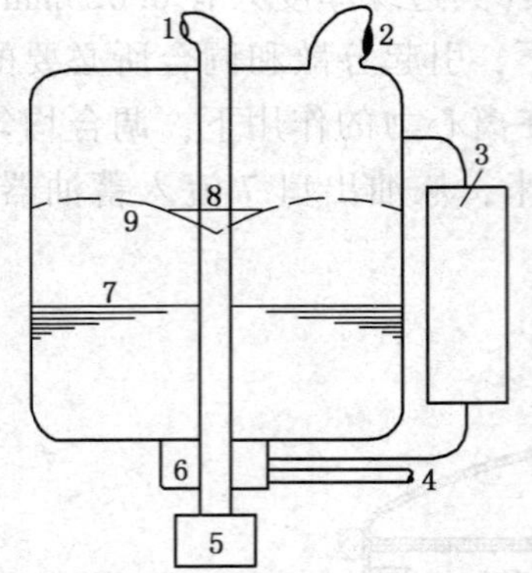

图 3-33　蒸发器示意图
1—润滑油入口；2—通向气压冷凝器；
3—液面调节器；4—润滑油出口；
5—电动传动装置；6—固定泵；
7—润滑油液面；8—旋转器；
9—润滑油薄膜

第二节　管道自动调合常用在线质量分析仪表

各种不同的油品按照不同的质量指标进行调合，在保证产品质量的同时还可以获得更好的经济效果。

目前国内使用比较普遍、质量比较好的在线分析仪有汽油辛烷值分析仪，在线倾点分析仪，连续在线闪点分析仪。

一、国外在线分析仪

（一）在线辛烷值监测及多功能分析系统

1. 概述

在线辛烷值监测及多功能分析系统是将近红外线技术与功能强大的微处理器结合成一套精确及简易维护的在线系统，可对石油炼制过程进行实时在线多组分分析测试，符合美国 NEC、NF-PA496 规范之 CLASS1、DIV1、GROUP C 至 G 的危险环境要求规格。该系统具有多组分测试能力，完全符合 ASTM 精度，能迅速输出实时数据，适用于闭环控制（DCS），高速扫描多路输出，能支持二十个检测点独有的完全参比测试单元（ARCell）避免光学测量中由于其他干扰因素造成的错误。该系统具有强大的软件

(ISO-EZ及 VISTA 软件)功能：在 WINDOWS 环境下编辑的程序，包括一整套的化学计量学软件包，具有数据采集、数据传输能力，并进行过程测量、回归算法分析，对光谱文件处理后即可得到测定组分的体积或质量百分比独有的 Trans 校正软件具有可移植性，校正数据可在同系列仪器中互换，还可做远程校正；不需要预先处理样本，也没有反复操作过程。

2. 测试项目

PetroScan2000 在选定的各生产程序单元内运行(见表 3-15)，在 30s 内可完成多项测试及输出。

表 3-15 PetroScan2000 测试项目

汽 油		柴油(可扩展的分析项目)	
测试项目	ASTM	测试项目	ASTM
研究法辛烷值	3D2699	十六烷值	D613
马达法辛烷值	D2700	闪点	D93
雷氏蒸汽压	3D323	浊点	D2500
馏程,终馏点,蒸发百分比	D86	倾点	D97
密度	D1298	比重	D287
芳烃	D4420	馏程	D86
苯	D3606	黏度	D445
烯烃	D4815	密度	D1298
氧化物	D4815		

3. 系统说明

在线辛烷值监测系统简图见图 3-34、过程分析系统见图 3-35。

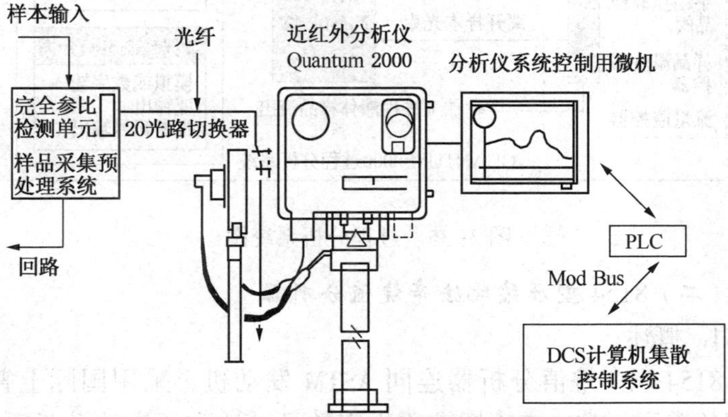

图 3-34 PetroScan2000 在线辛烷值监测系统简图

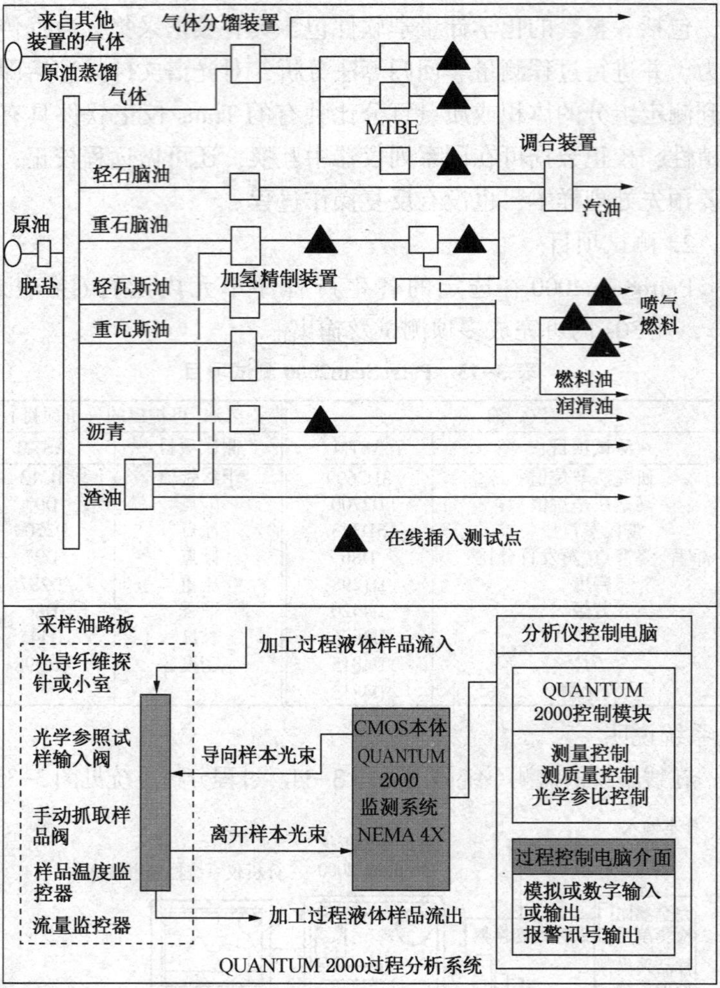

图 3-35　过程分析系统图

（二）8154 型压缩比法辛烷值分析器

1. 概述

8154 型辛烷值分析器连同 ASTM 发动机，采用国际上普遍采用的美国标准 ASTM 标准所规定的马达法和研究法分析系统，用于辛烷值的自动在线测量。辛烷值分析器保持发动机在恒定压缩比下，并执行下列功能：

①原型和产品燃料之间的顺序；

② 监控一系列发动机和燃料报警条件；

③ 执行最大爆震强度时的自动燃料空气调整；

④ 提供恒定记录到登录打印机。

⑤ 提供遥控 DCS 系统的扩展的输出状态和输入指定。

2. 使用条件

(1) 电气要求

辛烷值分析器：从 ASTM 发动机单相电源获得的，带低阻接地导体的单相 117V(AC) 50/60Hz、10A 电路。此外，辛烷值分析器用于 ASTM 发动机时不能超载标准 30A。线电压波动在 5μs 以上的持续时间内不能超过 10%。

入口空气制冷装置：要求单相、110V(AC)、60Hz、10A。这个电路与发动机分开，并且应该用安装在发动机基础后面或燃料面板附近的一个插孔来连接。

打印机：要求单相[110V(AC)或 220V(AC)按用户要求] 0.4A 电路。

(2) 分析器环境要求

外界温度：10~34℃。

相对温度：45~55℃。

射频干扰：27MHz、5W 信号在 1m 时引起的误差小于 0.5% 满刻度。

二、国产在线分析仪

(一) 国产在线倾点(或凝点)分析仪(PPA—69A 型)

1. 概述

倾点(或凝点)是反映石油产品低温流动性能的一项质量指标。尽管凝点的试验方法与倾点的试验方法有些差异，但两者并没有本质区别，都是反映石油产品的低温流动性。使用 PPA—69A 型在线倾点(润滑油倾点)分析仪既能测量油品的倾点，又能测量凝点。该分析仪用于脱蜡油和非脱蜡油及其生产过程中的原料油、中间产品油的在线倾点(凝点)连续自动分析。

2. 特点

① 中路合模块结构，无插接元件，具有超温、短路保护的智能控制器，温度就地数显，工作状态一目了然，可靠性高，维护更简单。

② 防爆标志为 $dIIAT_4$(GB 3836—1983)。

③ 对油样的变化响应迅速。

④ 重复性好。

⑤ 合封闭的油样系统，可实现无回收系统的油样流路。

⑥ 连续周期性工作方式，输出信号为标准电流信号，有保持功能。

⑦ 对油样的含杂、含水要求不严，无需防磁措施。

⑧ 检测采用压电微幅传感器，无活动支点，是一种永久性检测方式。

⑨ 由于它独到而可靠的检测方法，故维护量极少，可靠性高。

⑩ 可用于倾点或凝点的质量反馈控制系统。

3. 主要技术指标

准确度：≤±1℃（与标准方法相对应，即：ASTM D97—1966；IP 15—1967 和 GB 510—1977，GB 510—1983)；

重复性：≤±1℃；

稳定性：≤2℃·$(kh)^{-1}$；

典型量程：-30~20℃；

周期：2~12min；

响应时间：一个周期；

电源：三相交流 50Hz、380V±10%、功耗 300V·A；

冷却水：温度小于 35℃，无杂质的新鲜水或生活用水；

试样：压力小于 1MPa，温度低于 60℃，最低要高于被测倾点 25℃，无明显水珠杂质及气泡；

防爆标志：$dIIAT_4$（Q2 级）；

信号输出：直流 4～20mA 具有保持功能；

安装场所：无腐蚀气体、无强烈振动、无阳光直射、防风防雨的室内或户外。

4. 工作原理

PPA—69A 是利用了浸在油样中的压电微幅传感器，在作强迫振动时其振幅与油样的粘滞阻力有关的性质设计而成的。其工作原理可用图 3-36 说明。

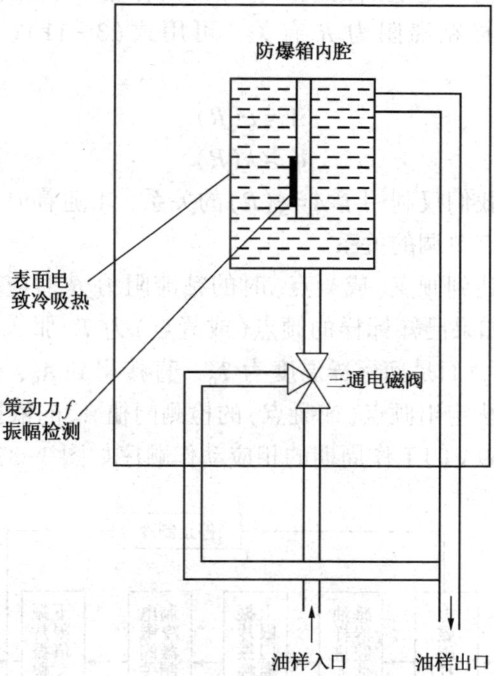

图 3-36　检测原理图

在密闭腔体的外部，音频振荡器将激励信号加给在腔内充满油样的压电晶体振片上，压电晶体振片在外加电场的作用下，产生膨胀和收缩，我们称这个电能转换的力为 f，压电微幅传感器的接收端，通过压电效应产生一个与 f 成正比关系的感应电压，f 是一个周期变化的力，有用成分为基波，可用式(3-9)表示。

$$f = F_m \sin\omega t \tag{3-9}$$

式中 F_m 是策动力的幅值，ω 为角频率，t 为时间，振子在策动力作用下的稳态响应由式(3-10)确定。

$$x = A\sin(ut + \phi) \tag{3-10}$$

x 是振片离开平衡位置的位移，A 是振片的振幅。ϕ 为振片的振动与策动力 f 之间的相位差，策动力幅值 F_m 为一个常数，且角频率 ω 为一定适当定值时，振片的振幅 A 和相位差 ϕ 与振片周围的油样粘滞阻力 R 有关，可用式(3-11)、式(3-12)表示。

$$A = \xi(R) \tag{3-11}$$

$$\phi = k(R) \tag{3-12}$$

在这里我们仅利用了 $A=\xi(R)$ 的关系，A 随着 R 的增大而减小，它们具有单调的关系。

油样在达到倾点(成凝点)时的粘滞阻力 R 对应着一个振片的振幅 A；如果已知标样的倾点(或凝点)为 T_0 那么我们就可以不必知道 R_0，而是使标样温度为 T_0，直接得到 A_0，这就是直接用标定的方法定出倾点(或凝点)的检测门槛 A_0 的依据。

PPA—69A 的工作周期的相应动作顺序如图 3-37。

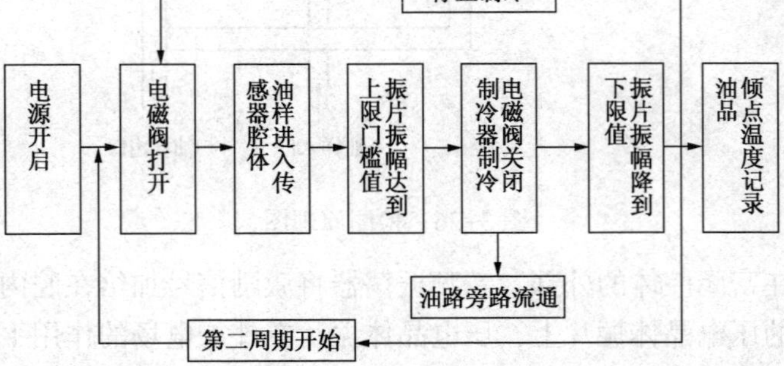

图 3-37　检测过程顺序图

这一系列动作是由检测控制电路和机械振片配合起来而周而复始地工作的。

（二）国产连续在线闪点分析仪（FPA—12 型）

1. 概述

闪点是表征石油产品火灾危险性和判断其馏分组成的重要质量指标。

FPA—12 连续在线闪点分析仪（以下简称 FPA—12）的测量结果与闭口闪点测量法：GB 261—1983 和国际上通用的 ASTM-D56 标准分析方法的分析结果相对应。

FPA—12 是专门用于炼油厂生产过程中，自动测量石油产品闪点的自动分析仪。它的测量结果与实验室用标准方法测定的结果有着很好的对应关系，且 FPA—12 具有更好的重复性。

FPA—12 具有以下特点：

① 具有独到的检测方式，是真正连续型分析仪表。

② 防爆标志为 dIIAT（GB 3836—1983），完全适应炼油厂生产现场及油库区的安全要求。

③ 采用了热化学反应的检测分析方法，结构十分可靠，维护量极少，可靠性高，不需经常标定。

④ 具有比人工实验室分析仪器更好的重复性。

⑤ 输出信号为标准的直流电信号，有隔离措施，只要在输出回路串入适当的电阻即可得到电压信号，直接与计算机或记录仪等常规仪表连接。

⑥ 可用于各种油品闪点质量闭环控制系统中，作为一次检测仪表。

用 FPA—12 可直接为炼油厂生产创造较大的经济技术效益。

2. 主要技术指标

① 准确性：与 GB 261—1983 和 ASTM 56 标准分析方法值之间的偏差≤±2℃（用同一馏出口的标准样标定，在标准值±15℃闪点范围内保证准确性指标）。

② 重复性精度 2℃。

③ 稳定性。连续分析同一种油样 168h，其极差不大于 2℃。

④ 响应时间不大于 8min。

⑤ 测量范围：25～125℃。

⑥ 量程：100℃。

⑦ 油样流量及质量，选用范围 40～60mL/min 的无明显杂质、水珠及气泡的样品，允许波动±2mL/min。

⑧ 进油样温度：低于闪点值 10℃（当不能满足此条件时，可专用样品制冷器）。

⑨ 进油样黏度：在进样温度下其黏度小于 $220mm^2/s$。

⑩ 压缩空气量：在 100～400mL/min 内选择。

3. 工作及结构原理

确定油品的闪点值，是在规定的条件下油品加温，当其油气遇到明火产生闪爆时油品的最低温度，定义为该油品的闪点值。

发生闪爆的实质是油气中的碳氢化合物发生剧烈氧化反应的结果，即油气浓度达到一定值时遇到明火产生的剧烈氧化反应。

本仪器是利用以纯铂催化剂为核心的传感器，测得油气的浓度。并通过相应的控制系统控制油气的浓度为一定值，从而完成对油品闪点值的测量。

其工作原理可用图 3-38 说明。

从图 3-38 可以看出，一定量的油样经过油加热器 1 进入闪蒸器 2 和一定量的压缩空气，在闪蒸器中混合。油气从闪蒸器的上部进入反应器内。参与反应的油气自反应器顶部逸出进入热交换器，并以热交换器的上部排出箱外。液体从热交换器 7 的排油管中排出。闪蒸器与热交换器的排油管构成 U 型管，以保证闪蒸器中一定液面。

反应器 3 装有加热器 4 和测温铂电阻 5，通过控制电路与之构成自成体系的温度闭环控制系统，以保证传感器 6 的条件温度不变。

进入反应器的油气，一部分和传感器接触，传感器的表面是一层铂催化剂，油气在铂催化剂作用下，在表面发生热化学反应。随着油气浓度的变化，其反应产生的热量 Q 也发生变化，传感器所感受到的温度同样会发生变化。在传感器内装有一个热电偶，由它将温度信号转变为毫伏电信号。

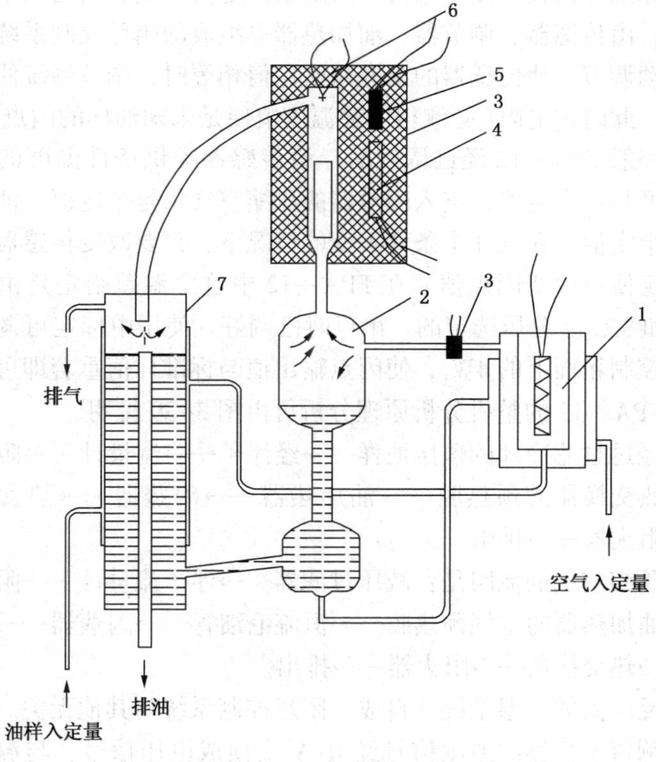

图 3-38　工作原理示意图

1—油加热器 THZS；2—闪蒸器；3—反应器；4—加热器 TH1；
5—测温铂电阻 R_{t1}；6—传感器；7—热交换器

这个代表传感器温度的电信号与代表传感器条件温度的热电偶信号产生的电信号相减后，得到的温差信号经放大器放大后与代表着温差的电压给定值进行比较后馈送到调节器。调节器的输出控制油加热器的功率从而改变进入闪蒸器的油品温度。

在其他条件不变的情况下，油温升高其油气浓度亦升高。油气浓度一定时，传感器所获得的温差信号也一定。用规定的方法，将已知闪点值的标准样通入分析仪，由置入进油管道内的铂电阻测得其油的温度作为闪点值。改变传感器的温差给定可使该值与标准样的真值完全相符。固定该给定值不变，当通入未知油样时，由传感器、调节器、油加热器等组成的闭环控制系统，便可自动调节，使传感器的温差与给定值相等时，调节系统便趋于平衡。此时铂电阻(S)测得的油温度值便是未知油样的闪点值。

一般 FPA—12 经过调校后，给传感器提供条件温度的反应器温度是一个定值，进入闪蒸器的压缩空气量是个定值，油样量也是个定值。在这几个条件不变的情况下，只要改变传感器的温差给定便可改变闪点值。在 FPA—12 中这个温差给定是由电阻 $3R_{13}$ 和 $3R_{14}$、分压选定的，出厂时已调好。使用中标定可调整安装在控制箱面上的 $4W_1$，使闪点输出值与标准样值重合即可。

FPA—12 的整机分析原理分析可由图 3-39 说明。

经过过滤冷却的恒压油样⟶经浮子⟶流量计⟶阻火器⟶热交换器的预热腔⟶油加热器⟶闪蒸器⟶热交换器⟶阻火器⟶排出。

压缩空气的流路是：减压过滤器⟶浮子流量计⟶阻火器⟶油加热器的空气预热腔⟶恒流毛细管⟶闪蒸器⟶反应器⟶热交换器⟶阻火器⟶排出。

反应器的恒温系统，自成一闭环控制系统与其他无关。由铂电阻测得反应器的温度信号经 R-V 交换成电压信号，与温度给定的电压信号比较后馈给调节器，调节器输出给驱动器，驱动反应器的加热器。加热器是一个 300W 的内热式烙铁芯组成。

传感器的温差控制系统可参照图 3-40。

闪点值的测量系统主要由油测温铂电阻 R_{t2}($BA_1 46\Omega$)和 R-I 交换器组成。输出是 0~10mA 或 4~20mA 标准的直流信号。

当给 FPA—12 通入符合要求的油样和压缩空气后整个分析过程自动连续进行。工作稳定后，仪器输出的闪点值连续指示，可认为每个时刻的示值都代表着当时的被测油样的闪点值。

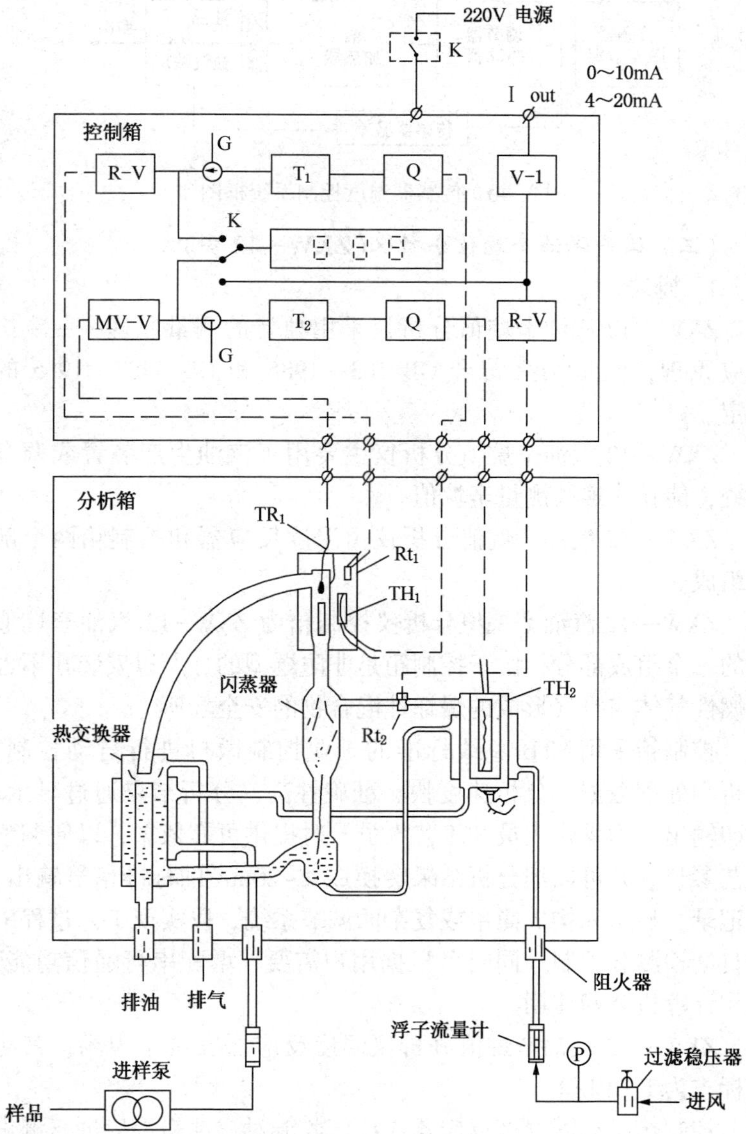

图 3-39　FPA—12 整机分析原理图

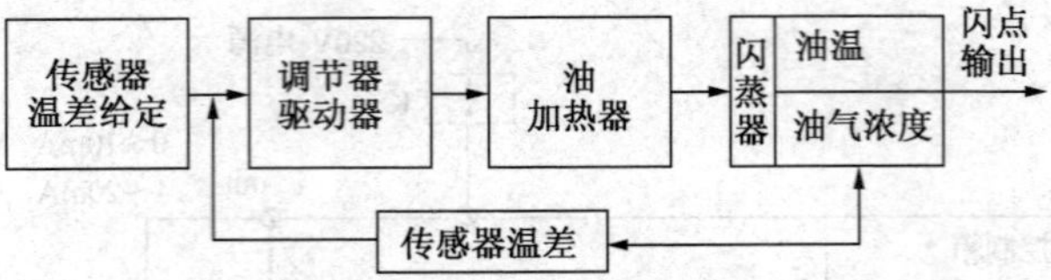

图 3-40　传感器温度控制系统框图

（三）国产汽油辛烷值分析仪（ZXW—12 型）

1. 概述

ZXW—12 汽油辛烷值分析仪采用独特的测量原理——冷焰反应原理，测量结果符合 GB 503—1985 和 GB 5487—1985 的规定。

ZXW—12 汽油辛烷值分析仪主要用于汽油生产装置或调合系统，能在线连续测量辛烷值。

ZXW—12 汽油辛烷值分析仪由温度反应器和控制箱两个部分组成。

ZXW—12 汽油辛烷值分析仪控制箱为 ZXW-12 汽油辛烷值仪的一个组成部分，由于控制箱是非防爆型的，所以安装在不含可燃性气体与空气形成的爆炸性混合物的安全场所。

控制箱采用 STD 总线标准的工业控制微机进行自动控制、分析和处理数据。分析速度快、准确性高，分析结果通过显示、打印输出，为操作人员和工艺人员及时提供可靠依据，以便调整工艺参数。并可以把分析结果转换成 4~20mA 的标准信号输出，供记录、显示和构成简单或复杂的调节系统，以实现工艺过程中的自动检测和控制。同时可根据用户需要，增配串行通信功能，以作计算机联网使用。

ZXW—12 汽油辛烷值分析仪温度反应器安装于现场，其防爆标志为 $EXdIIAT_4$。

控制箱必须同温度反应器连接，才能对汽油辛烷值进行测量和分析。在线应用时须配置采样系统。

2. 性能指标

① 适应范围：ZXW—12 适应于含铅、非含铝，及含氧汽油辛烷值的测量。

② 测量范围：在固定的恒温点等条件下测量相同组分汽油范围为 5 个辛烷值单位：

——研究法(RON)：85~90，90~95，95~99；

——马达法(MON)：63~73，73~78，78~83。

③ 精确度：不大于±0.5 辛烷值。

④ 重复性：不大于±0.5 辛烷值。

⑤ 再现性：不大于±0.5 辛烷值。

⑥ 稳定性：不大于±0.5 辛烷值。

⑦ 分辨率：不大于±0.3 辛烷值。

⑧ 分析周期：5~100min，按程序设定

⑨ 耗油量：再次进样约 0.125mL。

⑩ 输出方式：

——数码管显示：MON、RON 辛烷值，恒温温度，烈度；

——打印机输出：时间、恒温温度，马达法(MON)、反应烈度、研究法(RON)、抗爆指数；

——串行通信输出(选配)：可与 PC/XT/AT 等机型联机，实行计算机长距离控制、采集数据；

——4~20mA 标准信号输出：供二次表使用。

3. 使用条件

(1) 控制箱

环境温度：0~40℃

相对湿度：20%~90%(40℃)

大气压强：800~1100kPa

环境条件：无强烈振动、无严重电磁干扰、无严重腐蚀金属物质、损坏绝缘介质的物质、通风良好、台面平整

电源：交流稳压电源(3000VA，220V±10%、50Hz)，自备

外形尺寸：523×160×240

(2) 温度反应器

环境温度：−10~50℃

相对湿度：20%~90%(40℃)

大气压强：800~1100kPa

气源：0.4~0.6MPa 过滤净化压缩空气

水源：水温 30℃以下，压力不小于 0.1MPa，过滤洁净水

汽油：油温 50℃以下，仪表入口压力不大于 0.15MPa，仪表油路出口压力不大于 0.05MPa

环境条件：无强烈振动，无严重电磁干扰，无严重腐蚀金属物质，无损坏绝缘介质物质、台基平整、中垂线垂直度不大于 3 度

电源：由控制箱提供

外形尺寸：1330×520×520

整机重量不大于 250kg

4. 工作原理

(1) 反应机理

ZXW—12 汽油辛烷值分析仪采用独特的冷焰反应原理。所谓"冷焰"反应，即烃类气相氧化的特征。烃类燃料与空气混合产生的混合物在一定的区域里有不同程度的氧化反应，燃料在高温下的气相氧化反应，取决于燃料的化学组成，它与外界的温度 T，环境压力 P，反应容器的材料 M 有关，另外还与燃料的状态有关。烃类高温氧化与常温液相氧化反应有一个共同点，都具有链的反应性质。液相氧化在高温下进行，反应速度慢，气相氧化在高温状态下反应速度快，而且越来越快，导致着火爆炸。烃类在低温下氧化常伴着大量聚会缩合反应，生成大分子胶质，而高温气相氧化反应，伴随着大量裂解，生成小分子和中间产物(CO、CO_2、H_2O、醛、醚、醇之类)，高温气相氧化除有诱导期外，还表现出明显的阶段性。在着火前出现的反应现象叫冷焰，与燃料和空气混合物在发动机汽缸工作到上限未点火前的现象是相同的。

冷焰与热焰着火比较，前者反应温度低，辉光弱，产生的热

量少，反应速度慢；而热焰反应，温度高、辉光强，产生的热量多，反应的速度极快，不易控制，烃类气相氧化的一个重要特征就是冷焰反应。随着烃料物质的不同，冷焰反应也不同。在一定的条件下，正庚烷产生的冷焰需要的温度低。异辛烷、烷烃、环烷烃、不饱和烃产生冷焰的温度高一些。芳烃比环烷烃更难氧化，出现冷焰的温度更高。

烃类反应的难易次序与该燃料在汽化器发动机燃料室中产生的爆聚前的倾向是一致的。一般情况下，燃料的氧化反应过程有几个阶段：

第一阶段：250℃以下，发生小量氧化反应；

第二阶段：250～300℃范围内，发生局部氧化反应；

第三阶段：300～350℃范围内，发生强烈氧化反应，即冷焰反应；

第四阶段：350℃以上，产生自燃。如图3-41所示。

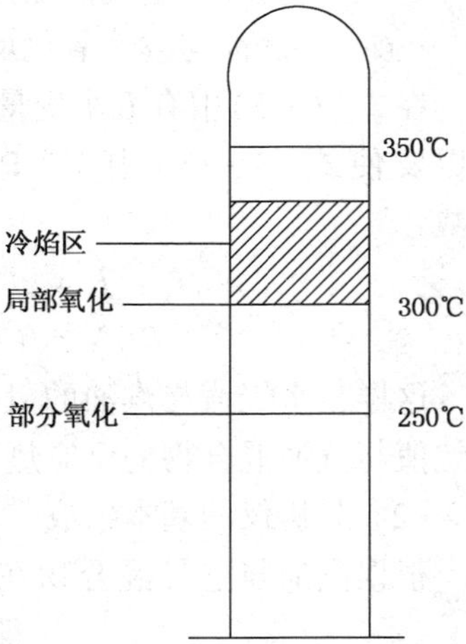

图3-41　辛烷值分析仪氧化反应过程阶段图

当燃料和空气混合物进入恒温容器内产生冷焰时，容器内的反应物——过氧化物的浓度显著增加，并且容器内的温度、压力产生轻微的突跃。

$1^{\#}$为低辛烷值汽油，$3^{\#}$为高辛烷值汽油，$1^{\#}<2^{\#}<3^{\#}$，这种现象与燃料混合物进入汽缸压缩到上限点，点火前所产生的过氧化物的浓度趋势是一致的。燃料辛烷值与其过氧化物的浓度有很强的关系，所以我们利用燃料的氧化特征来代替马达法辛烷值的分析。

由于燃料的氧化反应，除了与本身的化学结构有关外，还与外界的条件有关，即压力 P，温度 T，配气比 r，容器的材质 M

有关。那么，辛烷值与燃料氧化的关系可以用函数式(3－13)表达：

$$RON = f(T, P, r, M, Q) \qquad (3-13)$$

式中 T——反应的温度；

P——反应内部的初始压力；

M——反应器的材料；

r——汽油与空气的配比；

Q——汽油与空气氧化反应时所释放的热值。

在式(3-13)中有五个变量，五个变量的结果是难以控制的，所以要使式(3－13)中 T、P、M、r 等四个变量为一个相对常数：

$$K = g(T, P, r, M) \qquad (3-14)$$

则：

$$RON = f(K, Q) \qquad (3-15)$$

这样，辛烷值与汽油的氧化反应只是一个相对的单值函数，辛烷值与汽油混合物的反应热有关。

(2) 分析仪的基本组成

根据汽油与空气混合物在一定条件下产生的氧化反应的特征，如图3-42所示，恒温加热器使反应器装置恒温在冷焰反应的温度区域内，定量的油样被稳压、恒流的压缩气携带喷入反应器的预反应器中。在预反应器中，首先把汽油液相状态转换成气相状态，然后将反应物送入反应室中。氧化反应开始，由插入反应室内的 EU_2 测量反应室中汽油与混合物氧化反应所产生的峰值，并与参比热电偶 EU_2 进行比较，可得出图3-43及图3-44所示的过程反应曲线。到临界浓度的时间和容器内压力温度突跃的时间是一致的，如图3-45所示。

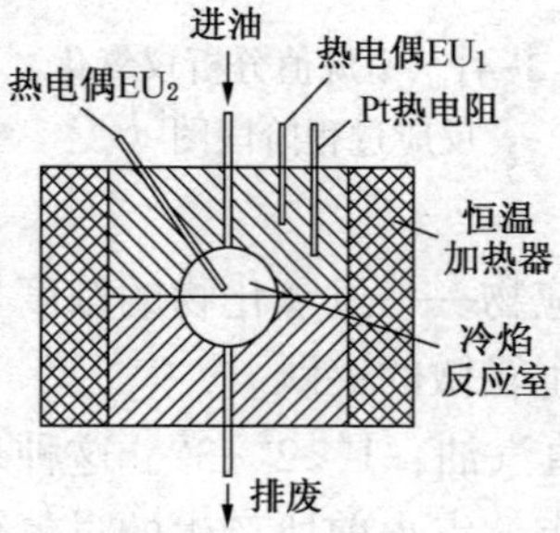

图3-42　辛烷值分析仪原理图

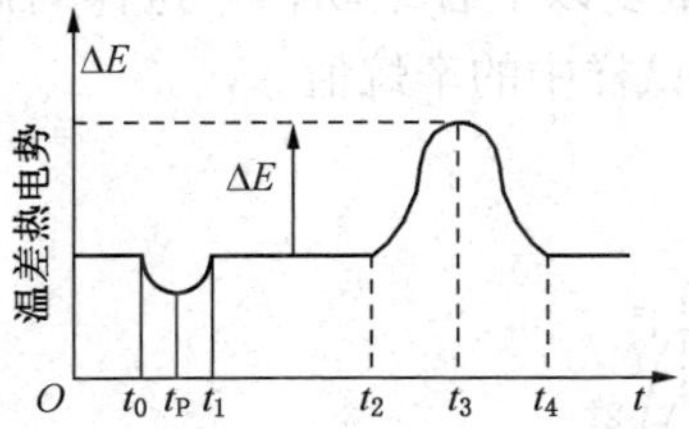

图 3-43　汽油氧化反应
曲线图一

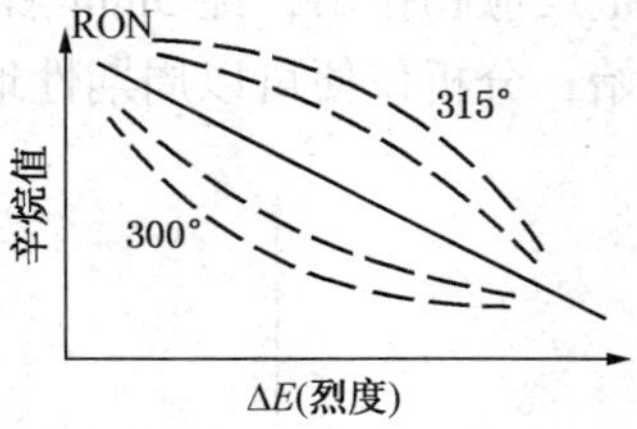

图 3-44　汽油氧化反应
曲线图二

当汽油燃料与空气混合物进入容器，从开始到出现冷焰峰这一段时间为第一诱导期，出现冷焰后，反应缓和，压力和温度上升平滑；经过一段时间后，出现着火，压力和温度迅速上升，从出现冷焰到自燃叫第二诱导期，不同辛烷值的汽油与空气混合物进入容器的氧化反应不同，氧化反应曲线如图 3-46，分析仪结构框图如图 3-47，电路框图如图 3-48。

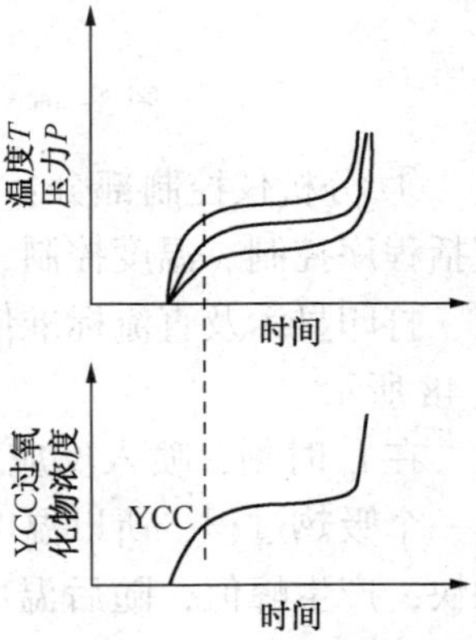

图 3-45　汽油氧化反应
曲线图三

（3）ZXW—12 汽油辛烷值分析仪工作方式

分析仪为周期方式工作，其工作过程为：首先将往复泵和吹扫电磁阀打开，在压缩空气作用下，往复泵不断地向定量管灌油，预反应器中的反应球在气的作用下不断翻滚，然后切换六通阀，油气混合物进入预反应器，等待一定时间关闭定量气，由电磁阀切换六通阀，油气混合物在外界作用下，在反应室内反应，反应完后，开启定量气电磁阀，计算机自动处理反应过程中的信息，打印显示出分析结果。作为在线仪表时，还将送出 4~20mA 的电流或 1~5V 电压信号，并保持到下次分析结果。定量气和抽子把反应物排出，经 5min 后，又重复以上各个动作，这样周而复始，分析仪便可以周期性地得出试样中的辛烷值。

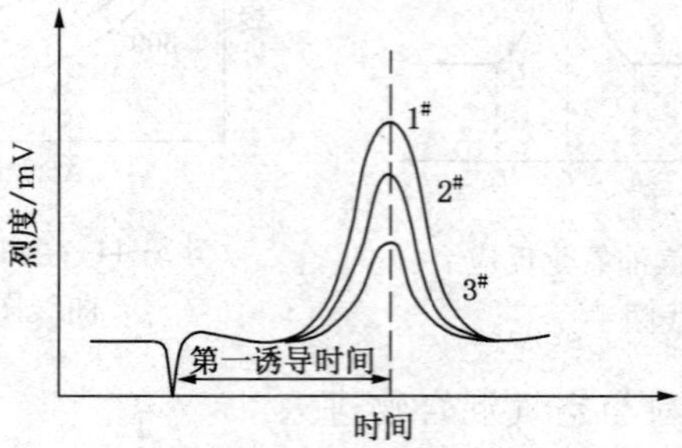

图 3-46　汽油氧化反应曲线图四

① 分析仪控制部分：控制系统全部工作由计算机控制，它包括程序控制、温度控制、自检、温差测量、数据处理、串行通信、打印显示及直流标准信号的输出，其控制系统电路框图如图 3-48 所示。

在 t_0 时刻，喷入反应室的油气开始气化，由于气化过程中是一个吸热过程，所以温度下降，经过一定时间，气相反应速度加快，产生峰值，随后温度逐渐下降，经 t_2 时间恢复到恒温初始状态。烈度与汽油辛烷值及反应温度的相关曲线如图 3-44 所示。

从图 3-44 曲线可知，在冷焰反应温度范围内某一特定温度下，必存在一条烈度与辛烷值呈线性的相关曲线。预先将几个用 ASTM 马达机分析的样品送入反应室内，得出一条呈线性结果的相关曲线，然后，根据标准油样与样品的对比分析，可以自动计算出样品所对应的辛烷值。

② 分析部分：分析部分由配气系统、供油系统、吹扫系统、反应系统、排污系统和冷却系统组成。分析仪流程图如图 3-49。

③ 程序控制：计算机软件存贮在 EPROM 中，控制箱启动后，进入工作程序，驱动电磁阀，使气动油泵和六通阀按程序

工作。

④ 恒温控制：插在反应器中的铂电阻 Pt 的信号，经 SB-WZ—2460 热电偶温度变送器变换成 4～20mA 的信号送到 12 位精度的 A/D 变换成数字信号，控制加热电压，使反应腔保持要

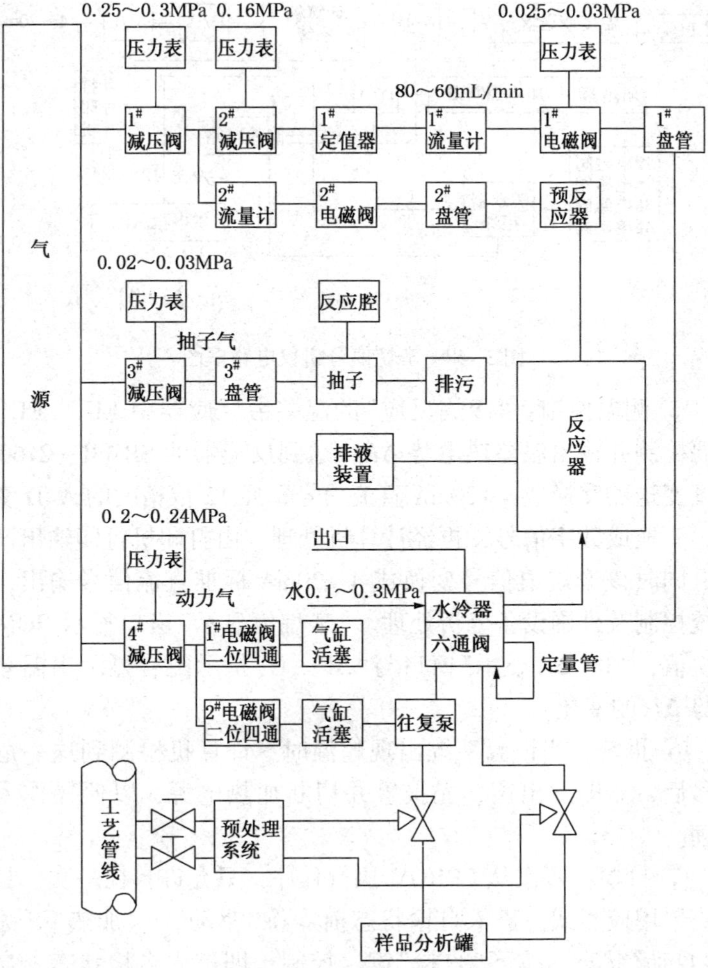

图 3-47 辛烷值分析仪框图

求的恒温条件。“T·ΔE 显示”窗口与“TC”指示配合，显示出恒温温度值。

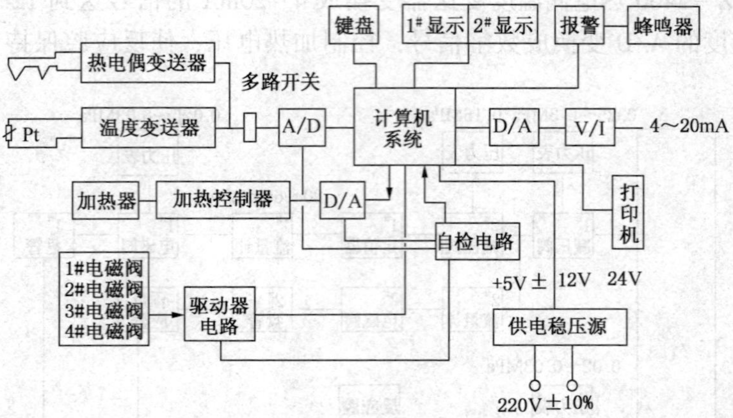

图 3-48 辛烷值分析仪电路框图

⑤ 测温控制：“冷焰反应”的温差由反应器中 EU_1、EU_2 热电偶检测并输出温差热电势 ΔE，送到反应器的 SBWR—2160 型温度变送器交换成 4～20mA 直流信号，经 12 位精度的 A/D 变换器，变换成数字信号，再经计算机处理，由打印机打印输出辛烷值。同时该辛烷值信号变换成 4～20mA 标准直流信号输出，供系统控制及外围设备分析处理。“辛烷值显示”窗口显示 RON 法辛烷值，“T·ΔE 显示”窗口与“ΔE·C”指示配合显示出温差热电势 ΔE 的变化。

⑥ 报警：当恒温系统出现超温时，计算机检测到这一危险信号后，立即发出声、光报警并切断加热电源，以便操作人员处理。

⑦ 自检：每次从 EPROM 执行程序，只允许自检一次，自检方式采用应答式。进入自检状态前需将“驱动”、“加热”开关置于“自动”状态，按下“自检”键，控制箱即进入自检状态。自检显示值可从“辛烷值显示”窗口观察。

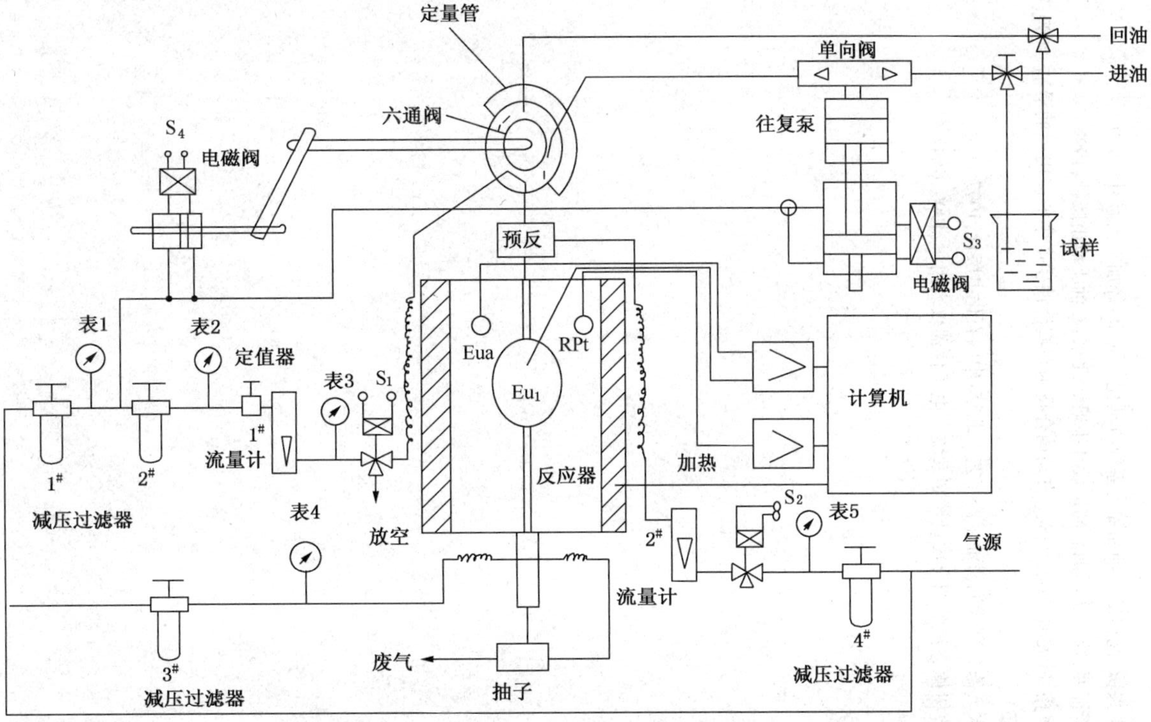

图3-49　辛烷值分析仪流程原理图

参 考 文 献

1 庄兴稼,沈桂跃. 油品储运系统自动化. 北京:烃加工出版社,1989
2 李征西,徐思文. 油品储运设计手册. 北京:石油工业出版社,1997
3 杨榕,叶元凯,陈永红等. 自动调合技术在润滑油生产中的应用. 润滑油,2000,15(5)
4 水天德. 现代润滑油生产工艺. 北京:中国石化出版社,1997
5 曹树德. 汽油调合质量控制系统. 电子仪器仪表用户,1999,6(4)

第四章　油品调合指标计算

涉及油品质量指标的项目有几十个，而生产上实际需要调合的油品质量项目常见的主要是辛烷值、蒸气压、十六烷值、黏度、闪点、凝点和馏程等。在油品质量指标项目中，有些项目在调合过程中是呈加成关系的叫加成性参数。如：胶质、残炭、酸值、含硫，灰分、馏程(初馏点、干点除外)、密度等。有些项目不呈加成关系叫不可加性参数。如：黏度、闪点、辛烷值、十六烷值、初馏点、干点、凝点、饱和蒸气压等。前者计算较简单，后者计算较复杂。实际生产中，计算是必要的，尤其对计算机控制的管道自动调合及油品最佳调合控制；但对于间歇罐式调合过程，若油品调合工作做得熟练了，经验也占相当大的地位。

第一节　加和性性质指标的调合计算

酸度、碘值、残炭、灰分、馏程、硫含量、胶质、相对密度等为可加性质量指标。在计算此类性质的调合比时，计算简单，可按式(4-1)计算。

$$V_A = \frac{X - X_B}{X_B - X_A} \times 100\% \quad (4-1)$$

式中　V_A——混合油中 A 种油的体积含量，%；

X——混合油的有关规格指标数值；

X_A——A 种油的有关规格指标数值；

X_B——B 种油的有关规格指标数值；

V_B——混合油中 B 种油的体积含量，%；$V_B = 100 - V_A$。

【例 4-1】　有一批车用汽油 A，其 10%馏出温度为 85℃，超过标准规定 79℃。现在用一批 10%馏出温度为 68℃的汽油 B

来调整。经测定汽油 A 在 79℃的馏出量为 7%，而汽油 B 在 79℃的溜出量为 26%，求调合比。

解：调合后油品在 79℃的馏出量应为 10%。

根据式(4-1)得

$$V_A = \frac{10 - 26}{7 - 26} \times 100\% = 84.2\%$$

即调合时汽油 A 的用量应为 84.2%。实际调合时应使汽油 A 的用量稍小于 84.2%，以保证调合后汽油的 10% 馏出温度略低于 79℃。

第二节 汽油调合指标计算

车用汽油规格中有馏程、胶质、诱导期、硫含量、腐蚀、酸值、机械杂质等的规定。可以通过调合使其达到规格标准的指标是辛烷值和蒸气压。其余指标通常都是在加工过程中采取适当的工艺和操作条件进行控制与调整。因而本节只叙述车用汽油的辛烷值和蒸气压的调合计算。

一、辛烷值调合计算

辛烷值在调合时无固定的通用公式计算。文献所介绍的调合汽油辛烷值估算法为数甚多，这些方法大致分为两类：一类是以经验数据为基础，用统计方法找出规律进行估算；另一类是以烃类组成及性质(相对密度、馏出温度等)与调合辛烷值相关联进行估算。下面介绍几种常用的估算法。

1. 斯图尔特(Stewart)法

此法是以调合组分的辛烷值及不饱和烃含量为基点，应用表 4-1 数据及下列式(4-2)、式(4-3)来计算调合汽油的辛烷值 RON 或 MON。

$$RON = \frac{\sum V_i D_i (R_i + 0.13 P_i)}{\sum V_i D_i} \qquad (4-2)$$

$$MON = \frac{\sum V_i D_i (M_i + 0.097 P_i)}{\sum V_i D_i} \quad (4-3)$$

式中 V_i——i 调合组分的体积分数,%;

R_i——i 调合组分的研究法辛烷值;

P_i——i 调合组分与调合汽油的不饱和烃含量差(体积分数),%;

D_i——据 P_i 从表 4-1 查得的权重指数;

M_i——i 调合组分的马达法辛烷值。

表 4-1 P_i 与权重指数 D_i 的关系

P_i	D_i		P_i	D_i	
	RON	MON		RON	MON
-100	0.454	0.314	0	1.000	1.000
-90	0.495	0.358	10	1.072	1.103
-80	0.539	0.406	20	1.148	1.213
-70	0.585	0.454	30	1.227	1.329
-60	0.635	0.518	40	1.309	1.451
-50	0.688	0.583	50	1.395	1.580
-40	0.744	0.653	60	1.483	1.715
-30	0.803	0.731	70	1.575	1.855
-20	0.865	0.814	80	1.670	2.001
-10	0.931	0.904	90	1.768	2.152
			100	1.868	2.308

【例 4-2】 根据下表所列的基础组分，计算调合汽油的 RON。

调合组分	辛烷值(RON)	族组成(体积分数)/%			调合体积分数/%
		饱和烃	芳 烃	不饱和烃	
重整汽油	89.2	53.8	45.5	0.7	62
催化裂化汽油	93.7	39.2	18.6	42.2	30
直馏汽油	69.1	96.1	3.9	0	8

解: (1) 求出调合汽油的不饱和烃含量(体积分数)

$$\text{不饱和烃含量} = \frac{62 \times 0.7 + 30 \times 42.2 + 8 \times 0}{62 + 30 + 8} = 13.1\%$$

（2）计算各组分的 P_i

重整汽油的 $P_i = 0.7 - 13.1 = -12.4$

催化裂化汽油的 $P_i = 42.2 - 13.1 = 29.1$

直馏汽油的 $P_i = 0.0 - 13.1 = -13.1$

（3）由上述 P_i 从表 4-1 中查出各自的 D_i 并计算出 V_iD_i

重整汽油 $V_iD_i = 0.915 \times 62 = 56.7$

催化裂化汽油 $V_iD_i = 1.220 \times 30 = 36.6$

直馏汽油 $V_iD_i = 0.910 \times 8 = 7.3$

（4）计算 $R_i + 0.13P_i$

重整汽油 $R_i + 0.13P_i = 89.2 - 0.13 \times 12.4 = 87.6$

催化裂化汽油 $R_i + 0.13P_i = 93.7 - 0.13 \times 29.1 = 97.5$

直馏汽油 $R_i + 0.13P_i = 69.1 - 0.13 \times 13.1 = 67.4$

（5）代入式(4-2)求得 RON

$$RON = \frac{56.7 \times 87.6 + 36.6 \times 97.5 + 7.3 \times 67.4}{56.7 + 36.6 + 7.3} = 89.9$$

经比较，应用这种方法计算值与实测值偏差均小于 1 个单位，说明这种方法是比较准确的。

2. 调合因素法

辛烷值计算也可以依如下式(4-4)计算。

$$N = \frac{V_a(CN_a) + V_b(N_b)}{100} \quad (4-4)$$

式中 N——混合汽油的辛烷值(MON 或 RON)

V_a、V_b——两个基础汽油的体积,%；

N_a、N_b——两个基础汽油的辛烷值(MON 或 RON)，但 N_a 高于 N_b；

C——调合因数(汽油固有的数值如图 4-1、表 4-2)。

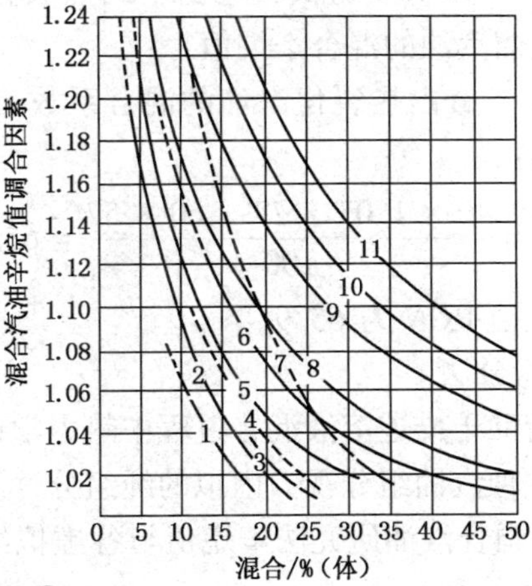

混合油	基础油	曲线号
烷基化油	催化裂化汽油	1
烷基化油	直馏汽油	2
聚合汽油	铂重整汽油	3
热裂化汽油	铂重整汽油	4
聚合汽油	催化、热裂化汽油	5
重整汽油	直馏汽油	6
聚合汽油	聚合汽油	7
热裂化汽油	热裂化汽油	8
催化、聚合汽油	热裂化汽油	9
催化裂化汽油	直馏汽油	10
热裂化汽油	直馏汽油	11

图 4-1　高辛烷值组分混合汽油辛烷值

表 4-2　高辛烷值组分油调合因数(参数)

组分油名称	高辛烷值组分[①]/%	调合因素(C)	组分油名称	高辛烷值组分[①]/%	调合因素(C)
催化裂化汽油	15 30 45	1.23 1.12 1.07	焦化汽油	20 40 50	1.21 1.10 1.08
叠合汽油或热裂化汽油	10 20 40	1.18 1.10 1.02	非芳烃	5 10 20	1.18 1.10 1.02

① 体积分数。

【例 4-3】 计算 40%的 RON 为 77 的热裂化汽油和 60%的 RON 为 57 的直馏汽油的混合辛烷值。

解： 由图 4-1 查出热裂化汽油的混合系数 C 值为 1.03，代入式(4-4)则为：

$$N=\frac{40\times1.03\times77+60\times57}{100}=65.9$$

即混合辛烷值 RON 为 65.9。

3. 虚拟纯组分法

陈新志等借助于描述溶液混合过程中热力学性质变化的局部组成模型，将各种汽油组分视为虚拟的纯组分，采用下列简单形式(4-5)来表达调合汽油研究法辛烷值与各虚拟纯组分的研究法辛烷值及组成的关系：

$$R_{\mathrm{m}}=\sum_{i=1}^{5}X_i\frac{\sum_{j=1}^{5}X_jR_{i,j}Q_{i,j}}{\sum_{j=1}^{5}X_jQ_{i,j}} \tag{4-5}$$

式中 R_{m}——调合汽油辛烷值(研究法)；

X——组分质量分数；

R——研究法辛烷值；

Q——组分相互作用参数；

i，j——组分；

$R_{ij}=(R_i+R_j)/2$、$Q_{i,j}\neq Q_{j,i}$ 和 $Q_{i,i}=Q_{j,j}=1$。

对于二元体系，式(4-5)可以写成下面式(4-6)：

$$R_{\mathrm{m}}=X_1\frac{X_1R_1+X_2R_{1,2}Q_{1,2}}{X_1+Q_{1,2}X_2}+X_2\frac{X_1R_{2,1}Q_{2,1}+X_2R_2}{X_1Q_{2,1}+X_2} \tag{4-6}$$

其二元相互作用参数 $Q_{i,j}$ 见表 4-3，借助于这些二元相互作用参数，在不增加任何信息的情况下推算了多元调合汽油的辛烷值，获得了较理想的结果，具有较大的预测范围，在汽油调合优化过程中取得了满意的效果。

表 4-3　辛烷值模型的二元组分相互作用参数 $Q_{i,j}$ 和 $Q_{j,i}$

j \ i	1-MTBE	2-重整汽油	3-催化裂化汽油	4-烷基化油	5-直馏汽油
1-MTBE	0	13.7629	6.9227	3.2662	1.4954
2-重整汽油	2.4836	0	0.4736	0.2316	0.9862
3-催化裂化汽油	1.4995	0.8986	0	0.9917	0.5987
4-烷基化油	2.2234	0.4019	0.8729	0	0.8464
5-直馏汽油	2.0709	0.9999	0.9483	0.9957	0

4. 汽油调合的相互作用法

DuPont 公司的研究人员开发了“汽油调合的相互作用法”，这种方法需要确定调合所涉及的各组分中任何可能的两种组分各为50%调合的性质，及调合组分中任何可能的两种组分各为50%调合的相互作用值。这些相互作用值以 I-RON 和 I-MON 表示在表 4-4 中列出。这些值再乘上对应组分在调合料中的体积百分比(例如，对于直馏汽油和重整油，直馏汽油的体积分率为0.157，重整油的体积分率为0.285，I-RON 值为-2.1，所以该值=0.157×0.285×(-2.1)=-0.094。这些乘积的总和以代数方法相加后就得到相应的辛烷值(RON 或 MON)体积平均值。在所举的例子中，RON = 87.5-0.02 = 87.5 和 MON = 79.9+0.34 = 80.2。

5. 二次非线性调合模型

该模型是在交互模型的基础上提出了改进，构造了一个新的模型——二次非线性模型。二次非线性模型去掉了交互模型中一次项，该模型可由式(4-7)表示。

$$a = \sum_i \sum_j x_i x_j a_{ij} \qquad (4-7)$$

其中：

$$a_{ij} = \frac{1}{2}(a_i + a_j)[(1 - k_{ij}) + (k_{ij} - k_{ji})x_i^2]$$

式中 a_i 和 a_j 是调和组分的辛烷值，k_{ij} 为二元作用系数，它反映油品间的正负调合关系。

如果二元作用系数是对称的，即 $k_{ij}=k_{ji}$，则上式可以被简化为式(4-8)。

$$a_{ij}=\frac{1}{2}(a_i+a_j)(1-k_{ij}) \tag{4-8}$$

改变二元作用系数的数值可使二次非线性模型适应任何一种调合行为。

表 4-4　DuPont 辛烷值调合方法

组　分	直馏汽油	烷基化油	FCC 汽油	重整油	n-C_4	调合			
RON	66.4	94.9	90.4	91.0	94.0				
MON	66.4	91.5	78.7	82.8	89.1				
RVP	9.1	8.9	4.8	6.2	52.0				
烯烃	0.0	0.0	30.3	0.0	0.0				
芳烃	5.0	0.0	32.8	41.0	0.0				
体积分率	0.157	0.129	0.397	0.285	0.032				
平均 RON	10.424	12.24	35.888	25.935	3.008	87.50			
平均 MON	10.424	11.80	31.243	23.598	2.8512	79.9			
						I-RON	相互作用因子	I-MON	相互作用因子
	×			×		-2.1	-0.0940	3.3	0.1476
	×		×			4.6	0.2867	5.8	0.3615
	×	×				-3.4	-0.0689	0.4	0.0081
	×				×	0.0			
			×	×		-1.7	-0.1923	2.4	0.2715
		×		×		-1.1	-0.0404	-4.3	-0.158
				×	×	0.0			
		×	×			1.7	0.0871	-5.6	-0.286
			×		×	0.0			
		×			×	0.0			
相互作用因子							-0.0218		0.3439
调合汽油							87.5		80.2

预测调合汽油的辛烷值是使用对称的二元调合系数 $k_{ij}=k_{ji}$ 还是用非对称的 $k_{ij}\neq k_{ji}$，需要根据实际情况和经验来确定。对于某些调合过程，为精确描述其调合特性需要使用非对称的二元调合

系数。而实际的多元调合系统，由于各调合组分都由很多种类的烃组成，它们之间复杂的相互作用的积累使得我们可以用对称的二元调合系数即可达到满意的效果。

调合组分的标准实验室分析通常包括 RON、MON、烯烃含量、芳烃含量和饱和烃的含量。烯烃、芳烃和饱和烃可以被粗略地看成“成分”，汽油调合组分可以看成这些“成分”混合而成的。当然还可以进一步细分，这样可以达到更高的精度。

由于得不到调合组分中各成分辛烷值的具体数值，可以假定各成分的辛烷值与组分的辛烷值相同。例如，如果调合组分汽油的 RON 值是 97.8，则它组分烯烃、芳烃和饱和烃的 RON 值也被认为是 97.8。这种假设是内在稳定的，因为这种油的 RON 值由它的三种成分混合得到的，而这些成分间的二元调合系数被设定为 0。

经过这些假设处理后，一调合组分汽油内部的各成分之间的二元调合系数为零，而不同的调合组分间的调合系数为非零。例如，对于各有三种成分的调合组分汽油 A 和 B，A 和 A 内部的二元调合系数为零，而 A 中的成分(如芳烃)与 B 中的成分(如饱和烃)间的二元调合系数不为零。为简化处理，可进一步假设不同调合组分中的同类成分(如 A 中的芳烃与 B 中的芳烃)之间的调合系数为零。这样调合组分 A 和 B 的成分之间非零的二元调合系数只有三种：A 中的烯烃和 B 中的芳烃、A 中的烯烃和 B 中的饱和烃、A 中的芳烃和 B 中的饱和烃。

在以上假设的基础上，可以从这些成分间的二元调合系数推算出调合组分间的总体二元调合系数。如果组分 X 中含 m 种成分，其体积分数分别为 x_1，x_2，…，x_m；组分 Y 中 m 种组分的体积分数分别为 y_1，y_2，…，y_m；则调合组分 X 和 Y 间的总体调合系数由式(4-9)确定。

$$K_{XY} = 1 - \frac{\sum_{i=1}^{m}\sum_{j=1}^{m}(x_i y_i + x_j y_j)\left[\frac{1}{2}(a_i + a_j)\right](1 - k_{ij})}{\sum_{i=1}^{m}\sum_{j=1}^{m}(x_i y_i + x_j y_j)\left[\frac{1}{2}(a_i + a_j)\right](1 - k_{ij})} \tag{4-9}$$

式中 k_{ij}是组分汽油 x 中成分 i 和组分汽油 y 中成分 j 的二元调合系数。

得到调合组分间的二元调合系数后，计算调合汽油的辛烷值能被大大简化，如下式：

$$a = \sum_i \sum_j x_i x_j a_{ij}$$

$$a_{ij} = \frac{1}{2}(a_i + a_j)(1 - K_{ij})$$

式中 x_i 和 a_i 分别是调合组分 i 的体积分数和辛烷值，K_{ij}则是组分 i 和 j 间的二元调合系数。

为验证此模型的适用性，有人对 161 次调合试验的数据进行了分析，得到一组通用成分间的二元调合系数。二元调合系数见表 4-5,其中下标：O 为烯烃、A 为芳烃、S 为饱和烃。使用这些数据的二次模型计算值与试验值之间的平均偏差小于 0.5%。

表 4-5　二元调合系数

项　目	k_{OA}	k_{OS}	k_{AS}
RON	0.0670	0.1021	0.0232
MON	0.0354	0.0800	0.0271

二、雷德蒸气压组分的调合及计算

1. 相对分子质量法

相对分子质量法是按如下式(4-10)进行计算：

$$M_t(PVP)_t = \sum_{i=1}^{n} M_i(RVP)_i \qquad (4-10)$$

式中 M_t——混合产品的总摩尔数，mol；

$(RVP)_t$——要求产品规格蒸气压，kg/m^2；

M_i——混合组分的摩尔数，mol；

$(RVP)_i$——混合组分的蒸气压，kg/m^2。

【例 4-4】 试计算由下表组分组成的汽油，需要加入多少正丁烷（$M_W = 58$，$RVP = 3.65 kg/m^2$，才能调合成蒸气压 0.7 kg/m^2的汽油。调合蒸气压的基础汽油组成及数量如下表：

基础组分	流量/(kg/h)	平均相对分子质量	流量/(kmol/h)	$RVP/(\mathrm{kg/m^2})$
直馏汽油	39320	86	457.2	0.777
重整汽油	69900	115	607.8	0.196
烷基化汽油	30690	104	295	0.322
催化裂化汽油	87520	108	810.4	0.308
总和	227430		2170.4	

将表中有关数据代入公式(4-10)，则为：

$$(2170.4 + M) \times 0.7$$
$$= 457.2 \times 0.777 + 607.8 \times 0.196 + 295 \times 0.322 + 810.4 \times 0.308 + M \times 3.65$$
$$= 819 + M \times 3.65$$

$M \approx 237.4$ kmol/h，即所需正丁烷的摩尔数

需正丁烷 237.4×58＝13769.2 kg/h

即将表中所列基础汽油调成蒸气压 $0.7\mathrm{kg/m^2}$ 的汽油时，需正丁烷量为 13769.2 kg/h，则共调成蒸气压 $0.7\mathrm{kg/m^2}$ 的汽油量为 227430+13769.2≈241200kg/h。

本法需要事先知道每个基础组分的平均相对分子质量，虽然平均相对分子质量可由馏分的密度、沸点和特性因数推算出来，但也不是很方便的。

2. 雪夫隆法

雪夫隆法是广为采用的简便的经验方法，把各调合组分蒸气压 *RVP* 的 1.25 次幂和其体积分数之积相加起来，由式(4-11)确定：

$$RVP^{1.25} = \sum_{i=1}^{n} RVP_i^{1.25} V_i \tag{4-11}$$

式中 *RVP*——调合料的雷德蒸汽压；

RVP_i——组分的雷德蒸汽压；

V_i——组分的体积分数。

很明显，使用这种方法的前提是假设所有组分表现出类似的行为，而不管其组成的不同。例 4-5 所表示的就是以简单汽油调合为例子得到的结果。

【例 4-5】 已知调合汽油组分的雷德蒸汽压及体积分率数

据如下表，试计算调合油的蒸汽压。

组　分	直馏汽油	烷基化油	FCC 汽油	重整油	n-C_4
$RVP/(\mathrm{lbf/in^2})$①	9.1	8.9	4.8	6.2	52
体积分率	0.157	0.129	0.397	0.285	0.032

① $1\ \mathrm{lbf/in^2}=6.895\mathrm{kPa}$。

解： $RVP^{1.25}=9.1^{1.25}\times0.157+8.9^{1.25}\times0.129+4.8^{1.25}\times0.397+6.2^{1.25}\times0.285+52^{1.25}\times0.032$

$=14.54$

所以调合油的 $RVP=8.51\ \mathrm{lbf/in^2}$。

3. 相互作用法

DuPont 公司法开发的相互作用法也许更准确一些。表 4-6 所表示的就是这种方法的计算值。计算时用相互作用因子(I-RVP,见表 4-6)乘以该因子所代表的这两种组分的体积分数。这些相互作用项的总和与各调合组分体积平均 RVP 相加就得到调合料的 RVP(7.9+0.33=8.2)。

表 4-6　DuPont RVP 调合方法

组　分	直馏汽油	烷基化汽油	FCC 汽油	重整油	n-C_4	调合	
RVP	9.1	8.9	4.8	6.2	52		
体积分率	0.157	0.129	0.397	0.285	0.032		
平均 RVP	1.43	1.15	1.91	1.77	1.66	7.9	
						I-RVP	相互作用因子
	×			×		1.0	0.0447
	×		×			0.0	0.0000
	×	×				0.6	0.0122
	×				×	-1.2	-0.0050
			×	×		0.2	0.0226
		×		×		0.0	0.0000
				×	×	14.4	0.1313
		×	×			0.2	0.0102
			×		×	7.0	0.0889
		×			×	6.2	0.0256
相互作用因子项							0.3307
调和油							8.2

三、闪点的计算

1. 调合指数计算法

混合油的闪点可按下式(4-12)估算，闪点的调合指数和调合计算适于开口杯法或闭口杯法的各种闪点测定装置测得的数据。但必须用同样装置测定的数据来计算同样开闭口闪点的数值。

$$I_{混} = \sum I_i V_i \qquad (4-12)$$

式中 $I_{混}$——混合油的闪点指数；

I_i——i 混合组分的闪点指数；

V_i——i 混合组分的体积分数。

闪点指数可通过油品的闪点指数的关系式(4-13)表示

$$\lg I = -6.1188 + \frac{4345.2}{T+383} \qquad (4-13)$$

式中 I——油品的闪点指数；

T——油品的闪点，℉。

【例 4-6】 已知油品各组分的闪点及体积比见下表，求混合后的闪点。

组　分	体积比	闪点/℉	调合指数
A	0.30	100	754.2
B	0.10	90	1168.6
C	0.60	130	224.6

解：闪点代入式(4-13)计算调合指数：

$$\lg I_A = -6.1188 + \frac{4345.2}{T+383} = -6.1188 + \frac{4345.2}{100+383} = 2.8775$$

所以 $I_A = 754.2$

同理 $I_B = 1168.6$，$I_C = 224.6$ 见例题表中调合指数项。

$$I_{混} = \sum I_i V_i = 754.2 \times 0.30 + 1168.6 \times 0.10 + 224.6 \times 0.60 = 477.88$$

$$\lg 477.88 = -6.1188 + \frac{4345.2}{T + 383} = 2.6793$$

解得：$T = 110.9$℉

2. 线图查定法

根据蒸气压导出的理论相关闪点公式作成线图，如图 4-2 最适于轻质油闪点的查定。例如查定闪点 24.4℃的油 30%(mol) 和闪点 4 8.9℃的油 70%(mol) 的混合油的闪点时，由图 4-2 左侧 0%线的 24.4℃点和图 4-2 右侧 100%线的 48.9 ℃点连结成直线，则此线与 30%(mol) 线相交点处沿闪点温度线平行引向左侧竖线，则与之相交点的 28.9℃，即推定为该混合油的闪点。开口杯法闪点或闭口杯法闪点均可使用，但每一查定必须用相同方法的两个闪点。

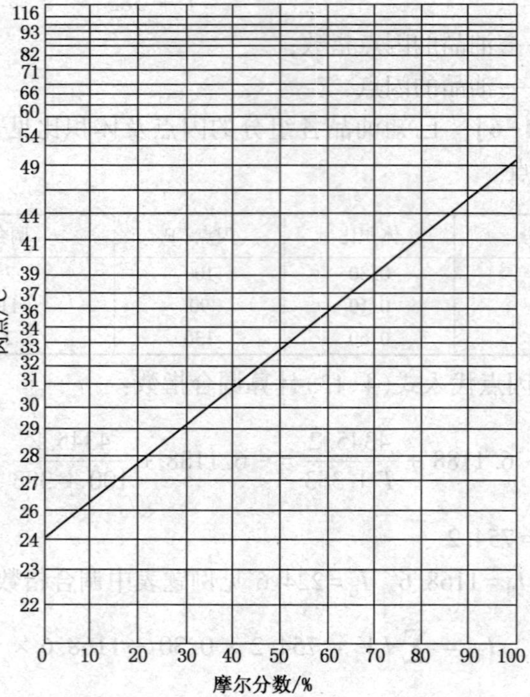

图 4-2

第三节　柴油指标计算

一、凝点调合的计算

1. 凝点指数模型

以体积混合的混合物对调合柴油的性质冷凝点的影响呈复杂的非线性关系。柴油组分混调后凝点呈非线性，因为低凝混合性质偏离了相加性规律，有关冷凝点的论文中应用了复杂的非线性关系。Hu-Burns 提出了如下的冷凝点关系式(4-14)：

$$T_{\mathrm{b}}^{1/x} = \sum_{i=1}^{n} V_i T_i^{1/x} \tag{4-14}$$

式中　x——是一个常数，其值为 0.08；

V_i——调合油品中第 i 组分的体积分数；

T_i——调合油品中第 i 组分的冷凝点,℃；

T——调合油品的冷凝点,℃；

n——混合成调合油品的组分数。

P. B. Semwal 把 62 种调合油的冷凝点据季节的温度变化分成了四组，用 Newton-Raphson 相互关系修正 Hu-Burns 方程，修正的冷凝点方程分成四个，每个有各自适应的冷凝点范围。修正的冷凝点方程式如下：

$$T_{\mathrm{b}}^{1/0.073} = \sum_{i=1}^{n} V_i T_i^{1/0.073} \quad (\text{凝点范围：}9 \sim 51℃) \tag{4-15a}$$

$$T_{\mathrm{b}}^{1/0.079} = \sum_{i=1}^{n} V_i T_i^{1/0.079} \quad (\text{凝点范围：}-12 \sim 21℃) \tag{4-15b}$$

$$T_{\mathrm{b}}^{1/0.186} = \sum_{i=1}^{n} V_i T_i^{1/0.186} \quad (\text{凝点范围：}-21 \sim 6℃) \tag{4-15c}$$

$$T_{\mathrm{b}}^{1/0.0793} = \sum_{i=1}^{n} V_i T_i^{1/0.0793} \quad (\text{凝点范围：}-21 \sim 51℃) \tag{4-15d}$$

研究表明，用 Newton-Raphson 相互关系修正的冷凝点方程比 Hu-Burns 方程精确。用方程式(4-15)计算相应于夏季、常温、冬季的三组调合物的冷凝点，平均误差分别为 1.35℃、1.36℃、1.43℃，低于相应的由 Hu-Burns 方程和用其他方法所测得的数值的误差。

2. 凝点换算因子法

由于柴油调和的冷凝点与重量之间呈非线性关系，因此，用线性规划建模时，首先要将冷凝点变成与重量具有线性关系的数值，可以用如下计算式(4-16)。

当凝点(SP)≤11℃时，由下式表示

$$SP = 9.4656T^3 - 57.0821T^2 + 129.075T - 99.2741 \tag{4-16a}$$

当凝点(SP)>11℃时，由下式表示

$$SP = -0.0105T^3 - 0.864T^2 + 13.811T - 16.2033 \tag{4-16b}$$

式中 T 为凝点换算因子可以从表 4-7 中查得，以上二公式是由凝点换算因子 T 求凝点(SP)。如由凝点 SP 求凝点换算因子 T 则需解方程，也可以从表 4-7 中查得。这样在柴油调和时，虽然冷凝点与重量之间不具线性关系，但凝点换算因子 T 与重量之间具有线性关系，由此可以建立具有线性关系的冷凝点数学模型(4-17)。

$$\sum_{i=1}^{m} T_i C_i = AT_{\mathrm{A}} \tag{4-17}$$

式中 C_i——调合时所用的各个组分量(i=1，2，…，m)；

T_i——各个组分的换算因子；

A——调合后的产品量；

T_{A}——所得产品的换算因子。

表 4-7　柴油凝点与换算因子对应表

凝点/℃	0	0.5	1.0	1.5	2.0	2.5	3.0	3.5	4.0	4.5
-50	0.4891	0.4927	0.4959	0.4989	0.5017	0.5046	0.5077	0.5112	0.5152	0.5200
-45	0.5272	0.5350	0.5432	0.5516	0.5600	0.5668	0.5734	0.5800	0.5865	0.5932
-40	0.6000	0.6077	0.6156	0.6239	0.6323	0.6411	0.6500	0.6597	0.6695	0.6793
-35	0.6889	0.6982	0.7062	0.7137	0.7208	0.7277	0.7340	0.7414	0.7486	0.7559
-30	0.7632	0.7707	0.7784	0.7868	0.7954	0.8041	0.8128	0.8215	0.8300	0.8369
-25	0.8437	0.8508	0.8584	0.8665	0.8768	0.8886	0.9011	0.9140	0.9270	0.9400
-20	0.9512	0.9623	0.9733	0.9848	0.9955	1.0074	1.0200	1.0326	1.0452	1.0577
-15	1.0700	1.0803	1.0905	1.1008	1.1115	1.1228	1.1358	1.1507	1.1665	1.1828
-10	1.1995	1.2166	1.2324	1.2481	1.2643	1.2811	1.2989	1.3185	1.3404	1.3633
-5.0	1.3868	1.4109	1.4351	1.4586	1.4818	1.5050	1.5282	1.5514	1.5744	1.5962
0.0	1.6184	1.6412	1.6649	1.6897	1.7176	1.7481	1.7795	1.8115	1.8440	1.8759
5.0	1.9051	1.9345	1.9643	1.9950	2.0269	2.0614	2.0982	2.1365	2.1763	2.2177
10.0	2.2600	2.3044	2.3499	2.3963	2.4434	2.4912	2.5381	2.5838	2.6304	2.6784
15.0	2.7281	2.7800	2.8382	2.8988	2.9612	3.0252	3.0904	3.1555	3.2198	3.2850
20.0	3.3510	3.4180	3.4862	3.5564	3.6279	3.7006	3.7745	3.8494	3.9248	3.9993
25.0	4.0753	4.1531	4.2333	4.3160	4.4014	4.4899	4.5827	4.6803	4.7833	4.8923
30.0	5.0079									

由于原油性质不同，加工方法和调合比例也各有差异，在实际应用中发现，此方法还存在一定的误差。因此，需要针对本单位实际情况对换算因子作相应的修正。

李为民等用人工神经网络的方法对柴油调合凝点、冷滤点建模，凝点偏差小于 2℃ 的预报准确率达到 95%。凝点偏差小于 1℃ 的预报准确率为 50%；冷滤点偏差小于 1℃ 的预报准确率为 60%。凝点误差平均为 0.98℃；冷滤点误差平均为 0.90℃，均优于以上统计回归数学模型的预测能力。但是用神经网络模型进行调合优化计算时，计算比较困难，可以采用遗传算法进行优化。神经网络模型建模方法见本章第六节。

二、冷滤点的计算

早期的冷滤点方程的形式如式(4-18)。

$$T_0^{1/y} = \sum_{i=1}^{n} V_i^A T_i^{1/y} \qquad (4-18)$$

式中：参数 A 和 y 为估计值。

后来用来自于 BH 原油和由 VGO 馏分混合成的 17 种调合物的数据，重新拟合上述的冷滤点方程，所得新的冷滤点方程式(4-19)如下：

$$FP_{b}^{13.45}=\sum_{i=1}^{n}V_{i}^{1.03}FP_{i}^{13.45} \tag{4-19}$$

式中 V_i——调合柴油中第 i 组分的体积分数；

FP_i——调合柴油中第 i 组分的冷滤点，℃；

FP_b——调合油品的冷滤点，℃；

n——调合油品的组分数。

该方程预测的 17 组调合物冷滤点的平均误差为 2.36℃，测量值与预测值间的相关系数 R 为 0.938，预测误差在 3℃以内的点占 74%。

三、柴油闪点的调合

当两组分的馏程接近时，其闪点可用重量法公式(4-20)近似计算：

$$t_{混}=\frac{At_{a}+Bt_{b}-f(t_{a}-t_{b})}{100} \tag{4-20}$$

式中 $t_{混}$——调合油的闪点，℃；

A、B——混合油中 a、b 两组分的体积分数；

t_a、t_b——混合油 中 a、b 两组分油 的闪点，且 $t_a>t_b$，℃

f——系数，由表 4-8 查出。

表 4-8 柴油闪点调合系数表

A	B	f	A	B	f	A	B	f
5	95	3.3	40	60	21.7	75	25	30.0
10	90	6.5	45	55	23.9	80	20	29.2
15	85	9.2	50	50	25.9	85	15	26.0
20	80	11.9	55	45	27.6	90	10	21.0
25	75	14.5	60	40	29.2	95	5	12.0
30	70	17.0	65	35	30.0			
35	65	19.4	70	30	30.3			

多组分的调合可由下列计算式(4-21)求出

$$0.929^{t} = 0.929^{t_1} \cdot V_1 + 0.929^{t_2} \cdot V_2 + \cdots + 0.929^{t_n} \cdot V_n \quad (4-21)$$

式中 t——调合油的闪点,℃;

$t_1, t_2, \cdots, t_n$——组分油1,2,…,n的闪点,℃;

$V_1, V_2, \cdots, V_n$——组分油1,2,…,n的体积分数。

上述公式适用于闪点在30~150℃范围,计算结果与实测值绝对误差不超过2℃。也可以用线图图4-2进行查定。

四、苯胺点与十六烷值的调合计算

1. 苯胺点

苯胺点的调合指数由表4-9查出,由 $I_m = \sum_i V_i I_i$ 计算出调合后的调合指数,再由表查出其苯胺点。

表4-9 苯胺点调合指数

苯胺点/℉	0	1	2	3	4	5	6	7	8	9
-20	—	1.00	2.46	4.17	6.06	8.10	10.3	12.6	14.9	17.4
-10	20.0	22.6	25.3	28.1	30.9	33.8	36.8	39.8	42.8	46.0
0	49.1	52.4	55.6	58.9	62.3	65.7	69.1	72.6	76.1	79.6
10	83.2	86.8	90.5	94.2	97.9	102	105	109	113	117
20	121	125	129	133	137	141	145	149	153	157
30	162	166	170	174	179	183	187	192	196	200
40	205	209	214	218	223	227	232	237	241	246
50	250	255	260	264	269	274	279	283	288	293
60	298	303	308	312	317	322	327	332	337	342
70	347	352	357	362	367	372	377	382	388	393
80	398	403	408	414	419	424	429	435	440	445
90	451	456	461	467	472	477	483	488	494	499
100	505	510	516	521	527	532	538	543	549	554
110	560	566	571	577	582	588	594	599	605	611
120	617	622	628	634	640	645	651	657	663	669
130	674	680	686	692	698	704	710	716	722	727
140	733	739	745	751	757	763	769	775	781	788
150	794	800	806	812	818	824	830	836	842	849
160	855	861	867	873	880	886	892	898	904	911

续表

苯胺点/℉	0	1	2	3	4	5	6	7	8	9
170	917	923	930	936	942	948	955	961	967	974
180	980	986	993	999	1006	1012	1019	1025	1031	1038
190	1044	1050	1057	1064	1070	1077	1083	1090	1096	1103
200	1110	1116	1122	1129	1136	1142	1149	1156	1162	1169
210	1176	1182	1189	1196	1202	1209	1216	1222	1229	1236
220	1242	1249	1256	1262	1269	1276	1283	1290	1330	1337
230	1310	1317	1324	1331	1337	1344	1351	1358	1365	1372
240	1379	1386	1392	1400	1406	1413	1420	1427	1434	1441

混合的苯胺点/℉	0	1	2	3	4	5	6	7	8	9
0	−736	−730	−723	−716	−709	−703	−696	−689	−682	−675
10	−668	−660	−653	−646	−639	−631	−623	−616	−608	−600
20	−593	−584	−577	−569	−561	−552	−544	−536	−528	−519
30	−511	−503	−494	−488	−477	−468	−460	−451	−442	−433
40	−425	−416	−407	−398	−389	−380	−371	−361	−352	−343
50	−334	−324	−315	−306	−296	−287	−277	−267	−258	−248
60	−239	−229	−219	−210	−200	−190	−180	−170	−160	−150
70	−140	−130	−120	−110	−100	−89.6	−79.4	−69.2	−58.9	−48.6
80	−38.3	−27.9	−17.5	−7.06	3.39	13.9	24.4	35.0	45.5	56.1
90	66.8	77.4	88.1	98.8	110	120	131	142	153	164
100	175	186	197	208	219	230	241	252	263	274
110	285	297	308	319	330	342	353	364	376	387
120	399	410	422	433	445	456	468	479	491	503
130	514	526	538	550	561	573	585	597	609	620
140	632	644	656	668	680	692	704	716	728	741

【例 4−7】 已知组分 A 的体积比为 0.8、苯胺点为 70℉，组分 B 的体积比为 0.2、苯胺点为 40℉(混合的)，求调合后的苯胺点。

解： 先查得苯胺点为 70℉时的调合指数为 347，苯胺点为 40°F(混合的)的调合指数为−425。

所以 $I_m = 0.8 \times 347 + 0.2 \times (-425) = 193$

查得苯胺点为 37℉，(或 102℉混合的)。

2. 十六烷值

十六烷值代表柴油在柴油发动机中着火性能的一个约定量值。是在规定条件下的标准发动机试验中，通过和标准燃料进行比较来测定，采用和被测定燃料具有相同着火延迟期的标准燃料中十六烷的体积百分数来表示，柴油调合的十六烷值计算可以先计算柴油调合的苯胺点，再用下式(4-22)计算。

$$CN = 16.419 - 1.1332\left(\frac{AP}{100}\right) + 12.9676\left(\frac{AP}{100}\right)^2 - 0.2050\left(\frac{AP}{100}\right)^3 + 1.1723\left(\frac{AP}{100}\right)^4 \qquad (4-22)$$

式中 CN——十六烷值；

AP——苯胺点。

第四节 润滑油基础油调合指标的计算

一、润滑油基础油调合黏度的计算

黏度是润滑油最主要的特性之一，是划分油品牌号的重要依据。基础油调合时其黏度呈非线性变化。通过实践已总结整理出多个用来描述这种变化规律的数学模型，并且应用于预测基础油调合时的黏度，经常使用的有：

1. 国际通用的黏度调合计算模型

$$\lg\mu_{混} = \sum V_i \lg\mu_i \qquad (4-23)$$

式中 $\mu_{混}$——调合油品同温度下的黏度；

μ_i——i 组分同温度下的黏度；

V_i——i 组分在调合油中的体积分率。

在实际使用中有人将上式中的体积分率 V_i 改为质量分率也取得了满意的结果，其计算值与实测值误差在±0.1mm²/s 以内。

2. 美国标准局的黏度调合计算模型

$$\lg\lg\mu_{混} = \sum V_i \lg\lg(\mu_i + K) \qquad (4-24)$$

式中 $\mu_{混}$——调合油品的运动黏度；

μ_i——i 组分的运动黏度；

V_i——i 组分的体积分率。

K——常数，37.8℃润滑油的 $K=0.6$。

3. 线图查找法

高、低黏度油任意比的混合油黏度可以由图 4-3 查出。由图 4-2 可以根据同温下测得的组分油的黏度查出调合的成品油要达到某一黏度时，各组分的调合比例(体积)。例如，混合油目标黏度 13mm²/s(100℃)为 A，通过 A 与温度轴平行引线，与高黏度油 190mm²/s(40℃)和 17mm²/s(100℃)的引线交点 B，与低黏度油 55.7mm²/s（40℃）和 7.5mm²/s(100℃）的引线交点 C，测 BC 及 AC 间距离（精度 0.5mm)分别为 33mm 及 22.6mm，高黏度油所要混合体积比 = AC/BC = 22.6/33 = 0.685，则所要低黏度油 = 1.0 - 0.685 = 0.315，即高、低黏度油各要 68.5% 和 31.5%。

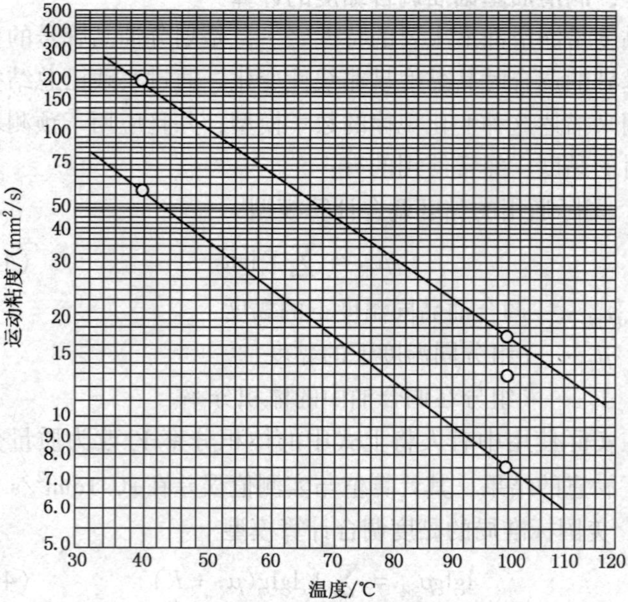

图 4-3　润滑油黏度调合计算图

4. H 值计算法

由式(4-25)算出混合组分或混合油黏度(mm^2/s)相对应的 H 值，H 值与混合比呈线性关系。H 值也可由表 4-10 查出 μ 的相对应数值，但各成分油黏度必须为同一温度。

$$H \approx 870 \times \lg\lg(\mu + 0.7) + 154 \qquad (4-25)$$

表 4-10　混合黏度 H 值查出表

黏度/(mm^2/s)	0	0.1	0.2	0.3	0.4	0.5	0.6	0.7	0.8	0.9
1	-300	-271	-247	-222	-199	-179	-161	-145	-131	-119
2	-108	-97	-88	-79	-70	-62	-55	-48	-41	-35
3	-29	-23	-17	-12	-7	-2	3	8	12	17
4	21	25	30	34	37	41	45	49	52	56
5	59	63	66	69	72	76	79	82	85	88
6	91	93	96	99	102	106	108	110	112	114
7	116	118	120	122	124	126	128	129	131	133
8	135	137	138	140	142	143	145	147	148	150
9	151	153	154	156	157	159	160	162	163	164
黏度/(mm^2/s)	0	1	2	3	4	5	6	7	8	9
10	166	179	191	201	211	220	225	236	243	250
20	256	262	268	273	278	283	288	292	296	300
30	304	307	311	314	317	320	323	326	329	332
40	334	337	339	342	344	346	348	351	353	355
50	357	359	360	362	364	366	368	369	371	372
60	374	376	377	378	380	381	383	384	385	387
70	388	389	391	392	393	394	395	396	398	399
80	400	401	402	403	404	405	406	407	408	409
90	410	411	412	413	413	414	415	416	417	418
黏度/(mm^2/s)	0	10	20	30	40	50	60	70	80	90
100	419	426	433	440	445	450	455	460	464	468
200	472	475	478	481	484	487	490	492	495	497
300	499	501	503	505	507	509	511	513	514	516
400	518	519	521	522	523	525	526	527	529	530
500	531	532	534	535	536	537	538	539	540	541
600	542	543	544	545	546	547	547	548	549	550
700	551	552	552	553	554	555	555	556	557	558
800	558	559	560	560	561	562	562	563	564	564
900	565	565	566	567	567	568	568	569	569	570

续表

黏度/(mm^2/s)	0	100	200	300	400	500	600	700	800	900
1000	571	576	580	584	588	592	595	598	601	604
2000	606	608	611	613	615	617	619	621	622	624
3000	625	627	628	630	631	633	634	635	636	637
4000	639	640	641	642	643	644	645	646	647	648
5000	648	649	650	651	652	653	653	654	655	656
6000	656	657	658	658	659	660	660	661	662	662
7000	663	663	664	665	665	666	666	667	667	668
8000	668	669	669	670	670	671	671	672	672	673
9000	673	674	674	675	675	676	676	676	677	677

【例 4-8】 试求用 2.5mm^2/s 的轻油和 500mm^2/s 的常压残油调成黏度 225mm^2/s 混合油(C 重油)的混合比，应用轻油及残油的百分比。

由表 4-10 查出轻油黏度 2.5mm^2/s 的 H 值为-62，常压残油 500mm^2/s 的 H 值为 531，欲调成 C 重油黏度 225mm^2/s 的 H 值为 487。

设轻油混合比为 x，则常压残油混合比为$(1-x)$而成下式：

$$x \times (-62) + (1-x) \times 531 = 1.0 \times 487$$

所以 $x = 0.07$ 即为 7.5%

所需混合比为轻油 7.5%，常压残油 92.5%。

5. 黏度调合指数法

油品调合后的黏度调合指数与各组分油品的黏度调合指数存在以下关系(4-26)：

$$VF_{\mathrm{b}} = \sum V_i \times VF_i \qquad (4-26)$$

式中 VF_{b}——调合油的黏度调合指数；

VF_i——i 组分的黏度调合指数；

V_i——i 组分的体积分率。

黏度调合指数见表 4-11。

计算实例列于表 4-12。由表 4-11 中查出组分 A、B、C 的黏度调合指数，根据上式算出调合油品的黏度调合指数，再由表4-11反查出调合油品的黏度。

表 4-11　黏度调合指数表(筐内系同温度下黏度调合体积指数)

黏度/(mm^2/s)	0.00	0.01	0.02	0.03	0.04	0.05	0.06	0.07	0.08	0.09
0.5	0.000	0.006	0.013	0.019	0.025	0.03	0.036	0.041	0.046	0.051
0.6	0.056	0.061	0.065	0.069	0.074	0.078	0.082	0.086	0.089	0.093
0.7	0.097	0.100	0.104	0.107	0.110	0.114	0.117	0.120	0.123	0.126
0.8	0.128	0.131	0.134	0.0137	0.0139	0.142	0.144	0.147	0.149	0.152
0.9	0.154	0.156	0.0159	0.161	0.163	0.165	0.167	0.169	0.172	0.174
黏度/(mm^2/s)	0.0	0.1	0.2	0.3	0.4	0.5	0.6	0.7	0.8	0.9
1	0.176	0.194	0.210	0.224	0.236	0.247	0.257	0.266	0.275	0.283
2	0.290	0.297	0.303	0.309	0.314	0.320	0.325	0.329	0.334	0.338
3	0.342	0.346	0.350	0.353	0.357	0.360	0.363	0.366	0.369	0.372
4	0.375	0.378	0.380	0.383	0.385	0.387	0.390	0.392	0.394	0.396
5	0.398	0.400	0.402	0.404	0.406	0.408	0.410	0.411	0.413	0.414
6	0.416	0.418	0.419	0.421	0.422	0.423	0.425	0.426	0.428	0.429
7	0.431	0.432	0.433	0.434	0.436	0.437	0.438	0.439	0.440	0.442
8	0.443	0.444	0.445	0.446	0.447	0.448	0.449	0.450	0.451	0.452
9	0.453	0.454	0.455	0.456	0.456	0.457	0.458	0.459	0.460	0.461
黏度/(mm^2/s)	0	1	2	3	4	5	6	7	8	9
10	0.462	0470	0.477	0.483	0.489	0.494	0.499	0.503	0.508	0.511
20	0.513	0.519	0.522	0.525	0.528	0.531	0.533	0.536	0.538	0.541
30	0.543	0.545	0.547	0.549	0.551	0.553	0.555	0.557	0.558	0.559
40	0.561	0.563	0.564	0.566	0.567	0.568	0.570	0.571	0.572	0.573
50	0.575	0.576	0.577	0.578	0.579	0.580	0.581	0.582	0.583	0.584
60	0.585	0.586	0.587	0.588	0.589	0.590	0.591	0.592	0.592	0.593
70	0.594	0.595	0.596	0.596	0.597	0.598	0.599	0.599	0.600	0.601
80	0.602	0.602	0.603	0.603	0.604	0.605	0.605	0.606	0.607	0.607
90	0.608	0.608	0.609	0.610	0.610	0.611	0.611	0.612	0.612	0.613

续表

黏度/(mm²/s)	0	10	20	30	40	50	60	70	80	90
100	0. 613	0. 618	0. 623	0. 627	0. 631	0. 634	0. 637	0. 640	0. 643	0. 646
200	0. 648	0651	0. 653	0. 655	0. 657	0. 659	0. 661	0. 662	0. 664	0. 666
300	0. 667	0. 669	0. 670	0. 671	0. 6773	0. 674	0. 675	0. 676	0. 678	0. 679
400	0. 680	0. 681	0. 682	0. 683	0. 684	0. 685	0. 686	0. 687	0. 688	0. 688
500	0. 689	0. 690	0. 691	0. 692	0. 692	0. 693	0. 694	0. 695	0. 696	0. 696
600	0. 697	0. 698	0. 698	0. 699	0. 700	0. 700	0. 701	0. 701	0. 702	0. 702
700	0. 703	0. 704	0. 704	0. 705	0. 705	0. 706	0. 706	0. 707	0. 707	0. 708
800	0. 708	0. 709	0. 709	0. 710	0. 710	0. 711	0. 711	0. 712	0. 712	0. 713
900	0. 713	0. 714	0. 714	0. 715	0. 715	0. 715	0. 716	0. 716	0. 716	0. 717

黏度/(mm²/s)	0	100	200	300	400	500	600	700	800	900
1000	0. 717	0. 721	0. 724	0. 727	0. 730	0. 733	0. 735	0. 737	0. 739	0. 741
2000	0. 743	0. 745	0. 747	0. 748	0. 750	0. 751	0. 752	0. 754	0. 755	0. 756
3000	0. 757	0. 758	0. 759	0. 761	0. 762	0. 763	0. 764	0. 765	0. 765	0. 766
4000	0. 767	0. 768	0. 769	0. 770	0. 770	0. 7721	0. 772	0. 772	0. 773	0. 774
5000	0. 775	0. 775	0. 776	0. 777	0. 778	0. 778	0. 778	0. 779	0. 779	0. 780
6000	0. 780	0. 781	0. 781	0. 782	0. 782	0. 783	0. 783	0. 784	0. 784	0. 785
7000	0. 785	0. 786	0. 786	0. 787	0. 787	0. 787	0. 788	0. 788	0. 789	0. 790
8000	0. 790	0. 790	0. 790	0. 791	0. 791	0. 791	0. 792	0. 792	0. 792	0. 973
9000	0. 793	0. 794	0. 794	0. 794	0. 795	0. 795	0. 795	0. 796	0. 796	0. 797

黏度/(mm²/s)	0	1000	2000	3000	4000	5000	6000	7000	8000	9000
10000	0. 796	0. 799	0. 802	0. 804	0. 806	0. 808	0. 810	0. 812	0. 814	0. 815
20000	0. 817	0. 818	0. 820	0. 821	0. 822	0. 823	0. 824	0. 25	0. 826	0. 827
30000	0. 828	0. 829	0. 830	0. 831	0. 832	0. 833	0. 833	0. 834	0. 835	0. 836
40000	0. 836	0. 837	0. 838	0. 838	0. 839	0. 839	0. 840	0. 841	0. 841	0. 842
50000	0. 842	0. 843	0. 843	0. 844	0. 844	0. 845	0. 845	0. 846	0. 846	0. 847
60000	0. 847	0. 848	0. 848	0. 848	0. 849	0. 849	0. 850	0. 850	0. 850	0. 851
70000	0. 851									
80000	0. 854									
90000	0. 858									

表 4-12　调合黏度计算例

组分	调合中馏分体积比	黏度(40℃)/(mm²/s)	调合指数	组分体积×指数
A	0.5	640	0.700	0.35
B	0.3	16.4	0.500	0.15
C	0.2	2.15	0.300	0.06
合计	1.0	39.5	0.560	0.560

6. 黏度系数法

油品的黏度系数与体积呈线性关系，如式(4-27)：

$$C_{混} = \sum V_i C_i \qquad (4-27)$$

式中　$C_{混}$——几个组分混合后的黏度系数；

C_i——i 组分的黏度系数；

V_i——i 组分的体积分率。

油品的黏度系数由下式(4-28)计算求得：

$$C = 1000\lg\lg(\mu + 0.8) \qquad (4-28)$$

用黏度系数法计算调合油品的黏度时，先由式(4-28)计算出组分的黏度系数，再计算出调合油品的黏度系数，最后由式(4-28)计算出调合油品的黏度。

二、闪点调合计算

闪点调合计算可以用调合指数计算法用式(4-12)、式(4-20)等计算，也可以用如下介绍的方法。

1. 近似式计算法

将已知各混合组分油或混合油的闪点和混合体积分数代入式(4-29)，算出混合油或混合组分油的闪点。本法最适于重质油闪点的计算。

$$F_m = -100\lg\left[\frac{V_1}{V_1 + V_2}10^{-F_1/100} + \frac{V_2}{V_1 + V_2}10^{-F_2/100}\right] \qquad (4-29)$$

式中　F_m——混合油的闪点，℃；

F_1, F_2——各混合组分油的闪点，℃；

V_1, V_2——各混合组分油的体积分数，%。

如系按质量分数混合时，应将各混合组分或混合油用密度换算成体积分数后计算。所得数为近似值，比实测值高 2～13℃。本计算法对轻质油的结果偏差较大。

2. 线图查定法

图 4-4 适合重质油闪点的查定。

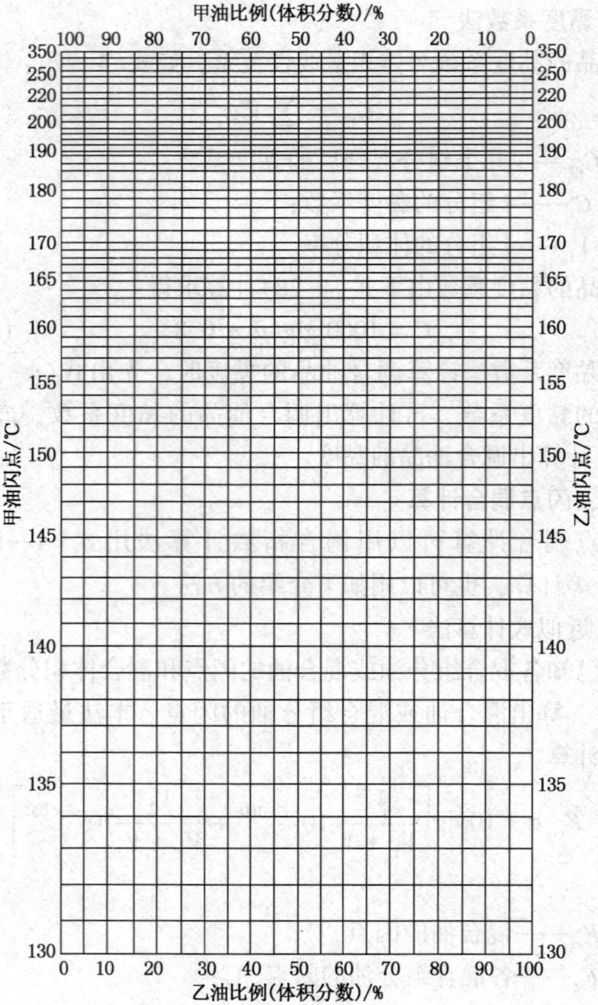

图 4-4　重质混合油闪点查定图

【例 4-9】 由图 4-4 查定闪点 132℃的油 30%(mol)和闪 148℃的油 70%(mol)的混合油的闪点时，由图 4-4 左侧 0%的 132℃点和图 4-4 右侧 100%线的 148℃点连结成直线，则此线与 30%(mol)线相交点处沿闪点温度线平行引向左侧竖线，则与之相交点的 135.7℃，即推定为该混合油的闪点。开口杯法闪点或闭口杯法闪点均可使用，但每一查定必须用相同方法的两个闪点。

第五节 船用燃料油的调合

船用燃料油通常是向重油组分中掺入轻组分油调合成的。这不仅由于船用燃料油规格在黏度和凝点等指标方面有一定的要求，而且为了防止船用燃料油中沥青质和油泥凝聚生成沉淀，必须保持燃料油的良好安定性和配伍性。油品在实际使用中，往往由于油品的安定性和配伍性差，而产生储罐内沉积、离心机超载和过滤器堵塞等现象而影响使用，但油品规格本身在这方面则没有规定任何指标。掺入轻油的性质和数量对船用燃料油的安定性和配伍性有很大的影响。掺入轻油超过一定的比例，会打破沥青质和油状烃类介质之间的平衡，造成沥青质凝聚而沉淀，掺入轻油性质，如芳烃含量高，由于其对沥青质的相溶性(或亲和力)大而不易于造成离析，因此一般大多采用芳烃含量较多的二次加工重馏分进行调制。

在船用燃料油调合中，黏度是主要的控制指标，为了使油料按质量分数掺合时的运动黏度呈直线关系，采用 ν_{50} 作黏度表示方法，它是从 50℃运动黏度计算出来的，即：

$$\nu_{50} = 19.20 + 33.5\lg\lg(50℃\ 运动黏度,\ mm^2/s + 0.85) \quad (4-30)$$

ν_{50} 也可由燃料油黏度掺合图表 4-5 查出。

【例 4-10】 用掺合油(165~350℃馏分)和胜利大于 165℃减粘渣油调合，配制 100tDF-1000 船用燃料油，问需多少掺合油和胜利减粘渣油？

已知胜利减粘渣油100℃黏度146.2mm²/s，掺合油的 ν_{50} = 8.5。由图4-5(二)查得减粘渣油未作温度校正前 ν_{50} 为30.4，由图4-5(四)作温度校正(+7.2)后为37.6。

同样DF-1000在50℃的黏度为120mm²/s，查得 ν_{50} 为29.87。

设 X=掺合油量，100-X=胜利减粘渣油量

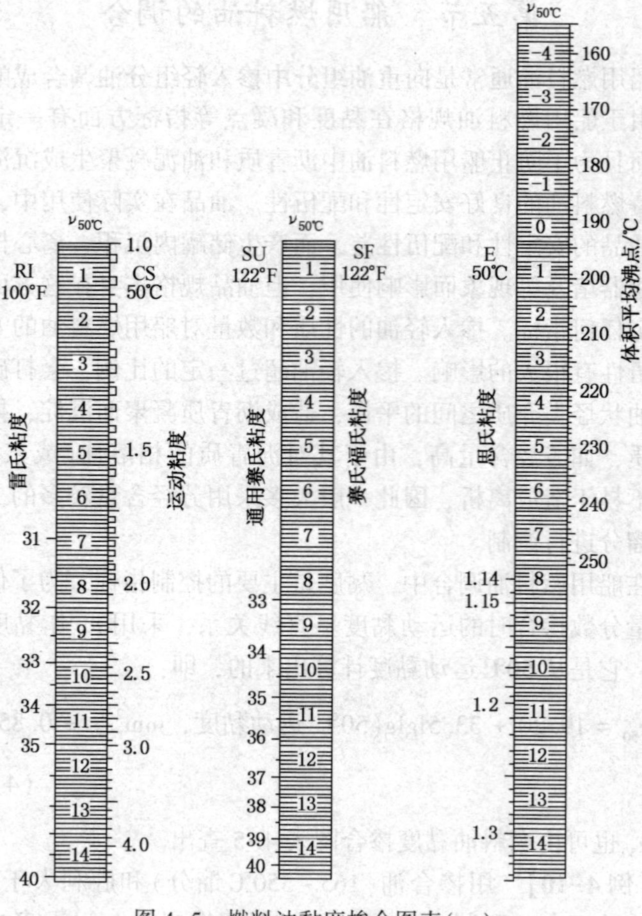

图4-5 燃料油黏度掺合图表(一)

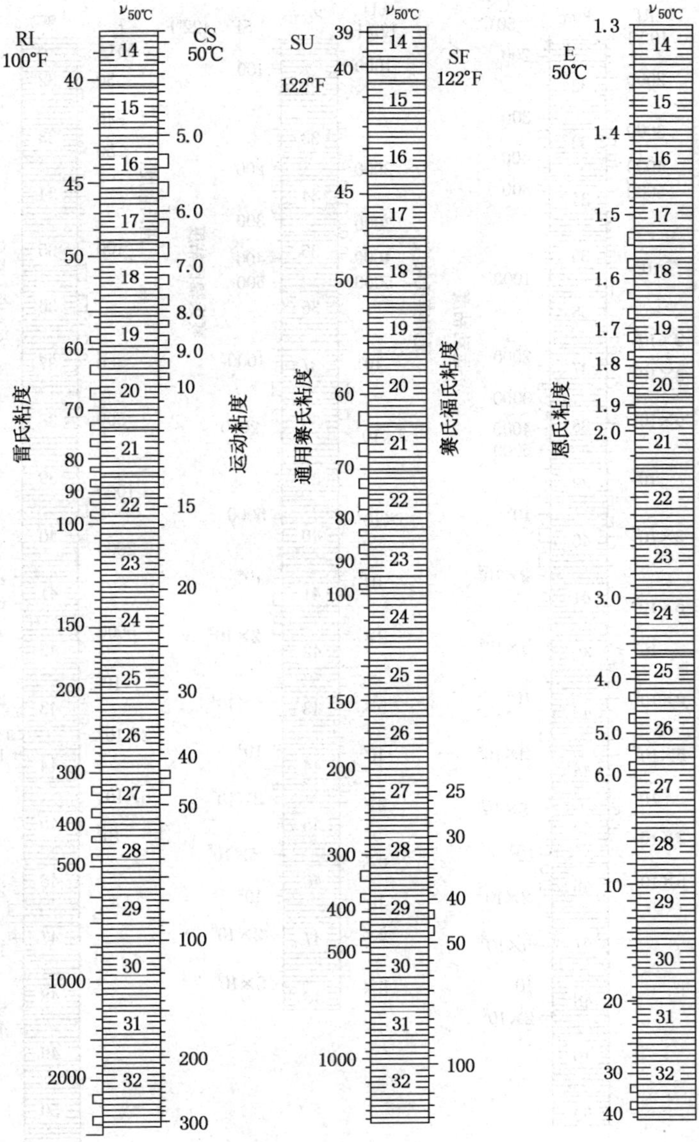

图 4-5　燃料油黏度掺合图表(二)

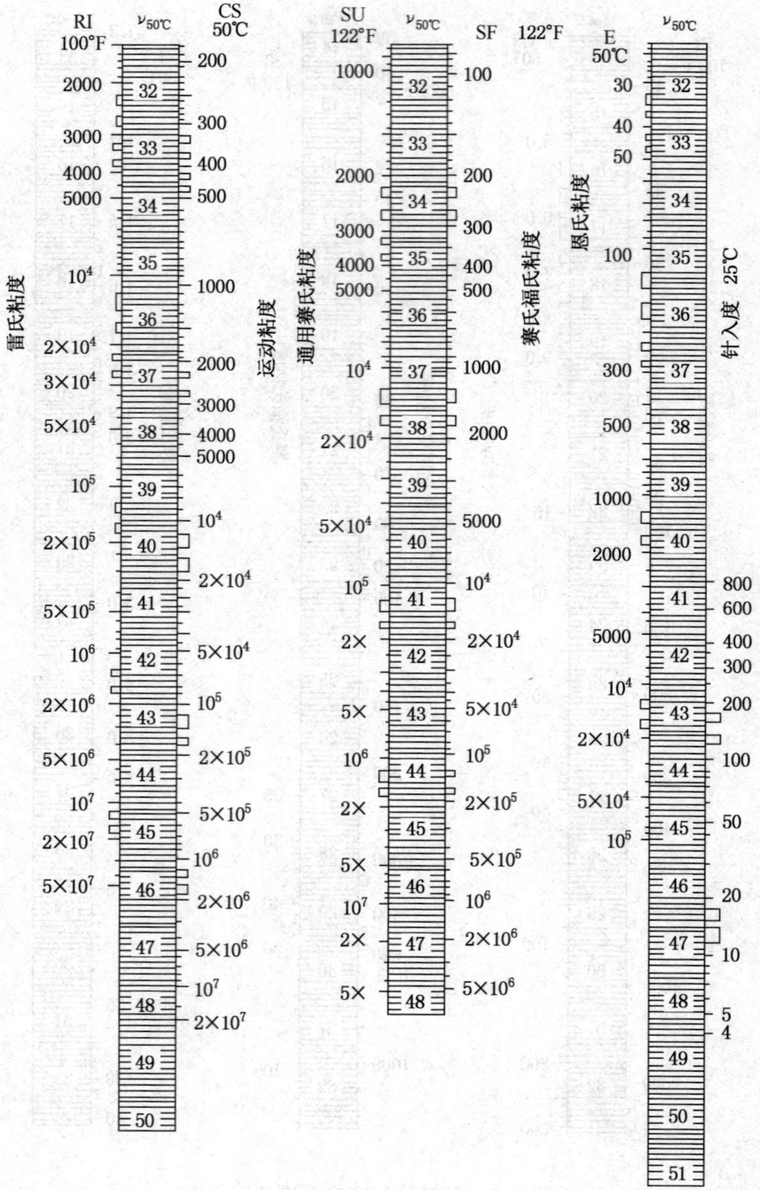

图 4-5 燃料油黏度掺合图表(三)

其他温度下测定的黏度校正到 $\nu_{50℃}$ 的校正值 （50℃以外的 SU、SF 及 E，100℉以外的 RI）			
℃	SU SF E KIN	RI	℉
−20	−12.2	−10.3	−4
−10	−10.3	−8.4	+14
0	−8.4	−6.5	32
+10	−6.6	−4.7	50
+20	−4.9	−3.0	68
	−4.7	−2.8	70
+30	−3.2	−1.3	86
	−1.9	0	100
+40	−1.6	+0.3	104
+50	0	+1.9	122
+60	+1.5	+3.4	140
+70	+3.0	+4.9	158
	+4.0	+5.9	170
+80	+4.4	+6.3	176
+90	+8.8	+7.7	194
	+7.0	+8.9	210
+100	+7.2	+9.1	212
+110	+8.5	+10.4	230
+120	+9.8	+11.7	248
+130	+11.1	+13.0	266
+140	+12.3	+14.2	284
+150	+13.5	+15.4	302
+160	+14.6	+16.5	320
+170	+15.8	+17.7	338

图 4−5　燃料油黏度掺合图表（四）

$$(100 - X) \times 37.6 + 8.5X = 100 \times 29.87$$

得 $X = 26.56$t。

温度校正：

① 从其他温度下测定的黏度，计算图表温度下的黏度时，必须把前一温度的校正值加在未校正的 ν 值中。

例：计算 $E_{20℃}$ 黏度为 10 的燃料油的 50℃黏度。

10 $E_{20℃} \rightarrow 28.4\nu_{20}$（未校正）

温度校正：对 20℃为-4.9，$\nu_{50}=23.5$

得 $E_{50℃}=3.0$

② 从图表温度下测定的黏度计算其他温度下的黏度时，必须从 ν_{50} 值减去相当于两温度的校正值。

例：计算 $RI_{100℉}$ 为 2000s 的燃料油的 $RI_{140℉}$ 黏度。由 2000s $RI_{100℉}=31.7\nu$，

温度校正：100 →140℉为-3.4

温度校正后为 28.3ν

$RI_{140℉}$ 黏度 550s。

第六节　神经网络模型

前面介绍的都是传统上意义上的采用回归法建立的调合模型。这种方法需要事先对调合过程机理有一定的认识，并要给定模型的解析表达式。在具体建模过程中，根据情况还要人为地不断调整这种表达式。

近年来，在神经网络建模方面已取得有效成果。与传统建模方法比较，神经网络的最大优点在于：无需预先给出模型的数学表达；具有对过程数据进行自组织自学习的特点，便于在使用过程中不断完善；对过程信息可实现分布式存储，对输入信号有一定程度的抗干扰性。

对前向型人工神经网络，它由输入层、输出层及隐含层互连而成的三层网络（见图 4-6），网络的结构是由最小可执行单元神经元组成的，每个神经元包括两种运算。第一，把 n 个输入量加权求和，得出该神经元的活动状态 $a=-Q+\sum_{i=1}^{n}x_iw_i$，其中 Q 为该神经元节点的阈值，用于调节节点的活动状态，x_i 为输入量，w_i 为连接权重系数；第二，每个节点有一输出函数 $Y=f(a)$，将该节点的活动状态变成输出信号，一般选用 S 型函数作为输出函

数：$f(a)=1/(1+e^{-a})$。

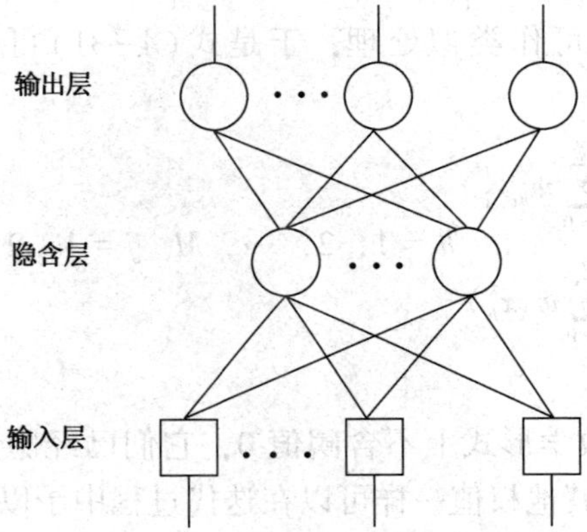

图 4-6　前向型人工神经网络图

设输入层有 $N+1$ 个神经元，对应于 N 个输入值和一个偏值(bias)，隐含层 $M+1$ 个节点，其中也有一个偏值，输出层有 L 个神经元。

假设第 $k(k=1,2,\cdots,P)$ 个实验样本的第 i 个输入参数为 x_i^k，隐含层第 h 个节点输出值为 y_h^k，输出层第 j 个节点输出值为 z_j^k 每一节点的输入与输出值通过非线型的 Sigmoid 函数变换。

如果输入层与隐含层之间的权值为 w_{hi}，隐含层与输出层之间的权值为 w_{jh}，则各节点的输出按下式(4-31)计算：

$$y_h^k=f\left(\sum_{i=1}^{N}w_{hi}x_i^k+\theta_h\right)$$
$$h=1,2,\cdots,M \quad j=1,2,\cdots,L$$
$$z_j^k=f\left(\sum_{h=1}^{M}w_{jh}y_h^k+\theta_j\right)$$

(4－31a，b)

式中，θ_h 和 θ_j 分别是，隐含层与输出层各节点的内部阈值。在输入层和隐含层之间各设一个神经元 bias，即第 0 个节点，取它的指定输出值为 1.0，对于隐含层，令 $\theta_h=w_{j0}x_0^k(x_0^k=1.0)$，则式(4-31)中的自变量部分可表示成式(4-32)：

$$\sum_{i=1}^{N} w_{hi}x_i^k + w_{j0}x_0^k = \sum_{i=0}^{N} w_{hi}x_i^k \qquad (4-32)$$

对于输出层也可作类似处理，于是式(4-31)可改写为式(4-33)：

$$y_h^k = f\left(\sum_{i=0}^{N} w_{hi}x_i^k\right)$$

$$h = 1, 2, \cdots, M \quad j = 1, 2, \cdots, L$$

$$z_j^k = f\left(\sum_{h=0}^{M} w_{jh}x_h^k\right)$$

(4-33a，b)

式(4-33) 在数学形式上不含阈值0，它们已经隐含在相应的权值里，并且与其他权值一样可以在迭代过程中予以优化。

如果在[-1，1]区间给权重 w_{hi} 和 w_{jh} 随机赋值，那么对每一个输入模式 P，网络的总平均误差 E：

$$E = \frac{\left[\sum_{k=1}^{P}\sum_{j=1}^{L}(d_j^k - z_j^k)^2\right]}{LP} \qquad (4-34)$$

式中：P 为送入输入层的训练模式数；L 为输出层的处理单元数；d_j^k 为第 k 个训练模式在第 j 个处理单元上的期望输出值；d_j^k 为为第 k 个训练模式在第 j 个处理单元上的实际输出值。式(4-34)也可写为式(4-35)：

$$E = \frac{1}{LP}\sum_{k=1}^{P}\sum_{j=1}^{L}\left[d_j^k - f\left(\sum_{h=0}^{M} w_{jh}f\left(\sum_{i=0}^{N} w_{hi}x_i^k\right)\right]^2 \qquad (4-35)$$

由于转移函数是连续可微的，显然上式是每个加权的连续可微函数，反过来，为了使误差函数最小，用梯度下降法求得优化的权值，该权值总是从输出层开始修正，然后修正前层权值。从这一层意思讲有反传的含义。根据梯度下降法，由隐蔽层至输出层的连续加权调节量为：

$$\Delta w_{jh} = -\eta\frac{\partial E}{\partial w_{jh}} = \eta\sum_{k=1}^{P}(d_j^k - z_j^k)f'(s_j^k)y_h^k = \eta\sum_{k=1}^{P}\delta_j^k y_h^k$$

(4-36a)

其中 $s_j^k=\sum_{h=0}^{M}w_{jh}f(\sum_{i=0}^{N}w_{hi}x_i^k)$；$\eta$ 为学习速率，δ_j^k 定义为输出节点的误差信号：

$$\delta_j^i=f'(s_j^k)(d_j^k-z_j^k)=f'(s_j^k)\Delta_j^k \tag{4-36b}$$

其中

$$\Delta_j^k=d_j^k-z_j^k \tag{4-36c}$$

对数 Sigmoid 型压缩函数为：

$$f'(s_j^k)=z_j^k(1.0-z_j^k) \tag{4-36d}$$

由输入到隐蔽层的加权修正量可用分层链导法求得：

$$\begin{aligned}\Delta w_{hi}&=-\eta\frac{\partial E}{\partial w_{hi}}=-\eta\sum_{k=1}^{P}\frac{\partial E}{\partial y_h^k}\frac{\partial y_h^k}{\partial w_{hi}}\\&=\eta\sum_{k=1}^{P}\sum_{j=1}^{L}(d_j^k-z_j^k)f'(s_j^k)w_{jh}f'(s_h^k)x_i^k\\&=\eta\sum_{k=1}^{P}\sum_{j=1}^{L}\delta_j^k w_{jh}f'(s_h^k)x_i^k=\eta\sum_{k=1}^{P}\delta_h^k x_i^k\end{aligned} \tag{4-37a}$$

其中 η 为学习速率，$s_h^k=\sum_{i=0}^{N}w_{hi}x_i^k$；$\delta_h^k$ 定义为隐含节点的误差信号：

$$\delta_h^k=f'(s_h^k)\sum_{j=1}^{L}w_{jh}\delta_j^k=f'(s_h^k)\Delta_h^k \tag{4-37b}$$

其中

$$\Delta_h^k=\sum_{j=1}^{L}w_{jh}\delta_j^k \tag{4-37c}$$

对 Sigmoid 型压缩函数：

$$f'(s_h^k)=y_h^k(1.0-y_h^k) \tag{4-37d}$$

1986 年有人提出一种改善 BP 训练时间的方法，称为动量法。同时保证了过程的稳定性。该方法是为每个加权调节量上加一项正比于前次加权变化的值。这就要求每次调节完后，要把调节量记住，以便在下面的加权调节使用。

从隐含层到输出层附加有冲量项的加权调节公式(4-38)为：

$$\Delta w_{jh}^{(t)}=\eta\sum_{k=1}^{P}\delta_j^k y_h^k+\alpha\Delta w_{jh}^{(t-1)} \tag{4-38a}$$

计算权重：

$$w_{jh}^{(t)} = w_{jh}^{(t-1)} + \Delta w_{jh}^{(t)} \qquad (4-38b)$$

从输出到输入层附加有冲量项的加权调节公式(4-39)：

$$\Delta w_{hi}^{(t)} = \eta \sum_{k=1}^{P} \delta_h^k x_i^k + \alpha \Delta w_{hi}^{(t-1)} \qquad (4-39a)$$

计算新的权重：

$$w_{hi}^{(t)} = w_{hi}^{(t-1)} + \Delta w_{hi}^{(t)} \qquad (4-39b)$$

式(4-38)和式(4-39)中，η 为学习速率；α 为动量系数，通常限定在 $0<\alpha<1$ 的范围内。加入这一动量后，使得调节相着底部的平均方向变化，不致产生大的摆动，即冲量项起到缓冲平滑的作用；$w_{jh}^{(t)}$ 是第 i 个元素与隐含层第 h 个元素之间第 t 次迭代训练的连接权重。

BP 训练算法实现步骤：

当多层网络确定以后，所需要的训练数据组应已准备好。根据前面讨论的 BP 算法就可以对网络进行训练了。

BP 训练步骤如下：

① 在[-1, 1]区间内给权重 w_{jh} 和 w_{hi} 随机赋值，并设定训练允许误差 $\varepsilon(\varepsilon>0)$。

② 计算隐含层及输出层的输出，依次正向进行：

$$y_h^k = f\left(\sum_{i=0}^{N} w_{hi} x_i^k\right) \qquad (\text{隐含层})$$

$$z_j^k = f\left(\sum_{h=0}^{N} w_{jh} x_h^k\right) \qquad (\text{输出层})$$

③ 对于送入输入层的 P 个训练模式继续步骤①至步骤②，根据下式计算总的平均平方误差 E：

$$E = \frac{\sum_{k=1}^{P} \sum_{j=1}^{L} (d_j^k - z_j^k)^2}{LP}$$

④ 开始网络的反向传播：从输出开始反向转移到输入，根据下式，计算输出层每一节点的梯度下降项：

$$\delta_j^k = z_j^k (1.0 - z_j^k)(d_j^k - z_j^k)$$

⑤ 继续反向传播：转到隐含层，根据下式，计算隐含层相对于每一个 δ_j^k 的 δ_h^k：

$$\delta_h^k = y_h^k(1.0 - y_h^k)\sum_{j=1}^{L} w_{jh}\delta_j^k$$

⑥ 已知隐含层的 δ_h^k 输出层的 δ_j^h，用下式计算权重变化：

$$\Delta w_{jh}^{(t)} = \eta\sum_{k=1}^{P}\delta_j^k y_h^k + \alpha\Delta w_{jh}^{(t-1)}$$

$$\Delta w_{hi}^{(t)} = \eta\sum_{k=1}^{P}\delta_h^k x_i^k + \alpha\Delta w_{hi}^{(t-1)}$$

⑦ 已知权重变化，根据下式计算权重：

$$w_{jh}^{(t)} = w_{jh}^{(t-1)} + \Delta w_{jh}^{(t)}$$

$$w_{hi}^{(t)} = w_{hi}^{(t-1)} + \Delta w_{hi}^{(t)}$$

对所有的训模式，重复步骤②至步骤⑦，直至平方误差为0或充分小为止。

根据上述 BP 模型的基本算法及其他算法，编制了神经网络计算程序，可以很方便地对实验样本集进行各种计算机训练和预报实验。

神经元网络作为一种有效的非线性逼近器已得到了广泛的重视。使用于汽油或柴油调合过程的建模的优点是适应性强，它还可以通过在线学习调整参数，来跟踪实际系统的缓慢变化，这尤其适用于汽油组分经常发生变化的调合情况。

第六节　油品调合系统优化

一、最佳调合控制的概念

20 世纪 60 年代，国外已开始应用电子计算机对油品管道调合系统进行最佳控制，取得了显著的经济效果。近年来，我国炼厂也已采用油品最佳调合控制。

所谓最佳调合控制，就是控制整个调合过程，在最佳的操作条件下进行，使调合能达到所期望的最好目标。例如，现有几种油品需要调合成所需要质量的一种或两种以上产品时，可以采取不同比例的调合方案。但不同方案的经济收益是不同的，而其中必有一种方案，在满足产品质量约束及物料平衡约束条件下，使目标函数值最大即获得利润最高。这种调合方法称为最优化调合，各组分油量称为最佳调合量，各组分油的调合比称为最佳调合比。在质量指标允许范围内，最佳调合能充分使用较低成本的组分油，也能合理地使用某些不能单独应用的个别组分，并可获得高额利润。

寻找最佳调合条件是实现最佳调合控制的基本问题，目前主要是应用数学模型法。所谓数学模型就是描述油品调合过程规律的一组数学方程式或不等式。例如，根据物料平衡、产品质量等约束条件列出约束条件方程式或不等式和根据调合产品利润列出目标函数方程式等组成调合数学模型，有了调合数学模型，再用数学方法求解，得到最佳调合条件。如果实际调合过程与数学模型有误差，就得不到真正的最佳调合，因此，要求数学模型必须精确地反映调合过程。目前，解决最佳调合比较成熟的方法是线性规划。下面就分别介绍调合系统的数学模型和线性规划及其应用。

二、调合系统的数学模型

在调合系统中，往往把几种物料通过调合工序调合成产品所获取的利润作为目标函数，或把调合过程中的损耗作为目标函数，我们希望得到的利润最大或损耗最小，也就是要求取目标函数的最大值或最小值。

调合产品是由两种或两种以上油品或添加剂混合而成的，但各种调合物料的可用量是受到限制的。我们就是要应用给定的物料量，调合出合乎质量要求的产品，因此，产品的物料量必须和被调合物料量相平衡，不允许任何一种物料超过可使用量，这叫做物料平衡，也称为物料平衡约束条件。一般用线性方程式或线性不等式组，描述物料平衡的约束条件。由于物料量不能为负值，与此相应，则有物料量非负约束条件。

另一方面，调合任务是把具有一定质量的各种被调合物料，调合成我们所要求的产品质量指标。因此，产品的质量和待调合物料质量间存在着一定的函数关系，即受到一定的约束限制，这种约束称为质量约束条件。通常，用质量指标列写线性方程组或不等式组来描述质量约束条件。

油品调合时，可以采用不同组分油量的方法，达到调合产品所要求的质量指标。从数学角度来看，当线性代数方程组的独立方程式个数与未知量的个数相等时，则方程组的解存在且解是惟一的。既然解是惟一的，就没有最优化问题。在实际调合系统中，约束方程式的个数，往往少于未知量个数，因此方程组有无穷组解。这就要应用线性规划方法，从满足约束条件的无穷组解中，选择一组最优解，使目标函数为最大或为最小。

线性规划的各约束条件必须表示为线性方程式组或线性不等式组，同时，目标函数也必须表示为变量的线性函数。在调合系统中多数约束条件都能表示为线性方程式或线性不等式。如果约束条件出现非线性方程式或不等式时，首先要将非线性方程式或不等式进行线性化变为线性方程式，然后才能应用线性规划的方法。调合系统数学模型的一般式如下：

设调合系统如图 4-7 所示。现拟将调合物料 1、2、…、m 等调合成为 n 种产品，在约束条件下，求各物料的最佳调合量及最佳调合比，可满足获取目标函数利润为最大。

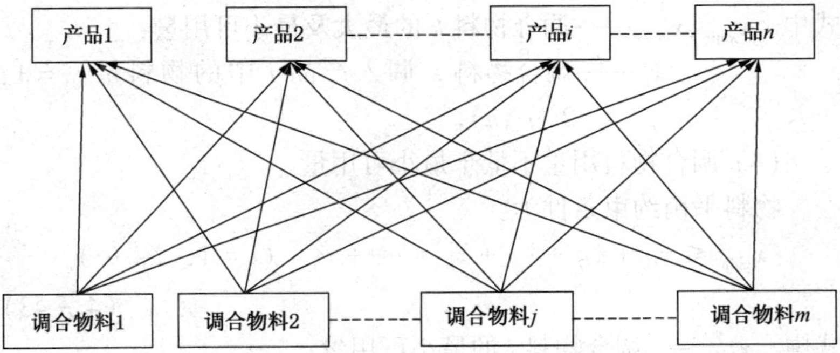

图 4-7　调合系统示意图

1. 物料平衡约束条件

物料平衡约束条件有下述四种情况：

(1) 调合物料用量不能超过其最大可用量

由于装置生产能力的限制，油品库存数量的限制或添加剂用量(添加剂紧张时)的限制等原因，致使某些调合物料用量不能超过其最大可用量。这时，物料平衡约束条件为：

$$x_{i1} + x_{i2} + \cdots + x_{ij} + \cdots + x_{in} \leqslant x_{i\max} \quad (i = 1, 2, \cdots) \tag{4-40}$$

式中：$x_{ij}(j=1, 2, \cdots, n)$为调合物料 i 调入产品 j 中的物料量，$x_{i\max}$为调合物料 i 的最大可用量。

(2) 把一种或几种调合物料全部用完

在调合系统中，有时为了充分利用某种低成本油品，或拟全部使用某种物料，或把某种不能单独应用的组分全部作为调合物料，这时的调合控制就要求把这类物料全部用完。物料平衡约束条件将为：

$$x_{j1} + x_{j2} + \cdots + x_{ji} + \cdots + x_{jn} = x_j \quad (j = 1, 2, \cdots) \tag{4-41}$$

式中 x_{ji}——调合物料 j 调入产品 i 中的物料量(i=1, 2, ⋯, n)；

x_j——全部使用的调合物料量。

(3) 调合物料用量介于最大与最小可用量之间

即

$$x_{k\min} \leqslant x_{k1} + x_{k2} + \cdots + x_{ki} + \cdots + x_{kn} \leqslant x_{k\max} \quad (k=1, 2, \cdots) \tag{4-42}$$

式中 $x_{k\min}$, $x_{k\max}$——调合物料 k 的最大及最小可用量；

x_{ki}——调合物料 k 调入产品 i 中的物料量(i = 1, 2, ⋯, n)。

(4) 调合物料用量不低于最小可用量

物料平衡约束条件为：

$$x_{l\min} \leqslant x_{l1} + x_{l2} + \cdots + x_{li} + \cdots + x_{ln} \quad (l = 1, 2, \cdots) \tag{4-43}$$

式中 $x_{l\min}$——调合物料 l 的最小可用量；

x_{li}——调合物料 l 调入产品 i 中的物料量(i=1,2,⋯,n)。

2. 质量约束条件

为了保证调合质量，必须对调合产品的主要质量指标加以控制。石油产品的性能指标，如密度、馏程、蒸气压等，在调合前后呈体积加成的线性关系，而辛烷值、黏度、凝点等指标，在调合前后呈非线性关系。对调合前后质量指标呈非线性关系时，要进行线性化处理。

(1) 调合产品质量指标不超过给定值

以比重为例说明。设产品 i 要求的比重指标不超过给定的比重最大值 d_{max}。如比重数学模型为线性时，则

$$\frac{x_{1i}d_1 + x_{2i}d_2 + \cdots + x_{mi}d_m}{x_{1i} + x_{2i} + \cdots + x_{mi}} \leqslant d_{max} \qquad (4-44)$$

式中 d_1，d_2，…，d_m——分别为调合物料 x_{1i}，x_{2i}，…，x_{mi} 的比重，由式(4–44)可知：

$$产品比重值 = \frac{\sum(调合物料量 \times 组分油比重)}{\sum 调合物料量} \qquad (4-45)$$

$$= \frac{\sum(调合比 \times 组分油比重)}{\sum 调合比}$$

当质量指标数学模型为线性时，则

$$产品质量指标值 = \frac{\sum(调合物料量 \times 组分油质量指标值)}{\sum 调合物料量} \qquad (4-46)$$

$$= \frac{\sum(调合比 \times 组分油质量指标值)}{\sum 调合比}$$

(2) 调合产品质量指标不低于给定值

设产品 j 要求的比重指标，不低于给定的比重最小值 d_{min} 时，则

$$\frac{x_{1j}d_1 + x_{2j}d_2 + \cdots + x_{mj}d_m}{x_{1j} + x_{2j} + \cdots + x_{mj}} \geqslant d_{min} \qquad (4-47)$$

（3）调合产品质量指标介于给定的最大值与最小值之间

在最佳调合系统中，为获取最高利润，主要质量指标是卡边的。例如汽油价格是根据辛烷值的大小确定的，所以辛烷值是个有价值的量。我们希望成品油的辛烷值等于或稍大于给定指标，但不能高于指标太多，一般是在给定指标附近，取一个极小范围作为给定指标的上、下限值。当质量指标 f 的数学模型为线性时，则质量约束条件将变为：

$$f_{\min}(x_{1k}+x_{2k}+\cdots+x_{ik}+\cdots+x_{mk})\leqslant (x_{1k}f_1+x_{2k}f_2+K+x_{ik}f_i+\cdots+x_{mk}f_m) \leqslant f_{\max}(x_{1k}+x_{2k}+\cdots+x_{ik}+\cdots+x_{mk}) \quad (k=1,\ 2,\ \cdots,\ n) \tag{4-48}$$

式中 $f_{\max}$、$f_{\min}$——分别为产品质量指标的上、下限给定值；

x_{ik}——调合物料 i 调入产品 k 中的物料量（$i=1,\ 2,\ \cdots,m$）；

f_i——调合物料 i 的质量指标（$i=1,\ 2,\ \cdots,\ m$）。

3. 目标函数

在一般情况下，取最大利润为目标函数，也可根据实际情况选取其他变量。例如，当国家急需某种产品时，则将该产品的最大产量作为目标函数。又如，当希望某组分油或添加剂等用量越少越好时，则选取该组分油或添加剂用量为目标函数，但取其最小值。目标函数 $f(x)$ 可以表示为式(4-49)：

$$f(x)=\sum_{i=1}^{n}c_ix_i \tag{4-49}$$

式中 c_i——物料 x_i 的价值系数。

4. 调合系统数学模型的一般式

将上述各式进行归纳。

物料平衡约束条件：

$$x_{i1}+x_{i2}+\cdots+x_{ij}+\cdots+x_{in}\leqslant x_{i\max} \quad (i=1,\ 2,\ \cdots) \tag{4-40}$$

$$x_{j1}+x_{j2}+\cdots+x_{ji}+\cdots+x_{jn}=x_j \quad (j=1,\ 2,\ \cdots) \tag{4-41}$$

$$x_{k\min} \leqslant x_{k1} + x_{k2} + \cdots + x_{ki} + \cdots + x_{kn} \leqslant x_{k\max} \quad (k = 1, 2, \cdots) \tag{4-42}$$

$$x_{l\min} \leqslant x_{l1} + x_{l2} + \cdots + x_{li} + \cdots + x_{ln} \quad (l = 1, 2, \cdots) \tag{4-43}$$

质量约束条件：

$$x_{1i}d_1 + x_{2i}d_2 + \cdots + x_{ji}d_j + \cdots + x_{mi}d_m \leqslant d_{\max}(x_{1i} + x_{2i} + \cdots + x_{mi}) \quad (i = 1, 2, \cdots, n) \tag{4-44}$$

$$x_{1j}d_1 + x_{2j}d_2 + \cdots + x_{ji}d_i + \cdots + x_{mj}d_m \geqslant d_{\min}(x_{1j} + x_{2j} + \cdots + x_{mj}) \quad (j = 1, 2, \cdots, n) \tag{4-47}$$

$$f_{\min}(x_{1k} + x_{2k} + \cdots + x_{ik} + \cdots + x_{mk}) \leqslant (x_{1k}f_1 + x_{2k}f_2 + \cdots + x_{ik}f_i + \cdots + x_{mk}f_m) \leqslant f_{\max}(x_{1k} + x_{2k} + \cdots + x_{ik} + \cdots + x_{mk}) \quad (k = 1, 2, \cdots, n) \tag{4-48}$$

物料量非负条件：

$$x_{ij}, x_{ji}, x_{ki}, x_{ik}, x_{li} \geqslant 0 (i、j、k、l = 1, 2, \cdots) \tag{4-50}$$

将上述约束条件改写为：

$$\begin{cases} x_{i1} + x_{i2} + \cdots + x_{ij} + \cdots + x_{in} \leqslant x_{i\max} \quad (i = 1, 2, \cdots) & (4-40) \\ x_{j1} + x_{j2} + \cdots + x_{ji} + \cdots + x_{jn} = x_j \quad (j = 1, 2, \cdots) & (4-41) \\ x_{k1} + x_{k2} + \cdots + x_{ki} + \cdots + x_{kn} \leqslant x_{k\max} \quad (k = 1, 2, \cdots) & (4-42') \\ x_{k1} + x_{k2} + \cdots + x_{ki} + \cdots + x_{kn} \geqslant x_{k\min} \quad (i = 1, 2, \cdots) & (4-42'') \\ x_{l1} + x_{l2} + \cdots + x_{li} + \cdots + x_{ln} \geqslant x_{l\min} \quad (l = 1, 2, \cdots) & (4-43) \end{cases}$$

$$\begin{cases} (d_1 - d_{\max})x_{1i} + (d_2 - d_{\max})x_{2i} + \cdots + (d_m - d_{\max})x_{mi} \leqslant 0 \quad (i = 1, 2, \cdots, n) & (4-44') \\ (d_1 - d_{\min})x_{1j} + (d_2 - d_{\min})x_{2j} + \cdots + (d_m - d_{\min})x_{mj} \geqslant 0 \quad (j = 1, 2, \cdots, n) & (4-47') \\ (f_1 - f_{\max})f_{1k} + (f_2 - f_{\max})x_{2k} + \cdots + (f_m - f_{\max})x_{mk} \leqslant 0 \quad (k = 1, 2, \cdots, n) & (4-48') \\ (f_1 - f_{\min})x_{1k} + (f_2 - f_{\min})x_{2k} + \cdots + (f_m - f_{\min})x_{mk} \geqslant 0 \quad (k = 1, 2, \cdots, n) & (4-48'') \end{cases}$$

$$x_{ij},\ x_{ji},\ x_{ki},\ x_{li},\ x_{ik} \geqslant 0\ (i、j、k、l = 1,\ 2,\ \cdots) \tag{4-50}$$

目标函数：$$f(x) = \sum_{i=1}^{n} c_i x_i \tag{4-49}$$

由上述各式可见，表示约束条件和目标函数的数学式都是线性等式或线性不等式，故为线性规划问题。把式(4-40)、式(4-41)、式(4-42′)、式(4-42″)、式(4-43)、式(4-47′)、式(4-48′)、式(4-48″)、式(4-49)、式(4-50)等式，用新的符号改写成线性规划问题的一般形式，则

$$r\text{个}\begin{cases} a_{11}x_1 + a_{12}x_2 + \cdots + a_{1n}x_n \leqslant b_1 \\ a_{21}x_1 + a_{22}x_2 + \cdots + a_{2n}x_n \leqslant b_2 \\ \cdots \\ a_{r1}x_1 + a_{r2}x_2 + \cdots + a_{rn}x_n \leqslant b_r \end{cases}$$

$$s-r\text{个}\begin{cases} a_{r+1,\ 1}x_1 + a_{r+1,\ 2}x_2 + \cdots + a_{r+1,\ n}x_n = b_{r+1} \\ \cdots \\ a_{s1}x_1 + a_{s2}x_2 + \cdots + a_{sn}x_n = b_s \end{cases} \tag{4-51}$$

$$m-s\text{个}\begin{cases} a_{s+1,\ 1}x_1 + a_{s+1,\ 2}x_2 + \cdots + a_{s+1,\ n}x_n \geqslant b_{s+1} \\ \cdots \\ a_{m1}x_1 + a_{m2}x_2 + \cdots + a_{mn}x_n \geqslant b_n \end{cases} \tag{4-52}$$

$$x_1,\ x_2,\ \cdots,\ x_n \geqslant 0,$$

上式(4-51)及式(4-52)除以总调合物料，可得最佳调合比的数学模型。

调合系统的线性规划问题，就是在满足式(4-51)及式(4-52)约束条件下，求一组变量(即最佳调合量或最佳调合比)x_1，x_2，…，x_n 的值，使目标函数(利润或其他)$f(x)=\sum_{i=1}^{n}c_i x_i$ 值为极值。

式中　a_{ij}——与物料或质量指标等有关的系数(i=1 ,2 ,…，m ，j=1，2，…，n)；

b_i——为非负值，即 $b_i \geqslant 0$，如故 $b_k<0$，则将该方程式两边乘以-1即可。

三、单纯形法

线性规划问题可以用单纯形法求解，我们用一个简单的例题来介绍单纯形法求解过程，至于线性规划问题大M法及其他方法读者可以参考有关运筹学方面的书籍。

【例4-11】 某工厂有三套设备 A_1、A_2、A_3，生产 P_1、P_2 两种产品。单位产品的产值，所需设备的加工工时定额及设备可用工时如下表所示。求产值最高的最优方案。

工时定额 \ 产品 \ 设备	P_1	P_2	可用工时
A_1	2	2	12台时
A_2	1	2	8台时
A_3	4	0	16台时
单位产品产值	2(元)	3(元)	

解： 设 x_1，x_2 分别为产品 P_1、P_2 的计划产量个数，依题意得数学模型：

$\max S=2x_1+3x_2$

且 $2x_1+2x_2 \leqslant 12$

$x_1+2x_2 \leqslant 8$

$4x_1 \leqslant 16$

$x_1,\ x_2 \geqslant 0$

引进松弛变量 x_3、x_4、x_5，化数学模型为：

$$\begin{aligned} 2x_1+2x_2+x_3&=12 \\ x_1+2x_2+x_4&=8 \\ 4x_1+x_5&=16 \\ -2x_1-3x_2+S&=0 \end{aligned} \qquad (4-53)$$

且使 x_1、x_2、x_3、x_4、x_5 为非负，又使 S 尽可能大。

在这里 S 与 x_j 同样被看做是变量，目标函数的那个等式被看成是增加的一个约束条件，因此数学模型就变成为式(4-53)

所给出的 4 个方程，6 个变量的线性方程组。这样就把求解线性规划问题，转化为解线性方程组的问题了。

我们知道，线性方程组的一般解法是：通过初等变换把增广矩阵化为阶梯形矩阵，然后求解，方程组式(4-53)的增广矩阵为：

$$\begin{pmatrix} 2 & 2 & 1 & 0 & 0 & 0 & 12 \\ 1 & 2 & 0 & 1 & 0 & 0 & 8 \\ 4 & 0 & 0 & 0 & 1 & 0 & 16 \\ -2 & -3 & 0 & 0 & 0 & 1 & 0 \end{pmatrix}$$

它的秩为 4，其中第 3 列到第 6 列即 P_3、P_4、P_5、P_6 是线性无关的单位向量，它们组成了一个单位矩阵，我们称它为初始基，相应地，x_3、x_4、x_5 是基本变量，x_1、x_2 是非基本变量。若令 $x_1=x_2=0$，得基本可行解：

$$X^{(1)}=(0,\ 0,\ 12,\ 8,\ 16\ )^T,\ S_1=0。$$

为了说明如何从 $X^{(1)}$ 出发找到最优解，我们先把增广矩阵增加几个标记，改变为单纯形表形式(见表 4-13)。

表 4-13　单纯形表

x_1	x_2	x_3	x_4	x_5	S	b_i		θ
2	2	1	0	0	0	12	x_3	12/2
1	2	0	1	0	0	8	x_4	8/2
4	0	0	0	1	0	16	x_5	—
-2	-3	0	0	0	1	0	S	

其中 b_i 这一列数字是常数列(或称约束常数列)，最后一行称为检验行。检验行是将目标函数变量的系数变号而得来的，原目标函数是求最大，这一变号就意味着化最大为最小，即化原模型为标准型。称这种结构的表为单纯形表。

首先判断 $X^{(1)}$ 是否为最优解，其方法是：看检验行中的所有元素是否都大于零，若是，则 $X^{(1)}$ 便是最优解，否则就不是最优解。现在 $a_{41}=-2<0$，$a_{42}=-3<0$，所以 $X^{(1)}$ 不是最优解。

既然 $X^{(1)}$ 不是最优解，就需要设法找出第二个基本可行解

$X^{(2)}$，且使目标函数值大于 S_1。其找法：在检验行中找出其绝对值最大的负元素 $C_2^* = -3$，称 C_2^* 所在的列为主列，主列两边划上虚线，如表 4-13 所示；主列所对应的变量 x_2 作为 $X^{(2)}$ 的一个基本变量，称为进入变量。然后使 $X^{(1)}$ 的基本变量中某两个与 x_2 合在一起成为 $X^{(2)}$ 的三个基本变量。现在 x_2 要进基，x_3、x_4、x_5 那个出基呢？

方法是：用主列中的正元素 a_{ij} 去除常数列中的对应元素 b_i，即 $\theta = b_i / a_{ij}$。而后取其比值较小者所在的行为主行，主行与主列交叉处的元素称为主元素，例如表 4-13 中第二列是主列，取

$$\min\left\{\frac{b_1}{a_{12}},\ \frac{b_2}{a_{22}}\right\} = \min\left\{\frac{12}{2},\ \frac{8}{2}\right\} = \frac{8}{2}$$

故第二行是主行，$a_{22} = 2$ 是主元素，这时与 $X^{(1)}$ 的基本变量 x_3、x_4、x_5 相对应的列向量在主行中元素为 1 的第 4 列 P_4 是需要退出基的列，相应的基本变量 x_4 是退出变量。如此即得 $X^{(2)}$ 的基本变量为 x_2、x_3、x_5。

由表 4-13 求 $X^{(2)}$ 时，用初等行变换的方法，将主元素化为 1，主列中其他元素都化为零，即主列 P_2 应化为 $(0,\ 1,\ 0,\ 0)^T$，于是得到表 4-14。

表 4-14

x_1	x_2	x_3	x_4	x_5	S	b_i		θ
1	0	1	−1	0	0	4	x_3	4/1
1/2	1	0	1/2	0	0	4	x_2	4/(1/2)
4	0	0	0	1	0	16	x_5	16/4
−1/2	0	0	3/2	0	1	12	S	

令 $x_1 = x_4 = 0$ 由最后一列得基本变量的值

$x_2 = 4$，$x_3 = 4$，$x_5 = 16$，$S = 12$，

即：$X^{(2)} = (0,\ 4,\ 4,\ 0,\ 16)^T$，$S_2 = 12 > S_1 = 0$

再检验，由于表 4-14 的检验行中仍有负元素，所以 $X^{(2)}$ 仍不是最优解，于是再选主列 P_1，用 P_1 中的正元素去除常数列中

相应的元素，取较小比值所在的行为主行，这时较小比值中同时有两个(表4-14)，那么无论任取其中的那一个所在的行为主行均可，譬如，取第三行为主行，则主元素 $a_{31}=4$，与 $X^{(2)}$ 的基本变量 x_2、x_3、x_5 相应的列向量在主行中元素为1的是第5列，因此 x_5 为退出变量，这样即得 $X^{(3)}$ 的三个基本变量为 x_1、x_2、x_3，对表4-14施行初等行变换将第1列化为（0，0，1，0）^{T} 的形式，于是得到表4-15。

表4-15

x_1	x_2	x_3	x_4	x_5	S	b_i		θ
0	0	1	−1	−1/4	0	0	x_3	
0	1	0	1/2	−1/8	0	2	x_2	
1	0	0	0	1/4	0	4	X_1	
0	0	0	3/2	1/8	1	14	S	

令 $x_4=x_5=0$。可得 $x_1=4$，$x_2=2$，$x_3=0$，$S_3=14$，

即：$X^{(3)}=(4，2，0，0，0)^{\mathrm{T}}$，

$S_3=14>S_2=12$。

因为在选主行时最小比值同时有两个，故所得此解是一个退化解。

由于表4-15检验行中的元素全部为正，所以 $X^{(3)}$ 就是所求的最优解。去掉其中的松弛变量 x_3、x_4、x_5 得原来问题的最优解

$$X^*=(4，2)^T，S^*=14$$

即生产 P_1 产品4个单位，生产 P_2 产品2个单位，可获得利润14个单位。

单纯形法的计算步骤归纳如下：

① 确定初始基、初始基本可行解：引入松弛变量化线性规划问题为标准形式，取对应于松弛变量的单位矩阵为基，令非基本变量为0，基本变量就是各约束常数，得到一个初始基本可行解。

② 最优性检验：如果检验行中(除了最后一个元素外)各元

素都≥0，则已求得问题的最优解。若检验行中有负数，则进行下一步。

③ 确定主列：取检验行中绝对值最大的负数所在的列为主列，主列所对应的非基本变量要进入基，称为进入变量。

④ 确定主行：在主列中用每一个正元素去除常数列中相应行的元素，择其中比值最小者所在的行为主行，在主行中系数为1的原基本变量要退出基，称为退出变量。

⑤ 确定主元素：位于主行、主列交叉处的元素称为主元素，简称主元。

⑥ 进行迭代(即施以初等行变换)：

第一，将主行中所有各数除以主元，将主元化为1；

第二，其他各行(包括检验行)加上或减去主元行的适当倍数，将主列中其他的数化为零，从而得到新的单纯形表和新的基本可行解。

⑦ 再检验，重复以上步骤直至取得最优解。

单纯形方法运用中应注意以下几点：

① 在确定主列时，检验行中绝对值最大的负数有两个或多个相同时，一般说来，这时可以任选其中一个以确定主列。

② 在确定主行时，也可能出现最小比值不止一个的情况，这时一般说来同样可以在它们中任选一行作为主行，不过在这种情况下，得到的解将是退化解(即基本变量中有零元素)。

③ 在主列中若没有一个元素是正的，则可证明原问题有无界解。

④ 当目标函数为求最大值时，化最大为最小，而后将目标函数中的系数填到单纯形表的检验行上，经迭代后，即可从表上直接得到最优值S。

当目标函数为求最小值时，则直接将目标函数中的系数填到单纯形表的检验行上，经迭代后，取表上S值的相反数，即为最优值。

四、汽油调合计算示例

【例 4-12】 某厂调合车间有汽油组分五种，要求生产的汽油品种有 93 号和 90 号两种，每天收入的汽油组分量、组分的辛烷值、产品厂内结算价及售价见下表，求如何调合可取得最大经济效益。

组 分 油	收入量/(t/d)	辛烷值(RON)	成本/(元/t)
催化裂化汽油	1500	91	1700
催化重整汽油	600	96	1900
烷基化油	80	94	2000
MTBE	100	117	2300
轻石脑油	100	80	1600
成品汽油	**产量/(t/d)**	**辛烷值(RON)**	**售价/(元/t)**
93 号汽油	y_1	$\not<90$	2100
90 号汽油	y_2	$\not<93$	2300

命题以取得最大利润为目标，则目标函数为：

$$S=2100y_1+2300y_2-1700x_1-1900x_2-2000x_3-2300x_4-1600x_5-1700x_6-1900x_7-2000x_8-2300x_9-1600x_{10}$$

式中 x_1，x_6——催化裂化汽油分别调入 90 号和 93 号汽油的数量，t/d；

x_2，x_7——催化重整汽油分别调入 90 号和 93 号汽油的数量，t/d；

x_3，x_8——烷基化油分别调入 90 号和 93 号汽油的数量，t/d；

x_4，x_9——MTBE 分别调入 90 号和 93 号汽油的数量，t/d；

x_5，x_{10}——轻石脑油分别调入 90 号和 93 号汽油的数量，t/d。

约束条件：物料平衡 1. $x_1+x_2+x_3+x_4+x_5=y_1$

2. $x_6+x_7+x_8+x_9+x_{10}=y_2$

资源条件 3. $x_1+x_6\leqslant 1500$

4. $x_2+x_7\leqslant 600$

5. $x_3+x_8 \leqslant 80$

4. $x_4+x_9 \leqslant 100$

6. $x_5+x_{10} \leqslant 100$

产品质量 7. $91x_1+96x_2+94x_3+117x_4+80x_5 \geqslant 90(x_1+x_2+x_3+x_4+x_5)$

8. $91x_6+96x_7+94x_8+117x_9+80x_{10} \geqslant 93(x_6+x_7+x_8+x_9+x_{10})$

同时 x_1，x_2，…，$x_{10} \geqslant 0$

对于“≥”形式的约束条件，在化为标准形式时减去一个非负剩余变量后并未出现单位矩阵(即初始基)，为了使全部约束条件的系数矩阵中出现单位矩阵，就必须在减去一个剩余变量后，再加上一个变量以保证出现单位矩阵，这样的变量称为人工变量。对于等式约束同样在每个约束条件上都加一个人工变量，就可以出现单位矩阵了。用单纯形法求解该过程。计算结果：目标函数值 1132666。各变量及调合汽油数量(t/d)如下

组分油	90 号汽油		93 号汽油	
催化裂化汽油	x_1	319.31	x_6	1180.69
催化重整汽油	x_2	25.81	x_7	574.19
烷基化油	x_3	35.54	x_8	44.46
MTBE	x_4	26.03	x_9	73.97
轻石脑油	x_5	99.98	x_{10}	0.02
总　量	y_1	506.67	y_2	1873.33

五、柴油调合计算示例

【例 4-13】 设某炼油厂的储罐内有下列各种组分(单位：t)可供调合-10 号柴油、0 号柴油和 10 号柴油，其销售价分别为 2900 元/t、2400 元/t 和 2100 元/t。求最大的柴油销售总额。

组　分	常一线油	常二线油	常三线油	减顶油	减一线油	FCC 轻柴油
重量/t	80	900	3300	140	300	3500
凝点/℃	-55	-25	11	3	10	-5

解：首先建立柴油调合数学模型表，列出目标函数与约束条件。

下表就是柴油调合数学模型表，最上一栏是调合所用的各种组分，最左一列是调合成的产品、组分的凝点极其换算因子等，在各产品的牌号下注明了该产品的凝点换算因子要求。然后依据调合的可能性列上了各个变量，例如，在这个模型表上 0 号轻柴油可以由 6 种组分来调合，但具体如何调合就要视各组分的数量而定。

项目＼组分	常一线油	常二线油	常三线油	减顶油	减一线油	FCC 轻柴油
组分凝点/℃	−55	−25	11	3	10	−5
组分换算因子	0. 41	0. 85	2. 31	1. 78	2. 25	1. 38
−10 号轻柴油≤1. 15	x_1	x_2		x_3		x_4
0 号轻柴油≤1. 51	x_5	x_6	x_7	x_8	x_9	x_{10}
10 号轻柴油≤2. 12			x_{11}	x_{12}	x_{13}	x_{14}
组分数量	80	900	3300	140	300	3500

根据表中所列数据就可以列出目标函数和约束条件。目标函数以柴油的价格为系数。

约束条件数：$N=9$；决策变量数：$M=14$。

目标函数：

$$2900x_1+2900x_2+2900x_3+2900x_4+2400x_5+2400x_6+2400x_7+2400x_8+2400x_9+2400x_{10}+2100x_{11}+2100x_{12}+2100x_{13}+2100x_{14}$$

约束条件：

1. $0.41x_1+0.85x_2+1.78x_3+1.38x_4=1.15(x_1+x_2+x_3+x_4)$

2. $0.41x_5+0.85x_6+2.31x_7+1.78x_8+2.25x_9+1.38x_{10}=1.51(x_5+x_6+x_7+x_8+x_9+x_{10})$

3. $2.31x_{11}+1.78x_{12}+2.25x_{13}+1.38x_{14}$

4. $x_1+x_5\leqslant 80$

5. $x_2+x_6\leqslant 900$

6. $x_7+x_{11}\leqslant 3300$

7. $x_3+x_8+x_{12}\leqslant 140$

8. $x_9+x_{13}\leqslant 300$

9. $x_4+x_{10}+x_{14}\leqslant 3500$

用单纯形法解该线形规划问题得解：目标函数值 = 1963932.8

$x_1=80$	$x_6=0$	$x_{11}=3300$
$x_2=900$	$x_7=0$	$x_{12}=140$
$x_3=0$	$x_8=0$	$x_{13}=77.55$
$x_4=1435.44$	$x_9=222.45$	$x_{14}=803.76$
$x_5=0$	$x_{10}=1260.80$	

最大的柴油销售总额 1963932.8 元。优化的调合结果见下表：

项目 \ 组分	常一线油	常二线油	常三线油	减顶油	减一线油	FCC 轻柴油	合计
-10 号轻柴油	80	900		0.00		1435.44	2451.44
0 号轻柴油	0.00	0.00	0.00	0.00	222.45	1260.80	1483.25
10 号轻柴油			3300	140	77.55	803.76	4321.31
组分数量	80	900	3300	140	300	3500	

参考文献

1 李淑培．石油加工工艺学(中册)．北京：中国石化出版社，1991

2 川濑义和等．石油精制便览．第三版．产业图书，1983

3 陈新志．调合汽油研究法辛烷值模型的建立．石油炼制与化工，1997，28(1)

4 Morris W E. The Interaction Approach to Gasoline Blending. NPRA 73rd Annual Meeting, San Antonio, 1975

5 Morris W E. Oil & gas Journal. March 18, 1985

6 James H Cary, et al. Petroleum Refining Technology and Economies, N. Y. 1975

7 James H Gary, et al. Petroleum Refining. 2nd ed.Dekker, 1984

8 欧风．石油产品应用技术手册.第一版.北京：中国石化出版社，1998

9 Hu J, Burns A M, Hydrocarbon Processing, November1970

10 Prem B Semwal, Ram G Varshney. Updating Hu Pour Point Correlation, Wissenschaft & Technik, BO. 47, Heft 11, November 1994

11 Semwal P B, et al. Predictions of Pour cloud and cold filter plugging point for future

diesel fuels with application to diesel blending models. Fuel,1995, 74
12 李家栋．应用 PC-1500 计算机优化柴油调合,石油炼制,1985,(1)
13 关秉振．柴油调合凝点计算通用数学模型.炼油设计,1991,(4)
14 李为民,华贲．柴油调合人工神经网络模型研究.炼油设计,2001,31(4)
15 李为民,邬国英,王洪元等．基于 ANN 方法预测柴油调和的凝点和冷滤点.石油与天然气化工,1999,28(4)
16 侯祥麟.中国炼油技术.第二版.北京:中国石化出版社,2001
17 欧风编著．合理润滑技术手册.北京:石油工业出版社,1993
18 欧风编著．石油产品应用技术手册.北京:中国石化出版社, 1998
19 川濑义和等．石油精制便览.第三版.产业图书, 1983
20 沈阳市石油化工厂.石油炼制,1978,(4)
21 关秉振.石油炼制.1979,(5)
22 俞翊堂,丁宗禹.石油炼制,1984,(7)
23 Thomas E Quantrille, Liu Y A(刘裔安)．人工智能在化学工程中的应用,北京:中国石化出版社,1994

第五章　油品调合案例

一、油罐调合应用情况

油罐调合为间歇式调合，即把待调合的组分油、添加剂等，按所规定的调合比例，分别送入调合罐内，再用泵循环、电动搅拌等方法将它们均匀混合成为一种产品。其特点是：调合方法操作简单，自动化水平低，不受装置馏出口组分油质量波动影响，目前大部分炼油厂采用此调合方法；缺点是需要数量较多的组分罐、调合时间长、易氧化、调合过程复杂、油品损耗大、能源消耗多、调合作业必需分批进行，调合比不精确。其调合原则工艺流程如图 5-1 所示。

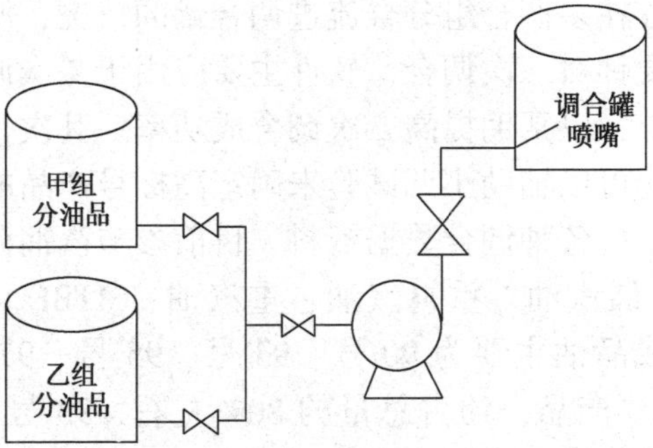

图 5-1　罐式调合原则工艺流程

某厂柴油罐式调合的实测数据示例于表 5-1。

二、国内调合优化软件的应用实例

北京汉盟科技有限公司针对调合过程中组分油比例计算日趋复杂，人工计算难度增大的应用现状，自主开发一套调合优化软件包 TurboBlend，并实际应用于某石化企业。该软件包作为技术人员的得力工具，不仅可以减轻调合技术人员的工作负担，而且为将来实现在线管道调合奠定坚实基础，还可以建立全面完整的油品储运数据库，为进一步的应用进行数据准备。

表 5-1　罐式调合在某厂的柴油调合数据

标定次数[①]	罐号	液位高度/m	油品质量/t	循环时间/h	样品密度/(t/m^3)		
					上部样	中部样	下部样
第一次标定	413	9.30	2753	2	0.8606	0.8606	0.8607
第二次标定	413	11.42	3383	循环前	0.8478	0.8479	0.8552
	413	11.42	3383	4	0.8505	0.8506	0.8506
第三次标定	413	13.32	3948	循环前	0.8372	0.8562	0.8587
	413	13.32	3948	2	0.8508	0.8553	0.8564
	413	13.32	3948	4	0.8532	0.8543	0.8544

① 每一次标定均为先收轻油后收重油。

本软件是在 Windows2000 Professional 平台下，用 Visual C^{++} 和 Visual Basic 语言混合编程实现的。数据库平台采用 SQL Server 2000(网络应用)或 Access2000(单机应用)。

汽油调合优化软件从 2003 年 12 月开始应用。在应用过程中发现，由于存在多调合组分合流进调合罐的情况，所以目前该厂汽油调合主要针对二次调合，软件主要应用于二次调合时调合组分量的计算上，以帮助提高二次调合成功率。其次，用于软件的结果预测功能可以辅助小调试验来确定高标号产品的调合配方。

根据该厂的各种调合数据资料，目前参与汽油调合的组分有Ⅰ催汽油、Ⅱ催汽油、重整汽油、重汽油、MTBE、直馏汽油以及石脑油，成品油主要为 90 号、93 号、95 号、97 号汽油，其中 90 号为主要产品，约占总量的 80%左右，93 号、95 号和 97 号占 20%左右。由于主要组分的辛烷值均较高，在 90 号产品上必然存在较大的辛烷值过剩。低辛烷值组分只有石脑油，其主要作为重整装置的原料，少量参与调合。因而在 90 号汽油的调合过程中主要以调合烯烃、硫含量为主，辅助调合芳烃含量和苯含量，以期得到最佳效果。93 号、95 号和 97 号汽油的调合主要以调辛烷值、烯烃、芳烃等为主。

下面结合 2003 年 4 月份实际调合数据考察分析该软件的应用效果。表 5-2 为汽油调合对比分析数据汇总表。

表 5-2　汽油调合对比分析数据汇总表

日期	产品牌号	调合罐号	初始罐底 量/t	初始罐底 性质	调合组分用量/t			组分性质	调合结束 用量/t	调合结束 性质	按实用量预测调合结果	按计算量预测调合结果
4-11	93 号	303	2526	R:92.20	组分罐	A 305	B	305 罐(MTBE): R:116.00 抗爆:109.00	2676	R:93.20 抗爆:88.10	R:93.53 抗爆:88.04	R:93.49 抗爆:88.00
					实用量	150						
					计算量	144						
4-12	90 号	316	2814	R:90.00 烯:36.10	组分罐	A 210	B	210 罐(溶剂油): R:66.00 抗爆:64.00 烯:0.00 密度:690	2964	R:90.00 抗爆:86.00 烯:34.26	R:90.00 抗爆:86.00 烯:34.20	R:90.00 抗爆:86.00 烯:34.20
					实用量	150						
					计算量	150						
4-14	93 号	303	2700	R:92.90	组分罐	A 305	B	305 罐(MTBE): R:116.00 抗爆:109.00	2814	R:94.20 抗爆:89.00	R:94.24 抗爆:88.70	R:93.45 抗爆:88.00
					实用量	114						
					计算量	45						
4-19	93 号	303	2526	R:92.20	组分罐	A 305	B	305 罐(MTBE): R:116.00 抗爆:109.00	2706	R:94.20 抗爆:89.00	R:94.46 抗爆:88.77	R:93.60 抗爆:88.00
					实用量	180						
					计算量	108						
4-20	90 号	316	2950	R:90.00 烯:36.10 密度:730	组分罐	A 305	B 306	305 罐(MTBE): R:116.00 抗爆:109.00 306 罐(直馏汽油): R:60.00 抗爆:59.00	3300	R:90.00 抗爆:86 烯:34.9	R:91.20 抗爆:86 烯:36.58	R:90.00 抗爆:85.64 烯:34.70
					实用量	50	300					
					计算量	35	460					
4-21	93 号	301	2896	R:93.10 烯:36.10 密度:739.6	组分罐	A 305	B	305 罐(MTBE): R:116.00 抗爆:109.00	2986	R:93.50 抗爆:88.00 烯:34.90	R:93.79 抗爆:88.20 烯:35.04	R:93.80 抗爆:88.20 烯:35.00
					实用量	90						
					计算量	93						
4-22	93 号	304	2534	R:93.50 烯:35.40 密度:734.9	组分罐	A 305	B	305 罐(MTBE): R:116.00 抗爆:109.00	2589	R:94.00 烯:34.20	R:94.23 烯:34.28	R:93.86 烯:34.90

注:表中 R 代表研究法辛烷值(RON)。

1. 调合汽油辛烷值预测精度分析

从表 5-2 中的调合数据，将 93 号调合汽油的实测辛烷值和用实际调合量在软件中计算(预测)的辛烷值进行对比，见表 5-3。可以发现辛烷值预测的误差基本上在±0.3 以内。如果有准确的历史调合数据对调合公式进行一定的修正，可以进一步提高预测精度。

表 5-3　93 号调合汽油辛烷值实测值与计算值比较

调合日期/mm-dd	04-11	04-12	04-14	04-19	04-21
实测 RON	93.20	90.00	94.20	94.20	93.50
预测 RON	93.53	90.00	94.24	94.46	93.79

2. 组分优化利用功能分析

表 5-4 对比分析了调合 93 号汽油的 MTBE 用量，可以发现软件用更接近规格的卡边调合方法节省了 MTBE 的用量。需要指出的是，由于调合前罐底的抗爆指数有时没有分析数据，使用估值(RON-5.5 左右)对预测结果有一定的影响。

表 5-4　93 号调合汽油 MTBE 实际用量与计算用量比较

调合日期/mm-dd	04-11	04-12	04-14	04-19	04-21
实际 MTBE 用量	150	150	114	180	90
计算 MTBE 用量	144	150	45	108	93

通过表 5-4 对比，可以看出使用软件计算的调合方案使得产品指标更接近要求的指标，实现“卡边”调合，以达到节省优质组分 MTBE 的目的。在实现了组分分类储存的情况下，可以尽量避免二次调合的重复调合率，并尽量实现一次调合。将 I 催汽油、II 催汽油等可以直接从装置倒入调合罐，对重整汽油、重汽油、MTBE 等组分配备专门的组分罐。调合时，由软件计算优化的调合量，然后从组分罐倒入调合组分进行调合。在提高效率的同时，实际上可以节约罐存。

三、国外调合控制系统的应用实例

某石化企业在新建的无铅汽油管线调合装置上设置了质量控制系统。该无铅汽油质量控制系统，由 ASTM-CFR 发动机的在线辛烷值分析仪表、μXL 集散控制系统和管道部分所属的检测及控制仪表组成。系统自 1995 年 9 月正式投入运行以来，运行情况正常，达到了预期的目的。

该厂无铅汽油调合装置的工艺方案，是以重油催化、催化重整和烷基化装置生产的、具有不同辛烷值的油品组分为基础，加入 MTBE 装置生产的醚类添加剂甲基叔丁基醚(MTBE)，调合成既能够提高汽油辛烷值、又不会增加蒸气压的 93 号和 95 号等牌号的无铅汽油。

图 5-2 是其质量控制系统的组成方框图。下面对此系统分别加以介绍。

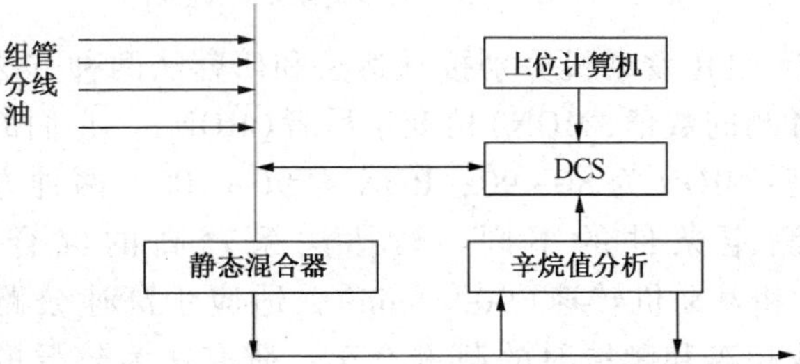

图 5-2　质量控制系统的组成方框图

1. 8154 型 CFR 辛烷值分析器

该分析器是美国 CORE-LABORATORIES 公司的产品，它将 ASTM-CFR(美国材料试验学会-美国燃料及设备协调研究委员会)发动机和爆震强度分析系统相结合，构成一个独立完善的辛烷值分析系统。整个系统由两台发动机、分析器、净化室、样品处理和回收系统以及加热、通风和空调系统组成，除后两部分以外，其余都装在集装箱式的分析器屋内，图 5-3 是它的配置简图。

辛烷值的自动在线测定，是根据 ASTM 方法 D2885“使用在线分析器测定研究法和马达法辛烷值”执行的。CFR 发动机在标准的试验条件下，当产品(试验)燃料与原型(标准)燃料的爆震性能相同时，标准燃料中异辛烷体积百分数含量，即表示该试验燃料的辛烷值。

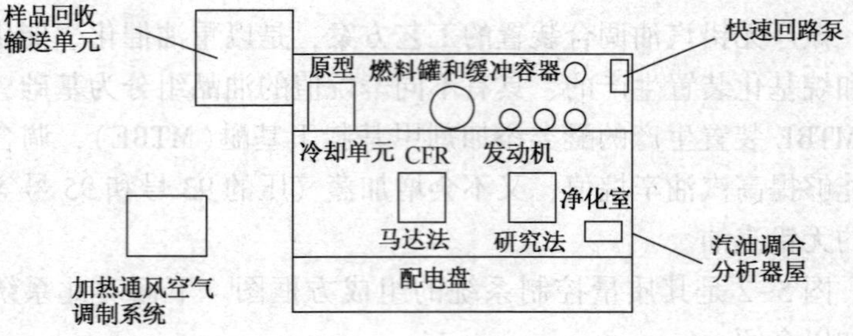

图 5-3　CFR 辛烷值分析系统配置简图

两台 CFR 发动机分别按马达法和研究法两种方法进行测定，前者测的数值(MON)稍低于后者(RON)。它们的测量范围分别是：MON 为 80~90，RON 为 90~100。两种方法的区别在于测定条件的不同：马达法系较高的混合气温度(149℃)和发动机转速(900r/min)，适应于高速公路上行驶的汽车或超车和爬坡时的载重汽车；研究法为较低的混合气温度(不加热)和发动机转速(600r/min)，适应慢速行驶但时常加速的公共汽车和轿车。

CFR 发动由汽车工程师协会的合作燃料研究委员会于 20 世纪 30 年代推广的。它是一种具有可变操作参数的单缸发动机，主要部件是燃烧做功系统、燃料气化系统、点火控制系统、电力设备和仪表控制系统。除仪表控制系统以外，其余部件的工作原理和一般汽油发动机相类似。仪表控制系统由爆震强度测定系统、压缩比调整系统、温度控制系统和一些指示表头组成，用来调整压缩比、控制各工作点温度和测定爆震强度，是 CFR 发动机工作正常与否的关键部件。

辛烷值分析器主要由 uMac5000 微机(包括 16 位 5MH8088 微处理器，带 64k 存储器、模/数及数/模转换器、数字 I/O 卡和 RS-232 通信接口)、显示器及键盘终端、信号调制装置和远方装置接口组成，它们都设置在发动机旁边的机柜里。

辛烷值已知的原型(标准)燃料作为参比燃料，来自产品油管线、辛烷值未知的产品作为被测的试验燃料。在两种燃料的压缩比相匹配的情况下，根据它们在发动机中燃烧时所产生的不同爆震强度(KI)进行比较，然后计算产品燃料的辛烷值和辛烷值差(即产品燃料实际辛烷值同标准燃料的目标辛烷值之差)，最后将辛烷值转换成4~20mA DC模拟信号送给μXL系统。

整个分析周期为30min，燃料由定时器自动切换。在一个周期中，4.5min用原型燃料，25min用产品燃料，0.5min间隙供冲洗管道。开头每5min更新一次读数，后23min的产品燃料循环内，每80s产生一个输出信号。

净化室置于分析器屋内，包括操作状态检测单元(探头装于各检测点)、可编程逻辑控制器(PLC)、电源单元、本安继电器和显示设备。它连续地监控整个分析器屋的安全和运行条件，一旦超限就及时采取正确的动作，以保护分析器屋里的所有设备免受损坏；同时它还与集散系统(DCS)通讯，将测量信号和状态信号送到DCS，并接受自DCS来的指令。

样品处理系统由快速取样回路、样品回收系统和原型燃料罐系统组成。从管道混合器后总管取出产品燃料，经快速取样回路泵引入，通过过滤器和样品处理系统向CFR发动机输送。而样品回收系统则回收自CFR发动机样品系统、原型燃料罐和缓冲罐来的燃料，再送回总管。原型燃料罐系统有四个储罐和一个缓冲罐，用来向CFR发动机提供原型燃料。

加热、通风和空气调制系统的作用是：保证分析器屋处于规定的环境温度范围之内，及时稀释和排除发动机运转过程中可能逸出的可燃性气体，以达到整个分析器系统正常和安全运行。

2. μXL集散控制系统

μXL是日本横河株式会社制造的小型集散系统。该质量控制系统应用的μXL系统包括下面几个部件：

操作站(MOPS)一个，装在控制室，由主机、CRT终端、操作员键盘和工程师键盘组成。控制站的规格是台式，硬件容量为扩展型(E)，带有4个BASIC区。它作为人—机接口，通过操作员键盘的各个功能键，监视来自各控制单元的过程数据，在CRT上提供全面的图形显示；借助于八种操作画面的操作，向控制站发出各种控制或调整现场操作的指令。工程师键盘供编程或组态时使用。

现场控制站(MFCU)两个，为扩展型(EXT)的，由CPU卡、电源卡、控制卡、通讯卡和I/O卡等卡件组成。它通过信号变换器与各种传感器相连，实现对现场的过程控制和数据采集功能。

打印机一台，为YPR106型串行点阵打印机，它与操作站连接，可以完成记录数据和信息资料、报警和制表工作。

系统设有个人计算机(PC)，作为上位机使用。在调合操作中，它通过与μXL集散系统之间的通讯，实现调合优化功能。优化的目的是合理利用各种组分油，即在满足成品汽油辛烷值指标的前提下，最大限度地减少贵重组分MTBE的用量(即所谓“卡边控制”)，以降低调合成本，从而提高经济效益。在优化过程中，调合系统根据操作人员输入的各种参数，自动解出优化的流量设定值，作为调合操作的初始配比。

上位机的主要功能是设定调合的基本参数和开环调整各路流量。它采用菜单和热键结合的操作方式，并设置系统操作提示栏和帮助信息，以提高操作效率和避免错误操作。菜单的项目有参数设置、优化算法、重量计算、退出和帮助等。为了保证调合过程的正确进行，在参数设置中，要输入各组分油和储罐的主要参数。

通过μXL集散系统的组态，实现卡边控制方案。系统组态的主要内容是：控制单元功能的生成、操作站单元功能的生成和BASIC程序的编制。在系统的控制软件中，一部分是反馈控制仪表的组态，另一部分是用BASIC语言编制的控制算法。前者包括辛烷值设定值控制器、各组分油的流量控制仪表、研究法(RON)或马达法(MON)指示仪表、调合后成品油的RON值和储罐的体积等；后者在集散系统的 BASIC 区内实现。辛烷值设定值控制器根据辛烷值分析器反馈回来的信号，克服纯滞后的影响以后，然后用近似的调合模型算出需要调整的组分油的流量，最后采用定时中断调合子程序的方法来调整各路流量。

3. 流程部分

在该厂无铅汽油的调合装置中，参与调合的组分油是催化汽油、重整汽油、烷基化油和甲基叔丁基醚(MTBE)。其中，MTBE 对辛烷值的影响最大，价格也较昂贵，烷基化油次之。所以，在调合操作中，以催化汽油、重整汽油和烷基化油为基础，只要加入少量 MTBE 作为添加剂，就能够提高汽油的辛烷值。

来自罐区内的各种组分油，由泵输送入管道部分，最后在静态管道混合器内调合。在每个组分油泵的出口都设置一套压力控制系统。根据系统的设计思想，压力和流量控制有一定关联，但是流量控制是主要的，压力控制不需要十分严格。因此，系统适宜于宽比例范围条件下运行，而且在运行初期可以先采用手操遥控的方法来运转，以观察流量和压力控制系统运行情况。流量变送器是美国 FOXBORO 公司的旋涡流量计(为精确起见，选用 0.5 级)；压力变送器是日本横河株式会社的智能型变送器；调节阀系吴忠仪表厂的国产 GCB 型套筒型双座调节阀；调节作用在 DCS 中实现。各储罐出口都有汽缸式气动遥控闸阀控制组分油的通断。

4. 系统操作

① 炼油调度根据生产实际工况，提前预报调合计划(组分罐及调合品种)，并告知质检科、仪表车间油品调度；

② 仪表车间根据调度预报，适时做好开启辛烷值仪的准备工作；

③ 油品调度适时做好委托化验分析组分罐辛烷值的工作；

④ 正式调合前，炼油调度向油品调度下达调合指令，质检科向油品调度通报调合组分油比例；

⑤ 油品调度接到调合指令后，及时下达调合作业票，注明

调合流程、组分罐、废品罐及调合比例；

⑥ 操作人员根据调合比例要求，及时修改调合参数，做好自动调合参数设置准备；

⑦ 准备工作就绪后，逐台开启调合机泵，进行调合作业；

⑧ 按 DCS 程序操作；

⑨ 操作人员必须实施每 2h 巡回检查制，检查内容主要包括：岗位所辖储罐、管线、阀门的完好状况；系统相关阀门的开、关状况；贮罐内油料的含水情况；相关仪表的运行情况；分析屋外围设备的完好情况；标准油样罐液位状况；组分油罐、成品油罐液位状况；机泵运行状况；分析屋外水、氮气、净化风、蒸汽的供给状况；

⑩ 做好调合记录(给定值、测量值、流量、压力指示值，特别是调合工况改变时的记录)。

5. 运行情况

该厂无铅汽油调合装置的质量控制系统已于 1995 年 9 月投入运行。

该系统的主要部件 ASTM-CFR 辛烷值分析器，采用标准燃料与待测燃料的“直接参照法”，具有较高的精确度。运行情况表明，根据分析器测定的结果控制调合操作后，成品油的研究法辛烷值与要求的目标值之间的偏差可以达到 0.1MON，避免了辛烷值的过多冗余，使系统获得了可观的经济效益。据测算，采用自动管道调合与油罐调合相比较，每次可以节约 MTBE 达 1.1%以上。按 1995 年该厂的 93 号汽油产量(近几年又有大幅度增长)估算，每年产生纯经济效益为 516 万元。系统的总投资 2200 万元，四年多可以收回。

由于分析器系统的辅助装置齐全，运行状态的自诊断手段完备，所以系统的故障率极低，至今分析器主机尚无故障出现。除了日常例行的维护以外，仅有的保养是用仪表空气吹入汽缸，以除去燃烧室内壁附着的积炭，吹除期限视实际情况而定。集散系统的故障率也很低，充其量就是更换卡件之类，可以在操作间隙

(系统无须长期连续运行)进行。

系统的不足之处是，发动机占据较大空间，运转时有噪声，辅助设备(如空调)曾多次出现故障。另外，系统投资较大，可能会限制系统的广泛应用。

近年来，其他测定辛烷值的方法(如冷焰法、近红外法)逐渐得到推广，而且在测量精度、分析速度和样品耗量等方面较发动机法有一定的优越性，但是仪表的标定仍然要依赖试验发动机，所以目前未被 ASTM 认定，应用范围势必受到限制。因此，传统的 CFR 发动机法是迄今为止一种经典的辛烷值测定方法。

目前，世界各国关于汽油调合的控制技术仍然处于辛烷值在线测量和计算机的开环控制阶段，发达国家(主要是美、英等国)注重于汽油炼油厂这一质量控制系统，仅采用对各组分的流量实行 DCS 定值调节，而各组分流量的比例(或给定值)的设定和修正，优化控制模型的探索研究，还有待于日后的工作。在今后实际运行的过程中，随着运行经验的不断积累，将会摸索出有效的调合配方(包括辛烷值和体积调合效应的考虑)，并逐步纳入 DCS 管理，以便实现取消调合罐、减少中间储罐和分析，让管道自动调合的优越性全面体现出来。

总之，该厂无铅汽油质量控制系统的成功应用，使我国汽油管道调合技术进入了一个新的时期，填补了炼油工艺的一项空白。因此，它值得在我国炼油行业中推广应用。

四、润滑油自动调合技术的应用实例

某公司根据自已多年生产的实际情况，在原有装置的基础上，采取自行开发与引进先进的调合技术相结合的方式，自行设计了新的调合工艺流程，把国际上先进的调合设备进行优选与组合，形成了适合于该公司生产要求的工艺方式，即采用同步计量调合技术(SMB——Simultaneous Metered Blender)、自动批量调合技术(ABB——Automatic Batch Blender)、自动抽取桶装添加剂技术(DDS——Drum Decanting System)、管道自动球清扫技术，整个生产系统采用一套计算机系统控制，在设定完各项生产参数后装置可自动完成各组分计量、管道清扫、搅拌等整个生产过程的自动控制。1998年10月至1999年1月进行了调合试生产，调试油品各种技术指标全部达到设计要求。1999年1月正式投产，至1999年底共生产238批次，产量51151t。

1. 装置简介

自动控制调合装置共分为五部分：SMB、ABB、DDS、球扫线装置及WINBLEND4000控制系统。这五部分相互配合，形成两个相对独立的调合系统，年调合能力为12.5万吨。

(1) SMB调合系统

SMB调合系统由6条计量通道和1条球扫线组成。调合器原理流程见图5-4。调合装置主要参数见表5-5。

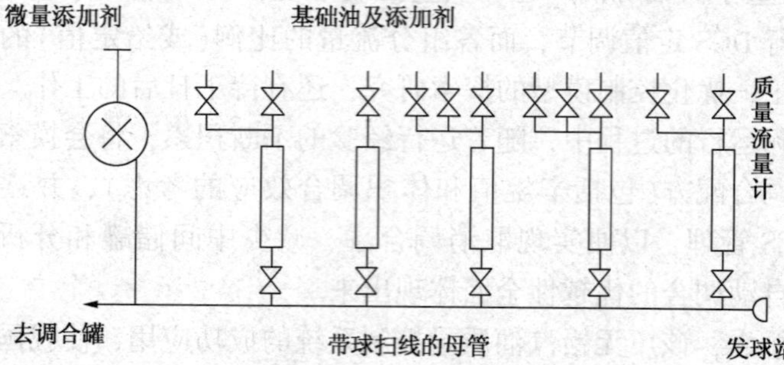

图5-4 SMB调合器原理流程图

表5-5 SMB调合器装置主要参数

通 道	管线尺寸/mm	输送组分	流量范围/(t/h)	介质允许运动黏度/(mm^2/s)
1	80	基础油	15~45	50~500
2	80	基础油	15~45	50~500
3	50	添加剂	5~15	100~3000
4	50	添加剂	5~15	100~3000
5	25	添加剂	1.5~4	100~3000
6	15	添加剂	0.006	1~5
卸料母管	100	混合物料	—	—

基础油、散装添加剂用泵由各原料罐通过专用管线输送至计量通道入口。通道1~5，每个组分进料管线上各配1个自动进料阀、1台质量流量计、1个流量控制调节阀，以此来控制组分的进料量。通道6通过计量泵实现微量添加剂的计量。

SMB调合系统通过出料的母管，采用球扫线方式将计量后的组分送至调合罐(兼作成品罐)，由计算机控制压缩空气驱动扫线球，将管内存油推入目的罐。至此一批次调合的计量工作完成，即可继续进行下一批次调合的计量工作。由计算机控制调合罐内的侧向搅拌器，将油品搅拌均匀。

目前，管道调合方式主要有两种方案：同步计量调合SMB和在线调合ILB(In-Line Blender)，该公司在比较了这两种调合方案的优缺点后，选择了SMB。

ILB和SMB的设备都是由流量计和调节阀组成的若干条输油(或添加剂)通道及一条母管所构成。调合生产时，油和剂按配方的要求分别自各通道计量后泵入母管，然后进入成品罐，设备都由计算机操作，进料计量精度高，可保证成品油的质量。

在线调合ILB的优点是：大批量调合时效率高；在管道中直接混合成产品，成品罐可以不设置搅拌系统(但为解决不合格品的调整，一般仍需设搅拌系统)。其缺点是配方变化时适应性差，当配方改变需改变各泵的流量时，由于泵的流量不能改变，所以部分原料还需打循环；由于采用模拟量控制，并且每种组分需要一个计量通道，设备投资高；由于集合管中已是成品油，不能用基础油清洗管线。

同步计量调合SMB优点是：大批量调合时效率高；对配方适应性强，对任何配方都可以用泵的最大流量同时输送和计量原料；由于集合管中不是成品，可以先输送添加剂，最后用基础油清洗管线；由于可以采用两位式控制，并且计量通道可以共用，即在一个批次的调合过程中，某些计量通道可以使用两次以上，设备投资明显减少。其缺点是成品罐必须设搅拌系统。该公司的调合罐(兼作成品罐)原已安装有侧向搅拌器，选用SMB更为合理一些。

(2) ABB 调合系统

ABB 调合系统包括两个容量为 10t 的调合罐和 1 个容量为 2t 的调合罐，1 个桶装添加剂抽取单元(即 DDS)，1 台出料泵和 1 条球扫线装置及多条可自动控制的原料入口管道。调合装置原理流程见图 5-5，调合装置主要参数见表 5-6。

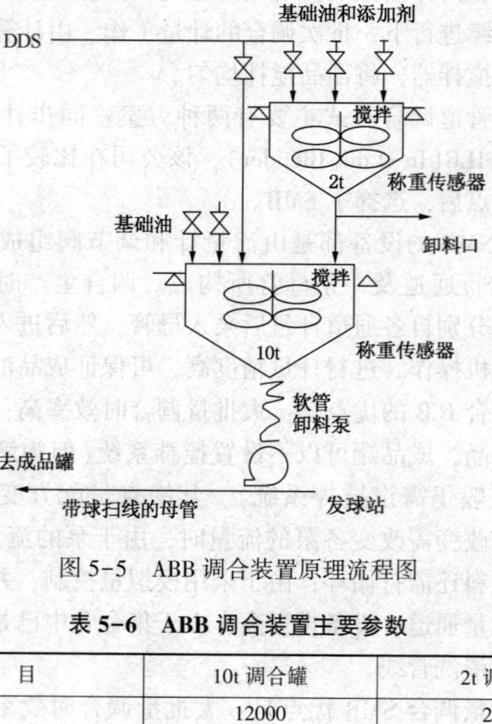

图 5-5　ABB 调合装置原理流程图

表 5-6　ABB 调合装置主要参数

项　　目	10t 调合罐	2t 调合罐
容积/L	12000	2400
高度/m	2.5	1.5
称重误差/kg	7.5	1.5
最小称重量/kg	750	150
最小称重量下精度/%	1	1
产品残留量/kg	20	5
调合量/t	1~10	0.2~2
伴热	蒸汽 3 段	蒸汽 2 段
搅拌器	3HP 双浆	1HP 双浆

ABB 调合周期小于 90min，基础油进料误差小于 10kg，添加剂进料误差小于 1.0kg，综合计量误差小于 10kg。

两个调合罐均配有蒸汽伴热夹套、清洗头、垂直搅拌器、自动卸料阀。调合罐装在重力传感器上，利用高精度的传感器实现进料计量。基础油和添加剂分别进入调合罐并完成计量，加料完毕后开启搅拌器，将物料搅拌均匀，调合成产品。该设备全部操作由计算机控制，计量精度高；同时有清洗调合罐的操作，通过罐顶两个清洗头，将清洗油喷入调合罐，对调合罐罐壁、罐底有很好的清洗作用，能避免不同油品间相互污染，以保证每罐成品油的质量。但在需要用基础油清洗油罐时，需设带搅拌器的成品罐，并在成品罐中再次搅拌时取样分析产品。ABB 多用于生产小批量产品。调合方式：2t 调合罐和 10t 调合罐都可以独立完成调合任务，也可以配合完成调合任务。在配合使用时，2t 调合罐用于计量添加剂用量，还可以用于溶解固体添加剂或稀释黏度高的添加剂。

2t 调合罐独立完成任务时产品可直接卸入活动储罐；与 10t 调合罐配合使用时，2t 调合罐内的物料靠重力卸入 10t 调合罐，产品通过卸料泵，采用球扫线方式送入成品罐。

ABB 自动批量调合的优点是：直接称重计量；对于固体添加剂可以直接使用；也可以从桶中抽取添加剂进入调合罐；操作自动化程度高，生产灵活性强。其缺点是：生产速度慢，原料必须依次加入；为满足小百分比物料计量精度，要求在小调合罐中计量；为保证精度，每批产品不能小于罐能力的 10%；校正计量系统时比较复杂。

目前较合理的调合系统设置是将 SMB 和 ABB 结合成一个系统，当用散装剂大批量生产时用 SMB 部分，而小批量产品用 ABB 部分。该公司的调合系统设有 ABB 和 SMB，数量在 200kg 以上的定货量可用这套装置一次完成。

(3) DDS 系统

桶装添加剂通过 DDS 单元自动抽取，直接送到 2t 调合罐。

DDS单元包括：一个两侧连传送带的桶称重平台，一根抽杆，一个容重500kg、可称重、可加热的清洗罐，一台输送泵。DDS单元由一台计算机自动控制，与主控计算机相连，保证操作的整体性。

操作过程：将装有添加剂的桶通过传送带送至称重平台，抽杆自动插入桶中抽取添加剂，至要求重量停泵。当桶剂抽空后，自动从清洗罐抽入基础油清洗主桶。基础油是控制系统从配方中自动划分出的部分。当一种剂抽完后，抽杆移至清洗罐抽入少许基础油清洗抽杆。清洗后油、剂和清洗罐中所余基础油均送入调合罐，作为原料计入产品配方中。DDS单元抽、洗每桶剂平均耗时小于6min。

(4) 球扫线装置

球扫线装置是在金属管道内，利用压缩空气作动力，推动塑胶球将球前面的产品沿管道推入目的油罐中。使用此系统对共用管线进行清洗，不仅可以清空管线，防止腐蚀，还可以将不同产品分隔开，减少污染，降低因污染产生的不合格品率，从而保证所调产品的质量。

引进球扫线系统共分三套：

① SMB卸料母管到SMB成品罐；

② ABB卸料母管到ABB成品罐和预调合罐；

③ ABB成品罐卸料口到灌装储罐。

每套球扫线系统都包括发球站、收球站、在线分配阀(三通或四通阀)。经过球扫线的管内残留油量为：每米直管<1mL；每个阀内<5mL。

(5) WB4000控制系统

WB4000控制系统采用全新的WINBLEND软件，是WAUGH公司的调合经验与WINDOWS NT操作系统相结合而成的过程控制系统，由微软公司的专业人员编制，主要有以下特点：

① 可存储并根据需要调用配方；

② 调合过程全部自动控制，即根据调合方案自动选定目的

罐、自动控制系统操作顺序、自动计算各物料量并自动计量、自动调节流量；

③ 自动调节阀门延迟关闭时间，即在计量的设定值和实际值出现误差时，计算机会自动校正阀门的关闭时间，这一功能进一步提高了计量精确度；

④ 自动检测配方是否有效及系统故障，并提示故障原因，以利于排除；

⑤ 具有仿真模拟功能，可进行模拟操作及员工培训；

⑥ 系统具有实时存储、实时显示功能；

⑦ 一套控制系统可控制两套调合系统同时操作，互不干扰；

⑧ 系统可根据未来发展的需要进行调整和扩充。

2. 两套调合装置调试的内容

① 调合不同品种的润滑油产品；

② 全面考察各装置的性能指标；

③ 考察全套装置各部分的协调配合能力。

3. 装置调试结果

(1) 调合质量

调试过程共调油 65 批次，5 个品种，一次调合合格率为 100%，各质量指标均满足产品质量要求。

(2) 装置的协调能力

测试证明，WINBLEND4000 控制系统对各装置设备的自动控制、通讯、数据显示等均能达到要求，整套装置能够协调操作，配合正常。

(3) 装置性能考察

考察内容为 SMB、ABB 两个调合罐综合计量误差，球扫线残留量，ABB 两个调合罐的均匀性，ABB 10t 调合罐的残留量，DDS 抽取添加剂精度，抽每桶剂的消耗时间，DDS 至 ABB 间输剂管内残留量。考察结果见表 5-7 至表 5-16。

从表 5-7 可以看出，SMB 综合计量误差实验的结果分别为 -0.01‰、-0.005‰、-0.008‰、-0.008‰，都远远小于±6‰。

表 5-7　SMB 综合计量误差

批号	产品名称	计划调油量/kg	实际调油量/kg	进料误差/kg	进料时间/h	处理量/(kg/h)	各计量通道误差/kg						成品分析
							1 号	2 号	3 号	4 号	5 号	6 号	
1	15W/30CD	150007.5	150005.8	-1.7	2.3	64300	-0.5	-0.08	-0.43	0.06	0.13	0	合格
2	15W/40CD	170008.5	170007.7	-0.8	2.6	63900	-0.49	0.95	-0.01	0.53		0	合格
3	15W/30CD	150007.5	150006.3	-1.2	2.5	60000	-0.16	0.25	0.02	0.05		0	合格
4	15W/40SE	170008.5	170009.9	-1.4	2.5	68000	0.58	0.7	-0.17	0.27	-0.01	0	合格

① 批号 1:2 号通道进油两次,第二次进油 150BS,误差为-0.89kg;

② 批号 2:2 号、3 号通道各进油两次,其误差为:2-2 号进 15BS,差-0.79kg,3-2 号进 PPT-148,差-0.96kg;

③ 批号 3:2 号、3 号通道各进油两次,其误差为:2-2 号进 150BS,差-0.67kg,3-2 号进 PPT-148,差-0.69kg。

从表 5-8、表 5-9 可以看出，ABB 两个计量罐的综合计量误差均小于 10kg。

表 5-8　ABB 10t 罐综合计量误差

批号	产品名称	计划调油量/kg	综合误差/kg	各组分进料误差							成品分析	调合周期/h
				油 1 号 150SN	油 2 号 500SN	油 3 号 150BS	剂 1 号 T-S	剂 2 号 T-8	剂 3 号 PPT148	剂 4 号 902		
1	15W/30CD	5000	4	0.2	0.2	1.8	0.15	0.1	0.55	0	合格	0.51
2	15W/30CD	5000	1	0.1	0.4	0.1	-0.45	0.3	-0.45	0	合格	0.5
3	15W/30CD	10000	1	-0.1	0.2	0.4	0.9	-0.4	-0.2	0	合格	0.62

表 5-9　ABB 2t 罐综合计量误差

批号	产品名称	计划调油量/kg	综合误差/kg	各组分进料误差							成品分析
				油 1 号 150SN	油 2 号 500SN	油 3 号 150BS	剂 1 号 T-S	剂 2 号 T-8	剂 3 号 PPT148	剂 4 号 902	
1	15W/30CD	2000	-1	0.7	1.5	-0.5	-0.1	0.5	-0.4	0.01	合格
2	15W/30CD	2000	3	-1.2	3.1	2.6	-0.7	-0.1	-0.5	0.01	合格
3	15W/30CD	2000	6	1.2	0.7	0.4	0.5	0.2	-0.2	0	合格

表 5-10　球扫线残留油量

生产批号	扫线起止点	管线长/m	站点个数	残留油量/mL
1	IP507→SP500	120	7	28.1
2	IP504→SP500	80	4	56.2
3	IP503→SP500	70	3	28.1
4	IP601→SP600	38	1	23
5	IP601→SP600	38	1	34.48
6	IP601→SP600	38	1	23
7	IP702→SP700	120	2	23
8	IP702→SP700	120	2	34.18
9	IP702→SP700	120	2	23

表 5-11　ABB 10t 罐调合均匀性

批　号	调合品种	混合均匀性	黏度(100℃)/(mm^2/s)		
			上层	中层	下层
1	15W/30SE	均匀	11.13	11.11	11.07
2	15W/30SE	均匀	11.02	10.99	11.02
3	15W/30SE	均匀	11.08	11.13	11.22

表 5-12　ABB 2t 罐调合均匀性

批　号	调合品种	混合均匀性	黏度(100℃)/(mm^2/s)	
			上　层	下　层
1	15W/30CD	均匀	10.30	10.32
2	15W/30CD	均匀	10.43	10.44
3	15W/30CD	均匀	10.71	10.98

表 5-13　ABB 10t 罐残留油量

批　　号	调合品种	残留油量/kg
1	15W/30CD	4.0
2	15W/40CD	3.56
3	15W/30CD	1.9

表 5-14　DDS 抽取添加剂精度

批号	调合品种	调合量/kg	G51345			PPT148		
			设定量/kg	实加量/kg	加剂误差/kg	设定量/kg	实加量/kg	加剂误差/kg
1	15W/30CD	5000	325	324.9	−0.1	24	23.8	−0.2
2	15W/30CD	5000	325	324.7	−0.3	24	24.1	0.1
3	15W/30CD	5000	325	324.8	−0.2	24	23.9	−0.1
4	15W/40CD	5000	130	129.7	−0.3	9.6	9.3	−0.3
5	15W/40CD	5000	130	130	0	9.6	9.4	−0.2

表 5-15　DDS 抽桶装添加剂时间

批　号	调合品种	调合量/kg	桶装剂名称	抽剂时间①/min	抽剂重量/(kg/桶)
1	15W/30CD	5000	G51345	3.62	192.1
2	15W/30CD	5000	G51345	4.25	192.7
3	15W/40CD	5000	G51345	4.78	192.3

① 抽剂时间系指用 DDS 抽取一桶桶装添加剂所需要的时间，包括：从抽剂管动作开始、抽剂、清洗、抽清洗油、抽剂管拔出回到原位全套动作时间。

表 5-16　DDS 至 ABB 间输剂管内残油量

批　号	DDS 至 ABB 间管长/m	吹扫时间/s	残留油量/kg
1	18	70	0.01
2	18	40	1.2
3	18	140	<0.01
4	24	70	<0.01

4. 装置使用情况

1999 年 1 月自动调合装置正式投产至年底，在 11 个月的试生产过程中，共调油 238 批次，51151t，合格率达 99%以上，SMB、ABB 系统计量精度保持较好，球扫线效果明显；自动控制、通讯系统基本正常，整套装置可协调操作；从市场反馈信息来看，油品质量得到很大提高。

该公司润滑油生产中应用本自动调合技术后，润滑油调合技术水平有了很大提高，主要表现有以下几方面：

(1) 提高了生产自动化程度

在改造前，其润滑油生产采用带搅拌器的调合罐进行批量生产，调合罐容积分别为 40～200m^3。调合过程基本为手工操作：基础油各组分依次输入到调合罐，通过检尺来控制每种基础油的加入量。用这种方法计量误差较大，基础油计量不准，特别在用小调合罐、生产小批量产品的时候。由于管线内存油的影响，一次调合合格率较低；然后，桶装添加剂经烘房加热、抽检称重后人工倾倒到加剂槽中，靠输入的基础油循环携带到调合罐。整个操作过程速度慢，按目前产量每天需处理 300 桶添加剂，生产现场忙乱，工人的劳动强度较大，而且添加剂粘附在桶壁上，造成一定量添加剂浪费。总体上整个调合生产装置在技术水平上不够先进，缺乏完善的控制系统和计量系统。生产过程难于随时处于受控状态，存在发生误操作的可能性，这些缺点使该公司不利于进一步提高产品质量、降低成本和提高产品的竞争力。

多年来，该公司不断谋求调合技术的更新，并于 1983 年引进过一套美国柯纳尔公司的自动调合设备。该自动调合设备为机械控制的在线调合设备，由两部分组成：配量盘和均化器。配量盘的作用是把被调合的各组分(最多 7 种)按配方同时计量后送到均化器。均化器的作用是分散和混合这些组分，脱气、脱水，并把调合好的油送到成品罐。在生产中发现，由于调合过程中需预先配制添加剂母液，使操作变得复杂。而且调合所用油、剂的黏度以及原料罐与调合装置的距离等因素对计量泵的计量精度影响很大，原设备布置使工艺很难满足柯纳尔调合器的设计要求，致使计量泵计量精度偏低，加剂量偏差较大。

此次新调合装置的应用提高了该公司的生产能力，彻底实现了专油、专罐、专泵、专线操作，提高了自动控制水平和计量精度，整个生产过程协调、合理，根据调合方案，自动控制系统可完成所有调合过程，使产品质量有了可靠保证。

(2) 提高了计量精度

SMB 调合系统采用质量流量计和称重元件计量，其综合计量误差远小于验收条款规定的±6‰；ABB 调合系统也远好于每个基础油组分误差小于 10kg、每个添加剂组分误差小于 1kg 的验收规定；DDS单元称重误差小于0.5kg。

(3) 调合产品质量好

调试期间，油品各种技术指标均达到质量要求。投产11个月来，黏度、水分、机械杂质等技术指标的合格率均有大幅度提高，SMB共调合199批次，一罐不合格，一次调合合格率为99.5%；ABB共调合39批次，一罐不合格，一次调合合格率为97.4%(非系统原因造成的不合格未计入)。由于球扫线装置的投用，使不同品种的润滑油受到污染的几率降至最低。据测定，球扫线每米的残留量小于1mL，每个球站的残留量小于5mL。

(4) 缩短了调合周期，生产灵活性强，适应不同的市场需求

SMB调合系统用于常规产品大批量调合。以调合170t成品油为例，原调合系统耗时约11h，SMB耗时5h，生产效率较原来提高了120%。ABB调合系统适用于特殊产品的小批量调合，合格率也较原来有了很大提高。

(5) 降低运行操作成本

该装置可以直接使用散装添加剂，可减少添加剂损失并可略去剂桶。经测算，每年可节省添加剂桶的费用约220万元。同时改善了生产条件，并节约了人力。

参考文献

1 曹树德．汽油调合质量控制系统.电子仪器仪表用户,1999,6(4)

2 庄兴稼,沈桂跃编．油品储运系统自动化．北京:烃加工出版社,1989

3 李征西,徐思文主编．油品储运设计手册．北京:石油工业出版社,1997

4 杨榕,叶元凯,陈永红等．自动调合技术在润滑油生产中的应用．润滑油,2000,15(5)

第六章　油品调合用添加剂

油品添加剂主要是指燃料油添加剂和润滑油添加剂两大类。半个世纪以来，随着机械设备的不断更新，应用范围不断扩大，单靠炼油厂加工出来的燃料油类及润滑油类产品，从性能上远远不能满足客观上的要求。针对这种情况开发出相应的燃料油添加剂和润滑油添加剂有助于产品质量的提高。国外早在 20 世纪 20 年代就已在汽油及个别润滑油中加入添加剂，使用后性能大有改善。目前，添加剂已成为提高油品使用性能、改善质量最经济有效的重要手段。为了增加石油产品品种、提高质量、改善使用性能，在油品调合中普遍加有各种添加剂，因此，了解添加剂品种、作用、性能，对进一步掌握油品质量是十分必要的。

第一节　概　述

一、添加剂的作用与性能

石油产品中的汽油、煤油、柴油是当今世界主要能源之一，而各种机械设备运转又都需要各种润滑油。石油产品一方面在数量上要满足工农业发展需要，而另一方面石油产品的质量和性能对能否满足生产要求又产生极大影响。随着国民经济的迅速发展，能源供求日益紧张，而发动机和机械工业发展，对燃料和润滑油使用要求愈来愈高。要取得质量更高、性能更好、应用更加广泛的油品，光靠优化原料、改进工艺、采用深度加工等，已不能满足市场需求，因为这样会使加工更加复杂，设备和操作费用增加，成本上升。

石油添加剂是在石油产品中，调入少量某些物质就能显著改善油品原有性能或使其得到它们原来没有的新性能，并取得合格产品来满足各种机械设备的更好需要，这种物质就是添加剂，用符号“T”表示。因此，在油品中加入添加剂，其作用就是提高产品质量，增加品种、降低成本、减少油品消耗量，对润滑油来说可以延长其使用周期，并可满足依靠石油加工无法达到的要求。

每种油品所加添加剂种类和数量与原油性质、生产工艺和精制深度以及加入目的等多种因素有关。即使同一品种，不同炼油厂所加添加剂品种和数量也都不完全一样。

对添加剂的使用要求主要是：添加数量不多而效果好，副作用小，油溶性好，对水不溶解，不乳化，热安定性好。下面分别简述燃料添加剂和润滑油添加剂的分类、品种及性能。

二、石油添加剂的分组、命名和代号

石油添加剂一般为油溶性有机化合物。根据添加的油品种类，一般分为燃料油添加剂、润滑油添加剂和复合添加剂3类。

石油添加剂的命名由3部分组成，即：

组别符号 + 牌号名称 + 组别名称

例如：

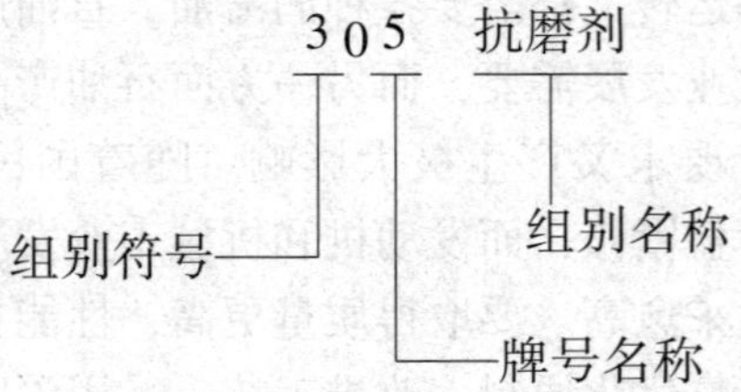

石油添加剂的代号，也由3部分组成，即：

T+组别符号+牌号名称，如上面的添加剂代号为T305

我国石油添加剂的标准分组及代号见表6-1a，我国石油添加剂的分类及产品见表6-1b。

表 6-1a　石油产品添加剂的分组及代号

	组　别	代　号		组　别	代　号
润滑油添加剂	清净分散剂	T1××	燃料油添加剂	抗爆剂	T11××
	抗氧分散剂	T2××		金属钝化剂	T12××
	抗磨剂	T3××		防冰剂	T13××
	油性剂	T4××		缓蚀剂	T14××
	抗氧剂	T5××		抗静电剂	T15××
	增粘剂	T6××		抗磨剂	T16××
	防锈剂	T7××		抗烧蚀剂	T17××
	降凝剂	T8××		流动改进剂	T18××
	抗泡沫剂	T9××		防腐蚀剂	T19××
				消烟剂	T20××
				十六烷值改进剂	T22××

表 6-1b　我国石油添加剂的分类及产品表

组号	组别	名　称	代号	化学名称	生 产 厂
1	清净剂和分散剂	101 清净剂	T101	低碱值石油磺酸钙	上海高桥石化公司炼油厂
		102 清净剂	T102	中碱值石油磺酸钙	上海高桥石化公司炼油厂
		103 清净剂	T103	高碱值石油磺酸钙	上海高桥石化公司炼油厂
		104 清净剂	T104	低碱值合成磺酸钙	锦州石化公司炼油厂
		105 清净剂	T105	中碱值合成磺酸钙	锦州石化公司炼油厂
		106 清净剂	T106	高碱值合成磺酸钙	锦州石化公司炼油厂
		108 清净剂	T108	硫化聚异丁烯钡盐	锦州石化公司炼油厂
		108A 清净剂	T108A		兰州炼油化工总厂
		109 清净剂	T109	烷基水杨酸钙	兰州炼油化工总厂
		111 清净剂	T111	环烷酸镁	
		115 清净剂	T115	硫化烷基酚钙	兰州炼油化工总厂
		114 清净剂	T114	高碱值环烷酸钙	独山子炼油厂
		151 分散剂	T151	单烯基丁二酰亚胺	兰州炼油化工总厂
		152 分散剂	T152	双烯基丁二酰亚胺	兰州炼油化工总厂
		153 分散剂	T153	多烯基丁二酰亚胺	兰州炼油化工总厂
		154 分散剂	T154	丁二酰亚胺	锦州石化公司炼油厂
		155 分散剂	T155	丁二酰亚胺	锦州石化公司炼油厂

续表

组号	组别	名称	代号	化学名称	生产厂
2	抗氧抗腐剂	201 抗氧抗腐剂	T201	硫磷烷基酚锌盐	兰州炼油化工总厂
		202 抗氧抗腐剂	T202	硫磷丁辛基锌盐	兰州炼油化工总厂、锦州石化公司炼油厂、无锡石油添加剂厂
		203 抗氧抗腐剂	T203	硫磷双辛基碱性锌盐	
		204 抗氧抗腐剂	T204	硫磷仲伯基锌盐	
		205 抗氧抗腐剂	T205	硫磷仲基锌盐	
3	极压抗磨剂	301 极压抗磨剂	T301	氯化石蜡	沈阳化工厂
		304 极压抗磨剂	T304	酸性亚磷酸二丁酯	山东淄博化工厂
		305 极压抗磨剂	T305	硫磷酸含氮衍生物	南京长江化工厂
		306 极压抗磨剂	T306	磷酸三甲酚酯	上海彭蒲化工厂
		307 极压抗磨剂	T307	硫代磷酸胺盐	南京长江化工厂
		308 极压抗磨剂	T308	酸性磷酸酯胺盐	兰州炼油化工总厂
		309 极压抗磨剂	T309	硫代磷酸苯酯	沈阳维华化工油品有限公司
		321 极压抗磨剂	T321	硫化异丁酯	
		322 极压抗磨剂	T322	二苯甲基二硫	大连化工助剂厂
		323 极压抗磨剂	T323	氨基硫代酯	西南特种润滑油厂
		311 极压抗磨剂	T311	单硫代正丁基磷酸酯	兰州炼油化工总厂
		341 极压抗磨剂	T341	环烷酸铅	甘肃油漆厂
		351 极压抗磨剂	T351	二丁基二硫代氨基甲酸氧硫化钼	武汉国营经河化工厂
		352 极压抗磨剂	T352	二丁基二硫代氨基甲酸锑	武汉国营经河化工厂
		353 极压抗磨剂	T353	二丁基硫代氨基甲酸铅	武汉国营经河化工厂
		361 极压抗磨剂	T361	硼酸盐	茂名石化公司研究院、兰州炼油化工总厂
4	油性剂和摩擦改进剂	401 油性剂	T401	硫化琼鱼油	
		402 油性剂	T402	二聚酸	牡丹江日用化工厂
		403 油性剂	T403	油酸乙二醇酯	兰州炼油化工总厂
		404 油性剂	T404	硫化棉籽油	
		405 油性剂	T405	硫化烯烃棉籽油-1（用于润滑油）	长沙望城石化厂、沈阳石油化工二厂
		405A 油性剂	T405A	硫化烯烃棉籽油-2（用于润滑油）	长沙望城石化厂、沈阳石油化工二厂

续表

组号	组别	名称	代号	化学名称	生产厂
4		406 油性剂	T406	苯三唑脂肪酸氨盐	南京高峰化工厂
		451 摩擦改进剂	T451	磷酸酯	南京宁江化工厂
		461 摩擦改进剂	T461	硫磷酸钼	石油化工科学研究院
5	抗氧剂和金属减活剂	501 抗氧剂	T501	2，6-二叔丁基对甲酚	锦州石化公司炼油厂、辽河滨河化工厂、上海向阳化工厂、燕山石化公司化工二厂
		502 抗氧剂	T502	2，6-二叔丁基混合酚	北京化工三厂
		511 抗氧剂	T511	4，4-亚甲基双(2，6-二叔丁基酚)	北京化工三厂
		521 抗氧剂	T521	2，6-二叔丁基-α-二甲胺基对甲酚	北京化工三厂
		531 抗氧剂	T531	N-苯基-α-萘胺	天津五一化工厂
		532 抗氧剂	T532	含苯三唑衍生物复合剂	石油化工科学研究院
		551 金属减活剂	T551	苯三唑衍生物	兰州炼油化工总厂
		561 金属减活剂	T561	噻二唑衍生物	兰州炼油化工总厂
6	黏度指数改进剂	601 黏度指数改进剂	T601	聚乙烯基正丁基醚	兰州炼油化工总厂
		602 黏度指数改进剂	T602	聚甲基丙烯酸酯	上海高桥石化公司炼油厂
		603 黏度指数改进剂	T603	聚异丁烯(用于内燃机油)	锦州石化公司炼油厂
		603 黏度指数改进剂	T603	聚异丁烯(用于内燃机油)	大庆石化总厂化纤厂
		603A 黏度指数改进剂	T603A	聚异丁烯(用于液压油)	锦州石化公司炼油厂
		603B 黏度指数改进剂	T603B	聚异丁烯(用作密封剂)	锦州石化公司炼油厂
		603C 黏度指数改进剂	T603C	聚异丁烯(用于齿轮油)	锦州石化公司炼油厂
		603D 黏度指数改进剂	T603D	聚异丁烯(用于拉拨油)	锦州石化公司炼油厂

续表

组号	组别	名　称	代号	化学名称	生 产 厂
6	黏度指数改进剂	611 黏度指数改进剂	T611	乙丙共聚物	兰州化工公司橡胶厂
		611 黏度指数改进剂	T611	乙丙共聚物(热降解)	兰州炼油化工总厂
		612A 黏度指数改进剂	T612A	乙丙共聚物(6.5%浓度)	茂名石化公司研究院
		612A 黏度指数改进剂	T612A	乙丙共聚物(8.5%浓度)	茂名石化公司研究院
		613 黏度指数改进剂	T613	乙丙共聚物(11.5%浓度)	茂名石化公司研究院
		614 黏度指数改进剂	T614	乙丙共聚物(13%浓度)	茂名石化公司研究院
		631 黏度指数改进剂	T631	聚丙烯酸酯	上海高桥石化公司炼油厂
7	防锈剂	701 防锈剂	T701	石油磺酸钡	杭州炼油厂
		702 防锈剂	T702	石油磺酸钠	杭州炼油厂、玉门炼油厂
		703 防锈剂	T703	十七烯基咪唑啉烯基丁二酸盐	兰州炼油石化总厂
		704 防锈剂	T704	环烷酸锌	独山子炼油厂
		705 防锈剂	T705	二壬基萘磺酸钡	玉门炼油厂
		706 防锈剂	T706	苯并三氮唑	南京长江化工厂
		708 防锈剂	T708	烷基磷酸咪唑啉盐	
		711 防锈剂	T711	*N*-油酰肌氨酸十八胺盐	浙江化工研究所
		743 防锈剂	T743	氧化石油酯钡皂	杭州临安横畈化工厂
		746 防锈剂	T746	烯基丁二酸	旅顺化工厂、大连助剂厂
8	降凝剂	801 降凝剂	T801	烷基萘	大连石油助剂厂、无锡石油添加剂厂
		803 降凝剂	T803	聚α-1-烯烃(用于浅度脱蜡油)	兰州炼油公司总厂、抚顺石化公司石油二厂
		803A 降凝剂	T803A	聚α-2-烯烃(用于深度脱蜡油)	兰州炼油公司总厂、抚顺石化公司石油二厂

续表

组号	组别	名　称	代号	化学名称	生 产 厂
8	降凝剂	805 降凝剂	T805	聚 α-3-烯烃(用于重质油)	兰州炼油公司总厂、抚顺石化公司石油二厂
		806 降凝剂	T806	聚 α-4-烯烃(用于中间基油)	兰州炼油公司总厂、抚顺石化公司石油二厂
		814 降凝剂	T814	聚丙烯酸酯	上海高桥石化公司炼油厂
9	抗泡剂	901 抗泡剂	T901	甲基硅油	上海树脂厂
		902 抗泡剂	T902	丙烯酸酯与醚共聚物	上海高桥石化公司炼油厂
		911 抗泡剂	T911	丙烯酸酯与醚共聚物	上海高桥石化公司炼油厂
		912 抗泡剂	T912	丙烯酸酯与醚共聚物	上海高桥石化公司炼油厂
燃料油添加剂		1101 抗爆剂	T1101	四乙基铅	
		1201 金属钝化剂	T1201	N，N-二亚水杨丙二胺	
		1301 防冰剂	T1301	乙二醇甲醚	
		1501 抗静电剂	T1501	有机酸盐、含氮共聚物混合物	
		1601 抗磨剂	T1601	二聚亚油酸和磷酸酯混合物	
		1602 抗磨剂	T1602	环烷酸	
		1804 流动性改进剂	T1804	聚乙烯醋酸乙烯酯	
		1804A 流动性改进剂	T1804A	聚乙烯醋酸乙烯酯	

第二节　燃料油添加剂

使用添加剂是改善石油燃料性能最经济而又有效的重要手段。许多燃用油加入添加剂，不仅改善了储存安定性，而且也改善了燃烧性，达到节约能源，防止污染环境的目的。加入百分之几到千分之几，甚至百万分之几的添加剂，就可大大改善某些质量指标，增强有益的性能，抑制不利的因素。选择添加剂最关键的问题是用量少而效果大，获得易而价格廉，同时还要考虑防止致癌性物质的混入，当前实际使用的物质有许多是有毒害的，必须大力并重视防毒和防止污染环境。

燃料油用添加剂中，主要有汽油抗爆剂、防早燃剂、抗氧化剂、金属减活（钝化）剂、柴油十六烷值改进剂、降凝（倾）剂、防腐蚀剂、表面活性剂、防水剂、防腐杀菌剂、航空燃料防静电剂、润滑性改善剂、助燃剂和染色剂等。

一、抗爆剂

抗爆剂主要用作提高汽油的辛烷值，防止汽缸中的爆震现象，减少能耗提高功率。

辛烷值是车用汽油最重要的质量指标，采用抗爆剂是提高车用汽油辛烷值的重要手段。20 世纪 80 年代以前主要以烷基铅作为抗爆剂，诸如：四乙基铅（TEL）、四甲基铅（TMI）、三乙基-甲基铅（MLA）、二乙基二甲基铅（CR）等等，它们具有工艺简单，成本低廉，效果突出的优势，所以一直是效率最高的辛烷值改进剂。

20 世纪 90 年代以后，随着汽车废气排放控制及保护环境的需要，国内外已限制或取缔向汽油中加入烷基铅，并逐步实现汽油无铅化。烷基铅抗爆剂的限制使用，促进非铅抗爆剂的开发。非铅系抗爆剂分为有机金属盐型，如各种有机锰化物、酯缩合锰化物、桥构双环醚铁化物、苯基噌啉铁化物；非金属型有机化合物，如二烷基二羟基苯基硼化物、碳酸类有机化合物、芳基胺类、MTE、TBA、四膦酰-4-羟基吡啶等。并大量掺用异辛烷、异戊烷、重整汽油及 MTBE、TBA、甲醇等高辛烷值组分。

1. 锰系抗爆剂

1990 年 Ethyl 公司再次推广甲基环戊二烯三羰基锰（MMT）产品。研究表明，添加量 0.034g Mn/L 左右，其效果取决于汽油的组成，对石蜡基汽油最有效，对芳香族汽油效果不大。如对含芳烃组分较多的超级汽油基础油，加到含锰 0.8g/kg 时，研究法辛烷值只上升 4 个单位，当向优级汽油基础油加同样数量时，则上升近8个单位，当向石蜡基汽油基础油中加同样数量时，上升15个单位。当向汽油加入MMT到锰含量0.075g/L时和加四乙基铅液0.18mL/L时的辛烷值同样由75提高到93。这种抗爆剂对我国大庆汽油很有效，但因成本太高，且对汽车排气转化净化催化剂堵塞，排气中的HC增加。还有M MT汽油燃烧后的灰分金属未能解决引出问题，而增加发动机磨损和火花塞短路以及储存中光分解等问题。

2. 二茂铁

二茂铁($C_{10}H_{10}Fe$)，相对分子质量186，系单斜晶系结晶，熔点172~173℃，溶于石油、醇、醚、苯等有机溶剂，不溶于水，是比较安定的化合物，使用时先溶于溴乙烷和石脑油、甲醇或烷基苯制成母液而后加入汽油中，在辛烷值60的汽油中加0.1~0.5g/kg时可提高辛烷值7~15个单位。

我国对二茂铁作为抗爆剂进行过较多的研究，因燃烧后的氧化铁留在燃烧室里无法引出而增加发动机的磨损及二茂铁的生产成本太高未能推广应用。

3. 胺系抗爆剂

苯胺、二甲代苯胺、三乙苯胺等苯胺类抗爆剂，向研究法辛烷值85的汽油基础油中加5%时，则辛烷值上升到100左右。

胺系抗爆剂的优点是：

① 不像金属系抗爆剂那样燃烧后的灰分积炭中有金属成分，造成发动机的磨损和排气污染；

② 不像烷基铅那样受汽油中硫化物的影响，对提高辛烷值没有妨碍；

③ 同时起抗氧化剂的作用；

④ 不论高温或低温情况下，几乎不发生腐蚀作用。

缺点是：

① 添加量大，需2%~5%；

② 由于胺使汽油颜色、安定性变坏、色度变深，而不利于商品化；

③ 胺类对某些塑性材料或橡胶等弹性材料有侵润，不利于密封；

④ 添加量大而致使发动机排气中 NO_x 增多，加 5%时排气中的 NO_x 增加 40%。

胺类抗爆剂对低辛烷值汽油提高辛烷值效果大，对研究法辛烷值的提高作用大，对马达法辛烷值的提高作用最小，因而还未推广使用。

4. 醚系抗爆剂

直到现在还未开发出无毒而抗爆性和烷基铅相似的理想抗爆剂，只有甲基叔丁基醚(MTBE)效果较好，已为各国所采用。它是一种无色、透明、有特殊异味的轻质液体，纯度为 97.5%，密度 0.7394g/cm^3，沸点 52.5~58.5℃，雷德蒸气压 55kPa(396 mmHg)，研究法辛烷值为 118，马达法辛烷值为 102。为生产高标号汽油，在汽油中加入 MTBE 量一般都较高，才能产生与加入四乙基铅的同样效果，一般加入量为 3%~20%(体积分数)。不同的汽油馏分加入量各不相同，提高的辛烷值幅度也不相同，见表 6-2。

表 6-2 不同组分的汽油加入 MTBE 后效果

基础油样		MTBE 加入量,%(v)				
		0	5	10	15	20
直馏汽油	MON	56.2	58.7	61.6	64.6	67.9
	RON	56.0	60.0	64.7	68.0	71.3
烷基化汽油	MON	92.4	93.4	94.0	94.9	95.5
	RON	93.4	(94.7)	97.1	98.9	100.9
催化汽油	MON	77.6	79.0	80.0	81.3	82.6
	RON	88.3	(90.8)	91.6	93.3	94.4
宽馏分重整汽油	MON	84.3	85.0	86.0	86.9	87.8
	RON	95.4	(97.5)	98.6	99.6	100.9

利用炼厂催化裂化的烯烃可合成很多辛烷值组分，如甲基叔戊基醚(TAME)是由异戊烯和甲醇反应合成的，性能和 MTBE 相

近，辛烷值也大体相同，TAME 的蒸气压低可能是优点。此外还有由甲醇合成的二甲醚也是良好的高辛烷组分型添加剂。

二、抗氧剂

燃料中的烯烃、双烯烃在光、温度、空气中氧的影响下，会生成胶状物质而沉淀，胶质本身具有氧化催化作用，会加速燃料的氧化。为了延缓燃料的氧化，一般要加入抗氧剂和金属钝化剂。

抗氧剂是一种有机化合物，它能减少由于燃料自动氧化而产生的胶质量，延缓燃料的氧化。其最早的商品抗氧剂出现在 20 世纪 30 年代。胶质产生的过程是链锁反应，抗氧剂中的活泼氢原子可以中断链锁反应。例如：2,6-二叔丁基对甲酚(T501)、2,6-二甲酰基-4-叔丁基苯酚等酚类化合物具有抗氧防胶性能。

碳氢化物的自动氧化反应，如脂肪族烃自动氧化为脂肪酸，环烷族氧化成环烷酸等的反应历程为：

① $R—H+O_2 \longrightarrow R\cdot+H_2O$

② $R\cdot+O_2 \longrightarrow ROO\cdot$

③ $ROO\cdot+R—H \longrightarrow ROOH+R\cdot$

④ $R\cdot+O_2 \longrightarrow ROO\cdot$

⑤ $ROO\cdot+R—H \longrightarrow ROOH+R\cdot$

如此发生链锁氧化反应，即④同②，⑤同③的连续扩大反应，如有酚系或胺系抗氧化剂存在时，则发生如下反应而停止链锁氧化反应，而可称为链锁反应中止剂。

或　　$ROO\cdot+NH_2 \longrightarrow ROOH+NH$

把两种或几种抗氧性能作用不同的抗氧剂复合在一起使用时更为有效，这称为复合抗氧化剂。

对航空喷气燃料，规定单独或复合抗氧化剂的加入量为最多 24mg/L，而且必须在生产后胺型抗氧剂应立即加入，同时加入金属减活剂。

现在常用的抗氧化剂有：

(1) 亚苯基二胺系

① *N*，*N′*－二异丙基对苯二胺

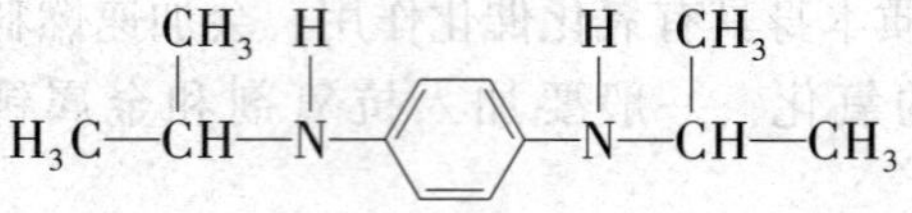；

② *N*，*N′*－二仲丁基对苯二胺

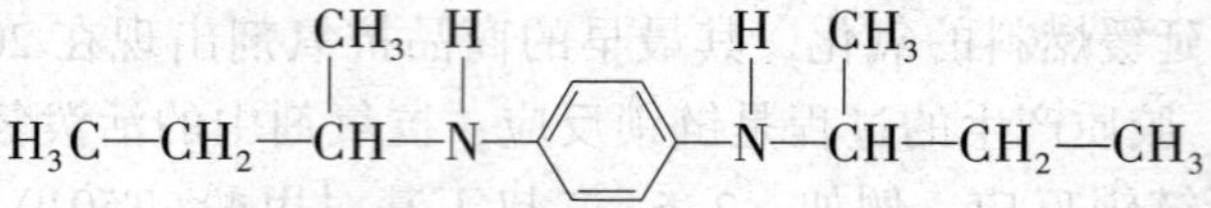；

(2) 烷基酚系

① 2,6-二叔丁基-4-甲酚 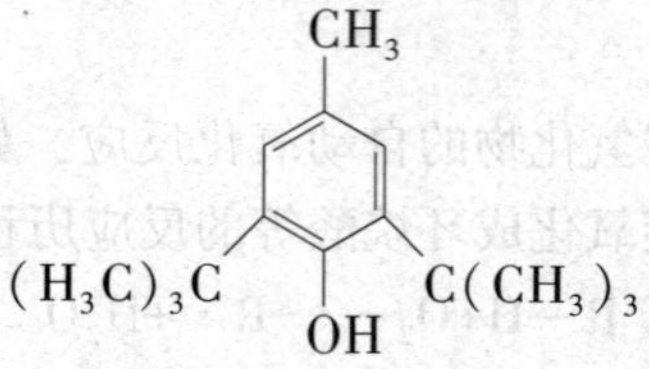；

② 2,4-二甲基-6-叔丁基酚 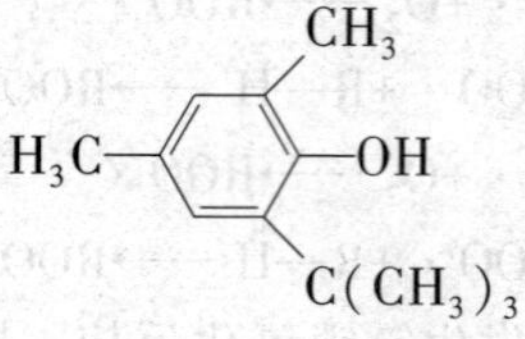；

③ 2,6-二叔丁基酚 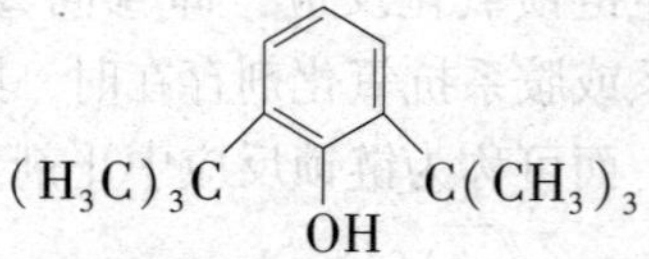；

美国航空涡轮发动机燃料规格 ASTM D 1655 规定，加抗氧化剂(有效成分)不超过 24mg/L，并规定可用：

① *N*,*N′*-二异丙基对苯二胺；

② 75%以上的 2,6-二叔丁基酚，加 25%以下的叔丁基及三叔丁基酚；

③ 72%以上的 2,4-二甲基-1,6-叔丁基酚，加 28%以下的

一甲基及二甲基叔丁基酚；

④ 55%以上的2,4二甲基-6-叔丁基酚，加45%以下的叔或二叔丁基酚。

我国目前主要使用的是：对羟基二苯胺和2,6-二叔丁基对甲酚(加入量0.002%~0.005 %)。亚苯基胺系如*N*-苯基-*N′*-仲丁基对苯二胺(加入量约0.002%~0.004%)的抗氧防胶效果比烷基酚系好，但价格较贵。

三、金属钝化剂

燃料油输送过程中接触多种金属，如Cu、Fe、Pb等，这些金属会加快燃料的氧化速度，致使燃料中的烯烃氧化、聚合、最后生成胶质。汽油中含有的Cu离子也具有加速胶质生成的催化作用。金属钝化剂本身不起氧化作用，要与抗氧防胶剂一起使用。金属钝化剂与金属作用形成螯合物。

我国目前使用的金属钝化剂有*N*,*N′*-二水杨叉-1,2-丙二胺(T1201)(主要抑制铜的催化作用，加入量一般为0.0005%)，是以水杨醛、丙二胺经缩合反应制得。产品为含金属钝化剂30%的甲苯溶液，其折光指数n_D^{25}不小于1.580，密度(20℃)不小于1.050 g/cm^3。其减活作用可能是在铜金属表面上反应，生成安定的对氧化无促进作用的螯合型配盐化合物，如：

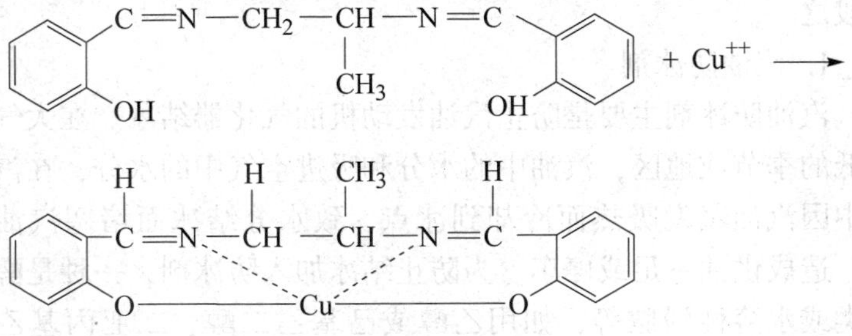

而使铜的表面离子失去活性。

一般金属减活剂都是用20%的甲苯稀释成为浓度80%的母液而后调配使用。铜对汽油和航空喷气燃料的自动氧化的促进作用最大，铁、铝等次之，因而在加抗氧化剂时必须并用金属减活剂。美国航空涡轮机燃料油规格 ASTM D1655—91 规定加抗氧化剂不大于 24mg/L，同时规定加金属减活剂不大于 5.2mg/L。抗氧剂 T501 与金属钝化剂 T1201 复合使用于汽油、喷气燃料、柴油等燃料中，可提高油品的安定性，延长储存期。

汽油和铜、钴、锰接触而无金属减活剂时则诱导期分别降低到 10%~25%、35%~75%、50%~75%，但铬对氧化速度几乎无影响。和铜共存时的氧化促进作用更大。如汽油中含铜1mg/kg时就需多加抗氧化剂 3~7.5 倍，这样成本很高，而脱铜更为不易，因而加金属减活剂是唯一简而易行的方法。

兰州炼油化工总厂生产的苯三唑衍生物（代号 T551）和噻二唑衍生物（T561）等都是常用的金属减活剂。国内外目前研究大环化合物作用于铜，例如大环吡啶和大环噻吩化合物。目前国外金属钝化剂的主要品种有 UOP 公司的 Awgrade50、杜邦公司的 DMD 系列、BASF 公司的 Keromet 系列等。

四、防冰剂

燃料是多种烃类的混合物，其与空气中的水处于一定的平衡状态。燃料在使用时，经历着剧烈的温度变化，在低于-30℃时，燃料中的溶解水变成了悬浮水，在油路滤网上结冰，形成冰晶，堵塞燃料系统，使供油中断。添加防冰剂是防止冰晶出现的手段之一。

1. 汽油防冰剂

汽油防冰剂主要是防止汽油发动机的气化器结冰。在大气温度低的季节或地区，汽油中的水分和吸进空气中的水分，在汽化器中因汽油蒸发吸热而冷却到冰点，致水分结冰而堵塞汽油喉口，造成供油不足或停车。为防止结冰加入防冰剂，一种是醇或醚类或水溶性酚胺等，如用乙醇或己基乙二醇、二亚丙基乙二醇-乙基醚等溶入水分中，能使其冰点下降，从而防止了结冰；另一种是胺类和酰胺类具有表面活性的油溶性化合物，在气化器表面上形成薄膜，防止冰与气化器的金属表面直接接触，或在冰粒表面上形成皮膜，从而防止冰结晶的增大。琥珀酸亚胺、磷酸酯的胺盐等也有效，添加量依汽油的挥发性不同而异，一般在 10~50mL/m^3。日本通常在油品中加脂族醇，如乙醇、异丙醇 0.5%~2.0%(体积分数)、己基乙二醇、二丙基乙二醇 0.05%~0.2%(体积分数)，还有 C_{19}烷基二乙醇酰等。

2. 航空喷气燃料防冰剂

目前航空喷气燃料中采用的防冰剂一般为醇类及醇醚类化合物。它们具有良好的增加燃料对水的溶解能力，在燃料中与水形成低结晶点的溶液，防止冰晶析出并对已形成的冰晶有一定的溶解能力，以保证燃油系统正常工作。国内外主要产品为乙二醇甲醚(T1301)。它是有醇味的无色透明液体，有毒性，易溶于燃料，具有很强的吸水性能，因此必须密闭储存，典型性质见表 6-3。一般加入量为 0.15%~0.3%。

表 6-3 T1301 防冰剂的典型数据

项　　目	典型数据	项　　目	典型数据
密度(20℃)/(g/cm^3)	0.9664	123.3~125.5℃馏出体积/%	96.6
酸值/(mg KOH/g)	0.012	乙二醇/%(质量分数)	0.008
折光指数(n_D^{20})	1.4028	水/%(质量分数)	0.034
馏程/℃		pH 值(25℃，25%水溶液)	6.92
初馏点	121.2	乙二醇甲醚/%(体积分数)	99.8
干　点	125.3		

从 1961 年起，美军制订了 MIL-I-27686 规格，菲利普公司专利并由联合碳化物公司和杜邦化学公司分别以 UCAR 燃料添加剂 500 和喷气燃料添加剂 PFA55MB 的商品名供应使用，其组分为由乙二醇-甲基醚 97.4%~100%(质量分数)，丙三醇 0~2.6%(质量分数)调合而成。

前苏联用乙二醇的乙基醚为防冰剂，其添加量最大到 3000mL/m^3 为美国 PFA55MB 的 2 倍。

机场航空喷气燃料库应设两座以上的储罐，以便静止时间在

24h 以上，而使低温下燃料中正烷烃或水分的结晶粒子沉降下去，而不致装入飞机油箱。但据试验，即使静止 24h 后一般煤油型喷气燃料中的 3μm 以下的结晶粒子也不易沉降下去。

3. 柴油防冰剂

主要用醚系，如 MTBE 等防冰剂或醇醚系防冰剂。

五、抗静电剂

固体和液体交界面上有双电层相当于板状电容器，液相流动时带走一种电荷，在固体表面吸附着一种相反的电荷。当油品流动时，可造成电荷分离，由此产生静电。当油中电荷聚集到一定程度，一旦放电，就会造成火灾及爆炸事故。抗静电添加剂的研究与应用就是为了使油品在流动过程中避免产生静电荷，提高电荷分散的速度，防止电荷聚集，达到安全使用油品的目的。航空喷气燃料的电导率规定在50~450pS/m（$1pS/m=1\times10^{-12}\Omega^{-1}\cdot m^{-1}$）。日本规定航空喷气燃料管线输油流速不得超过 1m/s，美国规定为 7m/s 以下（电导率 50pS/m 以上）。

国内外主要抗静电剂有阴离子表面活性剂型、阳离子表面活性剂型、两性表面活性剂型、非离子表面活性剂型及其他形式抗静电剂。

1. 阴离子表面活性剂型

阴离子表面活性剂型抗静电剂如国产的 T1501，它是一种液体产品，有强的吸附性、离子性和表面活性等。要求加入量极少，导电率即增大很多。在航空汽油中，一般加入量为 0.35～0.45ppm，其性质见表 6-4。几种液体防静电剂的添加量和效果如表 6-5；使几种油品电导率达到 10pS/m 需加入的必要量如表 6-6。

表 6-4　T1501 抗静电剂的典型性质

项　　目	典型数据	项　　目	典型数据
外　观	深色粘稠液体	铬含量/%	0.57
机械杂质/%	0.05	钙含量/%	0.48
水分/%	0.18	电导率（含量 1ppm）/（10^{-12}S/m）	260

表 6-5　防静电剂添加量及电导率

油品名称	防静电添加剂	浓度/(mol/L)	电导率/(pS/m)	当量电导率/$\left(\frac{pS/m}{mol/L}\right)$
正庚烷	甲醇	4.0×10^{-2}	0.0004	0.01
	乙醇	1.1×10^{-12}	0.8	0.73
	硬脂酰醇(18 烷醇)	2.0×10^{-2}	0.0002	0.01
	硬脂酰胺(18 酰胺)	4.0×10^{-3}	0.02	5
	硬脂酸	2.0×10^{-2}	0.0004	0.02
	软脂酸钙	1.5×10^{-3}	1.0	670
汽油	二辛基磺基琥珀酸酯钙	1.0×10^{-3}	10	10000
	烷基水杨酸铬(Cr-ac)	2.5×10^{-6}	10	4000000
苯	油酸镁	1.7×10^{-2}	3.6	21000
	苦味酸四异戊基铵	1.0×10^{-4}	10	100000
	二异丙基水杨酸钙	5.0×10^{-3}	100	2000

表 6-6　电导率及添加量表

油品名称	防静电添加剂	添加量	
		$kmol/m^3$	mg/kg
干洗用轻汽油	乙醇	1.75	80000
	油酸镁	0.0005	293
苯	苦味酸四异戊基胺(Tiap)	0.0001	53
	二异丙基水杨酸钙	0.005	2400
汽油	二辛基磺基琥珀酸酯钙(Ca-osse)	0.001	200
	烷基水杨酸铬	0.0000025	6.2
	SAA(壳牌公司烷基水杨酸铬)	—	2

二异丙基水杨酸钙盐、铬盐、锌盐的添加量大，例如二异丙基水杨酸钙达到液体石油的电导率 10pS/m 时所需的添加量为 2000mg/kg(0.2%)因添加量太大，不能采用。但具有 C_5 以上的烷基水杨酸的多价金属盐，特别是铬盐(烷基水杨酸铬)加入微量，即可达到极好的效果。

其他阴离子型防静电剂还有松香酸、醋酸铬和聚环戊二烯混合物、油酸三乙醇胺、油酸钠盐、β-二酮、铬盐反应生成物、合成脂肪酸的铬盐、脂肪酸及水杨酸的铬盐、烷基水杨酸铬盐和磺酸型表面活性剂的合用、2-乙基己酸、烷基磷酸酯盐等。

2. 阳离子表面活性剂型

阳离子表面活性剂型防静电剂，有苦味酸四异戊基铵盐，或其溴盐、碘盐或其氮化物、三丙基氯铵盐、四丙基铵盐和各种季铵盐、胺盐等。

表 6-7 为向宽馏分汽油型航空喷气燃料中加入植酸钙镁酸的季铵盐的防静电效果。烷基二胺基环氧乙烷加成体的脂肪酸盐，作为高分子的溶剂系的防静电剂，同时还具有提高分散性能的作用。此外还用植酸钙镁酸的季铵盐和具有如下 Cl 结构的磷盐等。

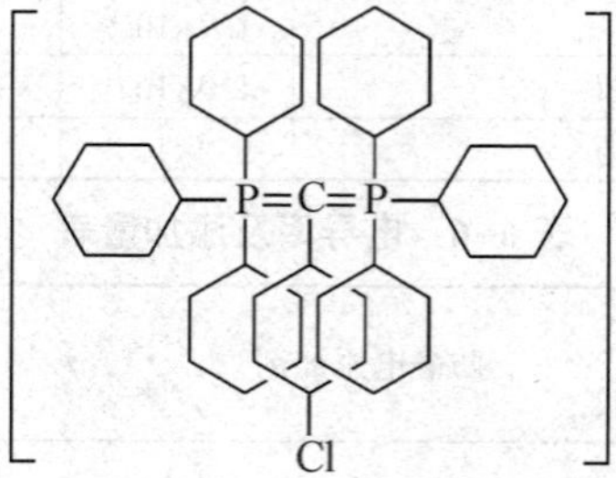

表 6-7　植酸钙镁酸盐防静电效果(加入 JP-4 中)

植酸钙镁酸盐	添加量/%	电导率/(pS/m)
一(二甲基二油酸基铵)	0.001	1.2
	0.002	2.5
	0.005	5.0
	0.01	13
	0.05	35
三(二甲基二油酸酰胺)	0.01	15
己基(二甲基油酸基铵)	0.01	6.6

3. 两性表面活性剂型

两性表面活性剂有 *N*-月桂基甜菜碱二甲铵乙内酯，烷基三甲铵乙内酯等。日本用聚乙二醇脂肪酸酯或聚合物的胺盐等。

4. 非离子表面活性剂型

非离子表面活性剂大多数是水溶性的，易溶解于水而乳化，因而在石油产品中几乎不宜使用。只有使用高级醇乙烯氧化物的加成物和双-(羟基二乙基甲硅烷基)硅烷等的报道。

5. 其他型防静电剂

如三烷氧基亚甲基正膦烷等。

六、抗磨防锈剂

深度精制的燃料，随着其不安定组分的脱除，也脱除了天然的微量极性物质，从而使燃料的抗磨性能变坏，当使用这种燃料时会引起燃油泵柱塞头的磨损，影响其使用寿命。同时燃料在储运和使用过程中，因环境温度的变化，油中的溶解水全析离成游离水，引起金属生锈腐蚀，因此发展了抗磨防锈添加剂。

抗磨防锈添加剂 T1601 由三个组分组成见表 6-8，抗磨防锈剂 T1601 的主要性质列于表 6-9，抗磨防锈剂 T1601 的抗磨效果见表 6-10。

表 6-8　T1601 组分表

组　　分	质量含量
二聚亚油酸/%	70~75
酸性磷酸酯/%	6.2~7.5
酚型抗氧剂/%	0.7~0.75
稀释剂	余量

表 6-9　T1601 抗磨防锈剂主要性质表

项　　目	典型数据
外观	棕色液体
密度(20℃)/(g/cm^3)	0.918
黏度(100℃)/(mm^2/s)	22.57
酸值/(mg KOH/g)	147.7
磷(质量分数)/%	0.55

表 6-10　抗磨防锈剂 T1601 的抗磨效果表

油 样 名 称	磨损量/g			备　注
	前 25h	后 25h	总计	
喷气燃料-1	0.0060	0.0215	0.0275	深度精制
喷气燃料-1+15mg/L T1601	0.0011	0.0012	0.0023	深度精制

七、低温流动改进剂

燃料油经冷却后，油中蜡随温度下降而析出，温度越低，析出蜡越多，致使油全部失去流动性。这里的燃料油主要是指柴油。我国石蜡基原油较多而柴油含蜡（C_{16}以上正烷烃）量较高，产品的倾点、冷滤点和浊点很难达标，深加工脱蜡或裂解加氢成本高而产量收率低，故采用低温流动改进剂是最理想的途径。

低温流动改进剂主要有：乙烯/乙酸乙烯共聚物、乙烯/烷基丙烯酸酯共聚物、氯乙烯聚合物、聚丙烯酸高碳醇酯类等。

1980 年我国开始生产聚乙烯/醋酸乙烯酯柴油流动性改进剂（T1804），目前已开发成功间歇聚合和连续聚合两种工艺。产品中醋酸乙烯酯含量 35%～45%，平均相对分子质量为 1500～2000，支链度（CH_3/100 CH_2）为 6。

柴油低温流动改进剂的加入量一般为 0.01%～0.1%。其使用效果不仅决定于添加剂本身的结构，也取决于柴油的馏分和烃类组成。在我国柴油中的使用情况表明，环烷基油较中间基油感受性好，石蜡基油较差；不同加工工艺的柴油感受性不同，尤以催化裂化柴油、分子筛脱蜡、尿素脱蜡和临氢降凝柴油感受性较好。直馏柴油、加氢精制柴油感受性较差；从馏程来看，馏程越宽感受性越好。实际使用时，应采用合理的组分调配。T1804 在我国部分柴油中的使用效果列于表 6-11。

表 6-11　T1804 柴油低温流动改进剂的效果表

柴　油	凝点/℃			冷滤点/℃		
	基础油	加 0.1%	GB-252-87 规格	基础油	加 0.1%	GB-252-87 规格
-10 号轻柴油	-12	-28	-10	-8	-10	-5
	-16	-40	-10	-5	-17	-5
-20 号轻柴油	-20	-41	-20	-11	-27	-14
	-28	-48	-20	-11	-27	-14
-35 号轻柴油	-30	-43	-35	-18	-29	-29
	-31	-43	-35	-19	-30	-29

八、十六烷值改进剂

十六烷值是柴油燃料性能的重要质量指标。使用过低十六烷值的柴油，将会延长柴油在燃烧室中的滞燃期，严重时会发生爆震。直馏柴油的十六烷值一般都比较高(大于40以上)，随着重油深度加工的发展，在柴油中调入了更多的催化裂化馏出油(小于40)，使轻柴油的平均十六烷值下降。为了生产出标号合格的柴油，炼油厂大多将十六烷值高低不同的柴油按一定比例进行调合。也可在十六烷值低于40的二次加工柴油中加入少量十六烷值改进剂，亦可达到所需柴油标号。

多种物质具备改善柴油十六烷值的作用，其中包括硝基化合物、亚硝基化合物、芳基硝化物、多硫化合物、氧化生成物、过氧化物、金属有机化合物、杂环类化合物、脂肪烃等以及它们的复合物。几种常用的十六烷值改进剂的添加效果如表6-12。

表6-12　十六烷值改进剂的效果表

十六烷值改进剂	基础柴油	裂化馏分85% 直馏馏分15%	乙醚	硝酸戊酯	2,2-二硝酸丙烷	丙烯基过氧化物	混合有机过氧化物
加入量(质量分数)/%	0		1.0	1.0	1.0	1.0	5.0
十六烷值	36		41.5	47	48.5	37.1	53
十六烷值改进剂	基础柴油	灯用煤油93% 直馏馏分7%	乙醚	硝酸戊酯	2-硝酸丙烷	丁烯基过氧化物	过氧己烷
加入量(质量分数)/%	0		1.5	1.5	1.5	1.5	1.5
十六烷值	39.1		38.9	51.2	41.8	59.3	63.8

硝酸戊酯和硝酸己酯作为十六烷值改进剂的添加量和十六烷值上升值的关系及加十六烷值改进剂的柴油和未加的十六烷值和辛烷值的影响如图6-1。

十六烷值改进剂一般加0.3%就可以提高十六烷值约10个单位，而最高添加量不超过1%。直馏柴油对十六烷值上升剂的感受性好，一般加0.1%可提高十六烷值5~6个单位，催化裂化柴油的感受性差，一般加0.1%时只能提高十六烷值3~6个单位。

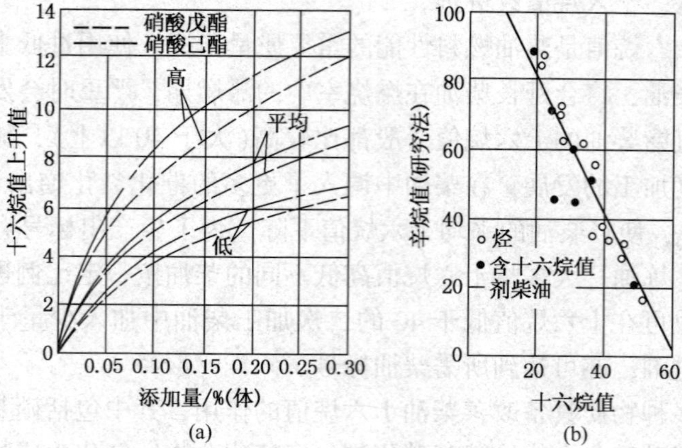

图 6-1　十六烷值改进剂添加效果图

但是，作为实用价值的十六烷值改进剂以硝酸烷基酯类为主，如：硝酸戊酯、硝酸乙酯、硝酸伯己酯及 2，2-二硝基丙烷等。添加量为 0.1%～0.5%，加入量少，成本低而收效大。我国柴油大都十六烷值较高，因而除个别油源外大都还未采用。

九、清净分散剂

发动机汽化器内沉积的主要原因之一是行驶汽车排除的燃料废气，以及发动机本身产生的黑烟，这些黑烟和活塞环泄漏气体一起积存在发动机罩下面。在空载时，汽化器节流阀上下空气流动急剧变化，故吸入混合气中的固体物质吸附在节流阀的下部，形成沉积物。大量的沉积物使发动机运转不规则，在空载时，发生失速。一般认为，安装曲轴箱正向排气阀的汽车使用含清净剂的汽油，汽化器的寿命可延长一倍以上，并保持汽化器的清洁，减少对大气的污染，如果在汽油中加入 10～50ppm 的清净分散剂，就可防止沉积或除去沉积物。

清净分散剂中其非极性基团延伸到燃料油中，增加燃料油的油溶性，防止沉积。其极性基团整齐排列在金属表面上，增加其表面活性。因此，清净分散剂能减少油中的沉积物。可用作燃料油的清净分散剂的化合物主要有胺类：如聚异丁烯琥珀酸亚胺、酚胺、咪唑啉、磷酸酰胺、脂肪胺、聚醚基胺(PEA)、聚丁基胺(PBA)、丁二酰亚胺、单烯基丁二酰亚胺等；酯类：如低分子聚甲基丙烯酸酯共聚物等。但不可用有机金属盐类的清净分散剂。

清净分散剂的作用效果是：

① 降低对大气的污染；

② 节省燃用油消耗；

③ 改善发动机性能；

④ 具有除掉气化器和曲轴箱系统的油泥积炭的效果，减少对大气的污染，减少 CO 排出，HC 的排放量减少一半，还有减少油泵、喷嘴的磨损，防止火花塞结焦，提高发动机的功率，从而节约能源，增加经济效益。

为控制汽车排放、减少大气污染和节约燃油提高效益，各国大力开发汽、柴油清净添加剂，以防油泵和喷嘴的磨损或堵塞，并保持进、排气阀及系统清洁，防止结焦和保持燃烧室清洁。美国 14 家润滑油公司和主要汽车公司曾联合投资 4000 万美元进行这项研究，雪夫隆公司开发的汽油清净剂已使汽车清洁行驶由 80000km 延到 160000km。

十、多效添加剂

为充分发挥燃料的燃烧性能，燃料在使用过程中需满足多种性能要求，诸如：清净、防冰、防腐、防沉积、保持储存稳定、喷嘴清洁、排放中颗粒污染物控制等。为此发展出多效添加剂。

1. 汽油用多效复合添加剂

汽油多效添加剂化学组成主要有氨基烷基磷酸酯的煤油溶液或甲醇溶液、咪唑啉类、丁二酰亚胺、胺类等，另外在防冰性能上需加入甲醇、异丙醇、乙二醇、二丙二醇醚、二甲基甲酰胺等以及一定的表面活性剂。

这种添加剂同时具有：

(1) 防冰作用

防止气化器结冰是冬季的重要性能，由于汽油蒸发气化需要大量的热量(汽油蒸发热约 300kJ/kg)，甲醇汽油气化需蒸发热更高(约1100kJ/kg)，在外界气温较低条件下则使气化器结冰，致使油路(汽油喷出喉口)堵塞，发动机停止，因而必须加入有防冰作用的添加剂。首先是醇类(ROH)、水溶性酰胺类($RCONH_2$)等化合物，可溶入凝缩水中，以使冰点下降。其次是具有表面活性的油溶性化合物，在气化器内部表面形成添加剂的薄膜，起妨碍冰直接冻结在金属表面上的作用，或在冰粒的表面上形成薄膜，以防冰的结晶粒度增大，而消除冰冻的危害。表面活性型防冰剂的组分以琥珀酰亚胺($HNCOCH_2CH_2CONH$)，磷酸酯的胺盐等比较有效，最适宜的加入量依汽油的挥发性不同而不同，一般为10~50mg/kg。

(2) 防腐蚀作用

一般汽油含溶解水分200mg/kg左右，有的还含游离水分，这些水分成为与汽油接触的容器管线等金属发生腐蚀甚至损坏的根源。因腐蚀而生成的锈渣，可致发动机的汽油滤清器闭塞，或气化器的喉口堵死，而发生各种故障。同时因为金属离子特别是铜离子对汽油氧化生胶起促进作用，对封存发动机或汽车，因生成的有机酸发生二次腐蚀的问题严重，因而要用对防止金属腐蚀有效的表面活性剂，如石油磺酸胺、脂肪族胺、环烷酸胺、烷基氨基磷酸酯等，同时也具有一些防锈作用。汽油中一般最适宜的加入量为5~30mg/kg。

(3) 清净作用

汽油清净剂主要是为使气化器、进气阀及曲轴箱系统等免除结焦积炭或油泥沉积，怠速时气化器的节流阀上下空气流动角度激变，而致吸入混合气中的固体物粘附在节流阀下部，气化器结胶会影响气化效率和破坏汽油空气混合气的协调；进气阀结焦积炭而影响进气均匀和进气阀开闭失调及关闭不严，而破坏发动机工作，造成功率下降，甚至烧坏，曲轴箱系统结焦积炭，以致开闭动作失灵，关闭不严，则影响串缸混合气的返回燃烧室以致曲轴箱系统的效率下降，造成大气污染和汽油的浪费。为解决发动机怠速时失速和运转失调，防止或减少上述现象极需汽油具有清净性能，特别为减少排气对大气的污染而装有曲轴箱系统的发动机，用汽油必须具备一定的清净作用，当然把串缸混合气返回燃烧室燃烧后，不仅减少对大气的污染，也有利于节省汽油。

汽油清净剂是由20世纪70年代开始应用的，最初主要为防进气阀和气化器结焦(胶)而引起排气的HC、CO、NO_x增多而污染大气为防进气阀、燃烧室结焦，汽油中加聚醚胺，聚丁酰胺等清净剂，加前者的汽油行车86500km后的CRC评分9.8，积炭仅为7.8mg，而未加的评分仅为6，加入的效果较好。

2. 柴油、重油多效剂

柴油、重油多效添加剂中常要加入抗氧剂、分散剂、金属钝化剂、性能改进剂从而保证柴油的性能。

直馏柴油基本无问题，但近年柴油需求量大增，不但所用馏分加重，而且多直接混用催化裂化柴油，因而胶质多和安定性及燃烧性能变差，储运中易生油泥沉淀，使用中结焦积炭，并可能发生腐蚀，因而需要加有清净作用、抗氧化作用、防腐蚀作用的添加剂，目的似乎与汽油的要求相同，但在对燃料燃烧的作用上要求则完全相反，对汽油要求多效剂无助燃(促燃)作用，可有阻燃作用，对柴油则要求多效剂无阻燃作用，而可有助燃(促燃)作用。因而在柴油中不宜用磷化物、胺基化合物等有阻燃作用的化合物，可用烷基磺酸钡、羧酸钡等既有清净作用，又有促燃作用的添加剂。

重油用多效剂需对油中沥青质等高分子芳烃有吸附力并形成胶束分散在油中，形成稳定的胶体化合物，如烷基磺酸钡和环烷酸铜的混合物、十二烷基苯磺酸钡和油酸铜的混合物、十二烷基苯磺酸钡和树脂酸铜等。这些都是具备分散油泥沉积和清洗结焦积炭，并有促燃作用的复合添加剂，如附加少量二或三乙醇胺、琥珀酸亚胺等，则可赋予防冰性能和杀菌防腐作用。

十一、助燃剂

燃料燃烧时，产生大量的副产物使得燃烧不完全。使用助燃剂的目的是改善并提高燃料油的燃烧性能。目前国内使用的助燃剂大都由国外进口。

轻质燃料助燃剂的主要成分是$(SiCH_2CH_2COOH)_2CO_3$将其配成甲醇溶液或煤油溶液以0.001%的加入量加至燃油中效果明显。

重质燃料助燃剂的主要成分是钙、镁、钡等碱土金属磺酸盐、天然含水硅酸镁等混合物、环烷酸等吸附处理金属氧化物或氢氧化物、超微粉氧化铁水浆。以极少的量加入至重油中，燃烧的效果很好，并抑制了SO_x、NO_x烟尘的产生。

1. 助燃剂的作用

(1) 胶体化作用

裂解型油的密度大、凝点低、沥青质和胶质含量多，特别是碳化物多而且十分不安定。氧化叠合生成油泥不溶性碳化物，就是潜在性油泥成为实际油泥，沉积在油箱底部或堵塞管线及过滤设备，特别是常有结焦粘住加热管的事故发生，因而必须解决。燃料油中的沥青质呈微细的胶束分散在油中，胶质作为保护性胶体，使沥青质的分散安定。而炭粒成为每一个胶束的核心，胶束被周围的吸附层所包围，而外层则为相对分子质量较低的，碳氢比较高的油层所包围，并且形成各个胶束的中间层，胶束作为沥青中的沥青性胶质的保护胶体是安定的。但当受空气氧化时，沥青中的保护胶体变为沥青质，致分散力降低，而表现为凝胶体的特性。特别是含硫燃料油生成硫醇凝胶体，燃料油储运装置的铜、黄铜等，对硫醇胶体的生成有激烈的促进作用，而这种硫醇凝胶体形成的胶状物会对装置滤油网发生严重的堵塞事故。

(2) 助燃作用

助燃剂也称燃烧促进剂，即某些金属化合物以百万分之几的浓度存在于燃料中，就可使燃烧所需的活化能降低，自燃点下降而燃烧速度加快，这对炭质燃料的燃烧尤为显著。除Cu和Zn金属粉末可致碳氢化合物的自燃点上升外，大多数的金属粉末，如Ph、Mn盐等则可使之下降，现在常用的助燃剂主要有环烷酸铅、辛酸锰、磺酸镁等。主要都是Pb、Mn、Co、Ba、Na、Ca、

Mg 等的金属盐。它们具有以下作用，其最终效果是节约能源和保护环境。

① 抑制炭烟(炭粒子)的作用。

燃料燃烧不完全而生成大量的炭粒子形成黑烟，主要是由于空气供应不足或不均，以及燃烧温度太低，根本原因是燃料组分分子结构和相对分子质量所决定的燃烧反应所需活化能太高，因而根本解决办法是采用助燃剂，以降低燃料燃烧所需的活化能，促进迅速而完全的燃烧。助燃剂一般以碱金属盐的效果较好，此外特别是钾、铅、铜盐为最有效，其次是钠、锂，而银为极好。阴离子 OH^-、COO^-、NO_2^- 等也有一定的效果，但卤基、SO_4^{2-}、SO_3^{2-} 则有降低防炭烟的不良效果。

② 抑制未燃物(HC 和 CO)的作用。

助燃剂的目的是使燃料完全燃烧而不残留碳氢化物且不产生一氧化碳，关键是均匀且适量的供给较高温度的一次和二次空气。重油燃烧理论空气量为 11.0Nm^3/kg，实际过剩系数为 1.1~1.3。日本能源法规定发电烧油锅炉空气过剩系数 1.05~1.1，排气温度 145℃ 以下。工业锅炉 30t/h 以上的 1.1~1.2，排气 200℃；10~30t/h 的 1.2~1.3，排气 200℃；10t/h 的 1.3，排气 320 ℃。汽油完全燃烧时需空气 9m^3/L，但实际过剩系数为0.9~1.05。

2. 助燃剂的效果和性能

(1) 助燃剂的效果

① 燃烧室(炉膛)的净化作用，首先是使燃烧生成的沉积物减少，防止熔渣的粘附，并使炭烟转变为软质炭体，进一步燃烧并排之于炉外。

② 烟度减低和烟色变淡作用，由于助燃剂使燃料进一步完全燃烧，因而使黑烟变白，经验证明助燃剂可使排烟温度上升 3~10℃，而使烟色显著变淡。

③ 促进燃料油喷雾变细，使单位时间喷油粒子流变细，以致其总表面积增大，从而使其蒸发速度加快，着火温度降低，加

快燃烧速度，同时燃烧更加完全，并使燃烧温度(炉膛温度)升高，使燃料油热效率提高，减少燃料油消耗量。

④ 防止炉壁裂纹，助燃剂改善燃烧状况，减少燃烧沉积物粘附在炉壁上，从而防止炉壁发生局部冷热不均的现象，可防止炉壁产生裂纹及燃烧室变形或烧损。

⑤ 防腐蚀作用，是因助燃剂将在燃烧过程中产生的或原油中含有的可能造成腐蚀的成分，从物理上或化学上转变为无腐蚀的成分，因而起到防腐蚀的作用。

⑥ 改善燃烧性能，使燃料油消耗量下降，并使设备导热性能变好，从而提高热能的有效利用率。

(2) 助燃剂的性能

助燃剂的性能，主要是起到在燃料油燃烧过程中，使油泥分散、改善燃烧状况、防止燃烧生成物的沉积和腐蚀并改善水分离性等作用。

已采用的助燃剂有：

① 脂肪酸铜盐、环烷酸铜盐。是脂肪酸铜盐等加入适量烷基苯磺酸钡盐或脂肪酸钡盐的混合物，用溶剂(适当的轻油类)溶解为1%~10%的浓度，向燃料重油中加入0.03%~0.1%(有效成分)。

② 油溶性表面活性剂。为使油中的油泥分散度加大，使喷油中的粒度均匀，而用烷基丙烯基磺酸盐和油溶性表面活性剂的混合物，使油中悬浮的潜在油泥更加安定。作为油溶性表面活性剂的有将金属皂碱金属皂制成 $[R-\overset{\overset{\displaystyle O}{\|}}{\underset{\underset{\displaystyle O}{\|}}{S}}-O]M$ (M为化学周期表第V族以外的金属)的磺化物，含酸酰基衍生物的脂肪族磺化物和烷基丙烯基磺化物等的阴离子活性剂，$[R-\overset{\overset{\displaystyle A}{|}}{\underset{\underset{\displaystyle A_2}{|}}{N}}-A_1]X$ 型

(X 为卤族原子，R、A、A_1、A_2 为 H、烷基、丙烯基杂环基等)的阳离子活性剂。非离子活性剂如 $R—CH_2—CH_2—O(CH_2—CH_2O)_nH$($n$ 整数)等醚酯型、卵磷酯等磷酯型，适用于高残炭值的燃料油用。

③ 由正烷基或异烷基制成的二烷基磺酸琥珀酸盐的碱金属盐或其混合物与溶剂的混合物，主要用在重柴油或轻柴油上。硝酸烷基酯对柴油有效。

④ 含有 1~2 以上磺酸基的烷基丙烯基磺酸金属盐(周期表第Ⅴ族以外的金属)与油溶性表面活性剂混合使用。油溶性表面活性剂有：酰胺型及胺型的阳离子活性剂(二乙基月桂基酰胺、二乙基硬酯基酰胶等)；多元醇酯(聚乙烯基乙二醇硬脂酸酯、丙基二油基琥珀酸酯等)，用于残炭值高或混煤粉等炭质燃料油中。

⑤ 油酸锌和二乙基月桂基酰胺，或山梨醇酸酯、或聚乙烯基乙二醇硬脂酸酯并用，适用于一般燃料油。

⑥ 汽油助燃剂常用磷酸三(甲苯酯)异丙基硫代磷酸酯及硼有机化物等。

(3) 助燃剂的效果

常用的柴油助燃剂有非氧化物压燃改进剂，如 O，O-叔戊基 O-(2-乙基已基)单过氧化碳酸酯，叔丁基氢过氧化物；二叔丁基过氧化物等不含氮而有益于防止废气转化催化剂中毒的柴油助燃剂及聚甲基丙烯酸酯系聚合物，磺酸、环烷酸等各种金属盐类。

油泥分散剂常用石油磺酸、环烷酸的碱金属盐、多元醇和高级脂肪酸酯、烷基酚、烷基磷酸酯等。这些混合物对燃料油中的油泥分散和燃烧催化起到有益的作用。此外胺和脂肪酸的混合物也具有相辅相成的作用。

作为助燃剂也必须考虑到具有破乳化的性能。因为燃料油的水分到达燃烧炉时，会成为含水油泥而妨碍喷油和燃烧。

此外也有使用羟基胺聚合物、烷基萘、磺酸胺盐、己基偏磷酸酯、焦磷酸酯的碱金属盐、石油磺酸钠盐、聚胺和石油酸反应生成的皂类、硝基化物等作为助燃剂。还有山梨醇倍半油酸酯、甘油-硬脂酸酯、山梨醇单油酸酯、二乙烯基甘油-硬脂酸酯等也是有效的。

使用含有助燃剂的残油型柴油时，发动机汽缸的积炭减少到1/3以下，活塞顶积炭减少到1/2，排气阀座腔的积炭减少到1/3~1/2以下。

3. 助燃剂与防止环境污染

燃烧排出的黑烟是0.01~0.1μm的炭粒悬浮在大气中。这种炭烟是无定形炭，且具有吸臭性和脱色性。在伴有焦油性物质时则呈油黑色的不溶于水的粘性物，易于粘附在纤维等物质上。黑烟主要是燃烧不完全所造成的，如 $CH_4+O_2 \rightarrow C+2H_2O$ 对即生成了微细炭烟（C）悬浮于大气中造成污染，但若为 $CH_4+2O_2 \rightarrow CO_2+2H_2O$ 时，则为完全燃烧而不发生炭烟。

使用助燃剂促进了燃料燃烧性能的改善，防止了环境污染，同时也推动了研究制造和使用助燃剂的工作，并且有利于节约能源。

水也是良好的助燃剂，而且可用在汽油、柴油和燃料油中。水包油型乳化燃料需加HLB11~15的非离子表面活性剂，水分少的煤油乳化剂用脂肪酸和二乙醇胺生成的酰胺和二乙醇胺的等摩尔混合物，水分多的煤油乳化剂HLB11~13的聚环氧乙烷壬基苯醚为主的，并加少量水溶性聚合物以提高黏度和安定性。由水包油型乳化柴油（水14%，添加剂0.8%）在柴油机上试验良好，但由于水包油型用乳化剂0.3%~0.8%使价格提高5%~20%，因而向乳化剂用量少的油包水型方向发展。重油乳化时借助油中胶质、沥青质而可不另加剂。

十二、染色剂

染色剂主要用于汽油，以示区别该汽油是否加入了烷基铅抗爆剂。为宣传的目的和检查泄漏，润滑油中也有加入某种染料进行着色。

染料是一些油溶性的有机化合物，大多是偶氮化合物的衍生物。为便于各种石油产品的识别和管理，防止中毒和避免错用，以及改善油品色调，减少光化反应，并有利石油商品化，而向某些石油产品中加入各种油溶性染料，常用的如表 6-13。染色剂加入量为 10mg/kg 以下，汽油染色的主要目的是表明含有四乙基铅抗爆剂，而要求人们在管理和使用中注意防止中毒，同时也根据不同的染色区分不同的汽油标号，以便于使用，同时某些色调也有减弱光化学反应的作用。

煤油染色主要为美化商品，同时也减弱光化学作用，多采用蓝色。

润滑油染色主要是便于识别和区分品种牌号，以防错用或误用，便于发现漏油或混油和污染，及达到宣传的目的。润滑油加入量为 10~100mg/kg。为便于发现漏油而要用荧光染料。使用染料时要求注意，特别是黄色染料对二甲基胺偶氮苯有致癌性而禁止使用。

润滑油也用和燃料油同样的染色剂。常用染色剂名称及化学结构如表 6-13。此外常用的还有苏丹青（油溶青 35）和荧光油色 7G（荧光染料 75）等。一些油溶性染料都有一定毒性，尤其对偶氮苯胺系染料更应注意。美国航空汽油规格规定所加染料需经健康、教育和福利部职业健康局医药理事长的认同。

表 6-13　石油产品染色剂名称及化学分子结构表（油溶性染料）

颜色	商品名称	名　称	结构式	（比）色指数	熔点/℃
红	油红 6B（oil red 6B）	偶氮二甲苯-4-偶氮-2-萘酚甲基衍生物	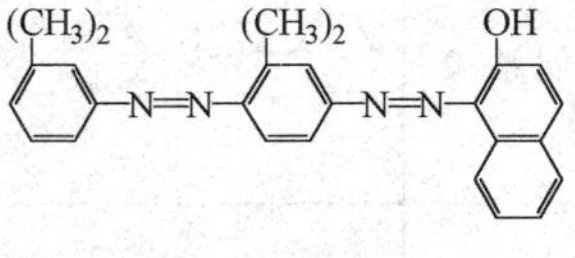	26105	158~162
橙	杜邦油橙（Du Pont oil orange）	苯偶氮基-2-萘酚	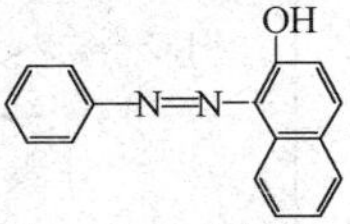	12055	129~132

续表

颜色	商品名称	名 称	结构式	(比)色指数	熔点/℃
青	杜邦油青 A (油溶青 36)	1，4-二(异丙基胺基)蒽醌	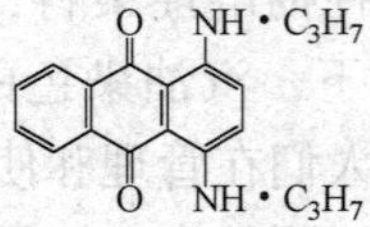	—	172~176
黄	油黄 AB(oil yellow AB)	苯偶氮基-2-萘胺	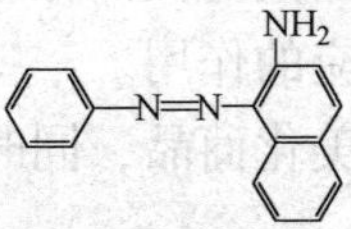	11380	100~102
黄	油黄 3G	1-苯基-3-甲基-4-苯偶氮-5-氧代吡唑啉	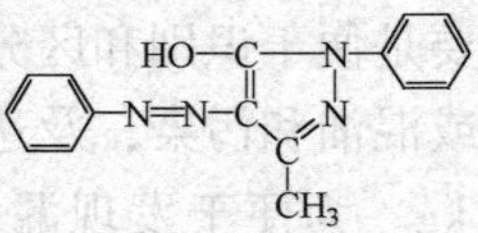	12700	153~155
橙	油橙 SS	邻-甲苯基偶氮-2-萘酚	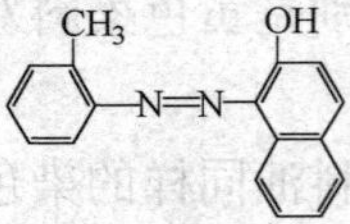	12100	130~131
橙	苏丹Ⅰ	二甲苯基偶氮-2-萘酚	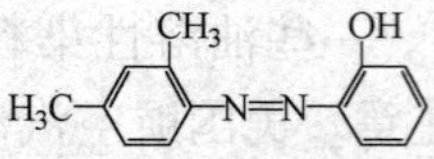	12140	161~162
红	苏丹Ⅱ	偶氮苯基-4-偶氮-2-萘酚	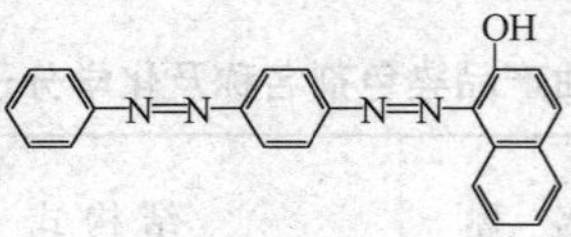	26100	193~195
红	油红 RC	偶氮甲苯基-4-偶氮-2-萘酚	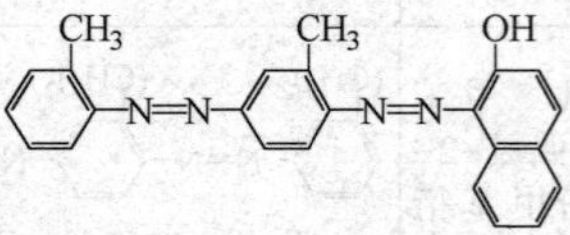	26105	139~141
荧光	夫劳洛(Fluorol)5G 荧光染料 74		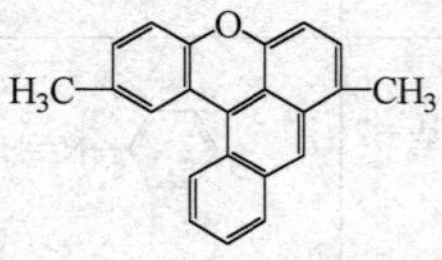	—	140~146

第三节 常用润滑油添加剂简介

国外在20世纪30年代以前，润滑油中很少使用添加剂。从20世纪40年代开始到20世纪50年代初，新设计的发动机及机械设备，要求所使用的润滑油品，能适应设备在增加负荷条件下，具有好的高温及低温的润滑性能。过去从炼油厂直接加工的矿物润滑油，无法满足这些要求。因此，20世纪50年代润滑油添加剂在国外有了较大的发展，在内燃机油与工业动力设备用油中得到了使用。内燃机油在润滑油中占的比例较大，使用添加剂的数量大，品种也多。因此，长期以来，国外润滑油添加剂的发展，一直以提高内燃机油的性能为主导。20世纪50年代后期，在内燃机油中，主要是金属清冷剂与抗氧抗腐蚀剂复合使用。清净剂主要是碳酸盐、烷基酚盐、烷基水杨酸盐与硫代磷酸盐，抗氧抗腐蚀剂则是二烷基二硫代磷酸锌盐(ZDDP)。基本上适应了当时内燃机工作条件的要求，但用这些添加剂调配出来的内燃机油，其性能并不理想，而且添加剂加入量偏高。随着汽车数量的不断增加，城市中车辆停停开开比较频繁，特别在汽油机使用过程中，低温油泥的产生，影响着发动机的正常运转。汽油机曲轴箱中的低温油泥，是油品在使用过程中生成的氧化产物，在较低温度下与水乳化、缩聚而成。油中所含的金属清净剂，在这种条件下，分散性能较差。遇水时多易乳化，对改善低温油泥的功效甚小。20世纪60年代初，国外开发与应用了丁二酰亚胺型无灰分散剂，它具有优异的低温分散性能，在改善低温油泥方面效果显著，还与金属清净剂具有协同效应。二者复合使用后，明显地提高了油品性能并降低了添加剂总用量，是润滑油添加剂领域技术上的一大突破。20世纪60年代后期国外内燃机油用的主要添加剂类型已基本定型，即金属清净剂、无灰分散剂及ZDDP。20世纪70年代，一方面对上述各类型添加剂调整化学结构，进行品种系列化，使单剂性能更具特色。同时进一步研究这些添加剂的复合效应，以期达到在符合经济的原则下，使复合添加剂具有更好的综合性能。20 世纪 80 年代以后国际市场上，添加剂商品更多地以复合添加剂出售，其原因皆出于此。

多级内燃机油，具有低温性能好、节能而且使用方便等特点，国外一直发展较快。以美国为例，到目前为止，汽油机油中约 90%为多级油，柴油机油中约占 60%。多级油的质量好坏，采用什么黏度指数改进剂至关重要。国外在早期，曾用聚异丁烯和聚甲基丙烯酸酯。前者的低温性能差，已逐渐被淘汰；后者低温性能与增稠能力均好，抗剪切性及热稳定性能不理想，但仍是一种良好的黏度指数改进剂，一直保留至今。20 世纪 60 年代以后，在国外发展起来的乙烯-丙烯共聚物，具有增稠能力好，剪切稳定性好与低温性能适中等特点，原料易得，价格较便宜，已成为 20 世纪 70 年代以后在内燃机油中使用较多的黏度指数改进剂。至于兼具分散性能的黏度指数改进剂，早在 20 世纪 50 年代后期就有品种，即聚甲基丙烯酸酯与有机含氮化物的共聚物。但当时并未广泛使用，原因是效果不够理想且价格较贵。20 世纪 70 年代，国外适应多级内燃机油中要求，分散型黏度指数改进剂发展较快，特别是分散型乙丙共聚物，已得到广泛应用。使多级内燃机油的综合性能及经济效果更趋合理。

降凝剂在国外润滑油中使用较早，经过长期的应用实践，早期广泛使用的烷基萘已逐渐被聚甲基丙烯酸酯所取代。20 世纪 80 年代以后虽然还有少量的烷基萘、醋酸乙烯酯-反丁烯二酸酯共聚物、烷基化聚苯乙烯等降凝剂，针对不同润滑油品的要求加以使用，但大多数国外油品中均使用了聚甲基丙烯酸酯，原因是用量少，降凝效果好且颜色较浅。

抗氧剂是一个大类。在内燃机油中主要用二烷基二硫代磷酸锌盐，它兼具抗氧化、抗腐蚀与抗磨损的功能。而在工业润滑油品中主要使用屏蔽酚型、芳胺型及一类金属减活剂。矿物润滑油中多用屏蔽酚型，如 2，6-二叔丁基对甲酚，2，6-二叔丁基酚及酚缩合物等，芳胺型则多用于合成润滑油脂，如二烷基二苯胺等。20 世纪 70 年代以后，国外除在上述各类型抗氧剂的品种进行完善外，主要发展复合剂，并引入了金属减活剂。后者的作用，能降低金属及其离子在氧化过程中的催化作用，从而延长了油品的氧化诱导期，金属减活剂多为有机杂环化合物，如苯并三氮唑类及噻二唑类等，目前还正在开发新的化合物。不同类型抗氧剂复合使用后，使性能更为全面，经济性更佳。

极压抗磨剂是一类化学活性比较强的有机化合物，如含氯、含硫或含磷的化合物。作为单一的化合物，在国外一些油品中早有使用。20 世纪 50 年代随着机械设备的更新，工作条件变得苛刻，更多的机械部位，要求油品能在边界润滑条件下，减少机件间的磨损与摩擦。例如齿轮传动设备，重型动力设备及硬金属加工。这一期间在板压抗磨剂方面，如氯化石蜡，各种磷酸酯及二硫化物等，得到广泛采用。此外，还有一些机械设备的工作条件，则要求油品具有良好的润滑性(又称油性或摩擦改进性能)如机床导轨，蜗轮蜗杆等传动方式，则要求添加剂具有抗磨损与降低摩擦系数的功能。这方面在国外用得较多的是硫化鲸鱼油，以及后来发展的各种硫化鲸鱼油代用品，还有各种含磷的酯类化合物及其胺盐。20 世纪 70 年代以后，齿轮油中用量较大的极压抗磨剂类型趋向定型，氯化物由于遇水易产生腐蚀及有害健康，已从过去的硫磷氯锌型被硫磷型所取代，其中硫化异丁烯成为主剂，而含磷添加剂方面则发展了各种酸性磷酸酯胺盐或硫代磷酸复酯胺盐。随着节能的要求、摩擦改进剂在 20 世纪 80 年代受到重视，几乎在具有节能性能的油品中，绝大多数均采用了加入摩擦改进剂的办法。

总之，润滑油添加剂在国外已成为润滑油的主要组成部分，而且随着润滑油品性能不断提高，继续在发展新的组分添加剂以及适应新油品的复合添加剂。西方国家 20 世纪 80 年代后期的润滑油添加剂销售量每年已接近 200 万吨，销售额已近如亿美元。

我国润滑油添加剂发展较晚，20 世纪 50 年代中期曾建成了一套烷基萘降凝剂小型工业装置。比较系统地开发研究是在 20 世纪 50 年代末期。1963 至 1965 年在我国相继建成石油磺酸盐清净剂与二烷基二硫代磷酸锌盐抗氧抗腐蚀剂工业装置。从而使内燃机油用的主要添加剂开始立足于国内。20 世纪 70 年代，硫磷化聚异丁烯钡盐、烷基水杨酸盐两种清净剂，聚 α-烯烃降凝剂。聚异丁烯与聚甲基丙烯酸酯黏度指数改进剂、酚型抗氧剂等分别投产。此外一批防锈添加剂如石油磺酸钡盐、二壬基萘磺酸钡盐、十二烯基丁二酸等也在此先后工业生产。上述添加剂的投产应用，使我国润滑油添加剂生产能力具有一定的规模，基本上适应了当时国内油品的需要。20 世纪 80 年代，国内组织了更多的人力进行添加剂新品种的开发研制；为了加快扩大添加剂生产能力，学习国外添加剂生产技术，特别在反应设备与监控方面的技术。在这一期间也同时引进了磺酸盐与无灰分散剂的生产技术。到 20 世纪 80 年代末，我国润滑油添加剂生产能力已有相当规模，新开发并投入生产的新品种有硫化异丁烯极压剂、硫磷氮极压抗磨剂、金属减活剂、乙丙共聚物黏度指数改进剂、抗氧抗腐蚀剂系列品种，硫化酯类与含磷的油性剂、非硅型抗泡剂及抗乳化剂等。与 20 世纪 60 年代相比，国内润滑油添加剂品种构成也发生了很大变化，大体构成是：清净剂 46.7 %、分散剂 15.0%、抗氧剂(含抗氧抗腐剂) 11.5 %、黏度指数改进剂 13.5%、降凝剂 7.0%、其他剂(极压抗腐剂、防锈剂等) 6.3%。添加剂已有近 60 个品种。今后，将进一步在各大类型添加剂化合物基本定型的基础上，调整化合物的化学结构，使各类添加剂品种系列化。与此同时，加快添加剂复合效应的研究，结合油品性能要求，生产出更多的复合添加剂。

一、清净分散剂

内燃机在使用中，由于燃料不完全燃烧和润滑油在高温下氧化，常在油路系统或机器内部产生胶质、沥青质、积炭和漆状沉淀物等，这些物质的存在会导致油品质量变坏，磨损增加，腐蚀加重，堵塞油路与滤网，使活塞环粘连，致使机械不能正常工作。为了防止这些物质形成，保证内燃机正常、持久、经济运行，在润滑油中加入一种清净分散剂，它的作用就是用来中和油品氧化后产生的酸性化合物，防止酸化物进一步氧化，并能吸附氧化物颗粒，使之分散于油中，不能结垢和沉积于金属表面上。现在，随着发动机工业飞速发展，对油品的清净分散和中和性能要求越来越高，消耗量也越来越大。据估算，其用量已占内燃机油添加剂总用量的一半以上。

清净分散剂的作用机理主要有4种：

① 胶溶：油中的添加剂胶束，一般均能较好地胶溶润滑油中的非油溶性固体微粒。添加剂在其表面形成吸附膜，利用膜与膜之间的膜屏障力或由添加剂的极性基团使颗粒表面极化，形成双电子层，利用电子层间的电荷斥力，防止颗粒聚集、沉积。

② 增溶：本来在油中不能溶解的液体溶质，在添加剂的作用下变得能够溶解，从而降低了这些化合物的活性，防止其进一步氧化后聚集成沉积物或腐蚀机件表面。

③ 酸碱中和：清净分散剂一般为碱性，但金属清净剂的碱储备可以有很大的变化，正盐清净分散剂中所含金属在数量上相当于中和酸所需的碱度的化学计算量，碱式盐清净分散剂中含有相当过量的金属氧化物、金属氢氧化物、金属碳酸盐等。因此能够在使用过程中持续地中和燃烧产物或润滑油氧化后产生的酸类、氮的氧化物、SO_2 和 SO_3 等，防止机件的腐蚀，缓解油品的进一步氧化。

④ 吸附：添加剂的表面活性比油中氧化产物的表面活性大，从而可在金属表面形成定向排列的膜屏障。有效地防止油中氧化物在金属表面的沉积，也减缓了金属对油品氧化的催化作用。

为了满足上述要求，实际上所有的清净分散剂都含有：

① 极性(亲水的)官能团(如磺酸根、羟基、羧基或酰胺基等)；

② 亲油的脂族、环脂族或烷基芳香族的烃基(可使添加剂具有油溶性)；

③ 通常还具有一种或几种金属离子或胺基官能团。

目前，清净分散剂可分灰分型和无灰型两类。前者燃烧后残留一定灰分，后者则不留灰分。

1. 灰分(金属有机盐)型清净(分散)剂的性能

灰分型主要是用磺酸盐、酚盐、磷酸盐、羧酸盐、水杨酸盐等的 Mg、Ca、Ba 盐。Mg 盐灰分少，Ca 盐价格便宜，Ba 盐的油溶性好。这种剂的主要作用是清净性，也有一定的高温分散性能，因而称为灰分型清净剂。

(1) 油溶性磺酸盐

磺酸盐清净剂依原料来源分为石油磺酸盐及合成磺酸盐两种，从总碱值(TBN)高低，又分为低碱值(中性)、中碱值(TBN=80~160mgKOH/g)及高碱值(TBN>3 00)等 3 种。是用平均相对分子质量 400 左右的润滑油馏分或合成重烷基苯，以三氧化硫或发烟硫酸进行磺化制得油溶性磺酸，用氧化钙或氢氧化钙中和得到中性磺酸盐，再在促进剂的作用下，通入二氧化碳进行碳酸化，使氧化钙或氢氧化钙变成碳酸钙微粒而被磺酸钙的胶束所包围的胶体分散体。

磺酸钙的清净性能取决于中性磺酸钙(即皂含量)的多少，其中和性主要来自分散在胶束中的碳酸钙，它的含量越高，中和性能越好。未与二氧化碳反应的氢氧化钙应当尽量减少，这样在使用中碱储备性就好。表 6-14 列出我国的各类磺酸钙的化学组成。

表 6-14　各种磺酸钙的化学组成表

标　样	T101	T102	T103	T105	T106	T106A
品　名	低碱性石油磺酸钙	中碱性石油磺酸钙	高碱性石油磺酸钙	中碱性合成磺酸钙	高碱性合成磺酸钙	高碱性合成磺酸钙
总减值/(mg KOH/g)	20~40	140~170	280~310	140~170	280~310	280~310
典型数据(质量分数)	26	160	284	160	300	300
钙/%	2.5	6.8	11	6.7	12	12
稀释油/%	60	62	53	59	49	50
皂含量/%	38	22	19	25	21	20

我国磺酸钙产品的性能评价结果见表 6-15，它可用于调制

各级内燃机油及其防锈油品。

表 6-15　磺酸钙产品的评定结果表

样品	钙含量/%	总减值/(mgKOH/g)	开特皮勒 $1H_2$ [①]		开特皮勒 $1G_2$ [②]	
			总加权评分	第一环槽充炭/%	总加权评分	第一环槽充炭/%
T101	2.53	26.1	—	—	272.3	41
T103	11.07	286	93	45	249.2	37
T105	7.1	162	88.8	31	—	—
T106	11.5	295	110.4	11	143.8	49
T106A	11.6	304	138.1	38	279.8	78

① 系含有磺酸钙添加剂配成的 CC 级油，总剂用量为 7%；

② 系含有磺酸钙添加剂配成的 CD 级油，总剂用量为 11%。

（2）酚盐型、酚盐硫化物型与水杨酸盐型

分为低碱值与高碱值两种，高碱性硫化烷基盐的碱值高达 3000mgKOH/g，一般的碱值达 50~300，金属比为 0.8~10.0，皂含量为 30%~50%，烷基酚的相对分子质量为 160~600，硫含量为 0~4%。

高碱性酚盐使用最广泛是钙盐，其作用是碳酸链的结合，而不像高碱性磺酸盐那样的胶束分散。高碱性烷基酚钙主要和其他清净剂及抗氧化剂合用在汽油机油和柴油机油里，其主要作用是中和腐蚀性酸和一些清净及控制高温增压柴油机活塞积炭，此外还有很好的抗氧化作用，以防止活塞环胶结。

酚系清净剂是重负荷级柴油机油（CD），或高负荷、高速汽油机油（SG 级）用的耐热性能和清净性能较好的添加剂。

高碱性水杨酸钙在润滑油中形成由碳酸钙分子形成的胶束核Ⅰ，和由烷基 R 及润滑油（溶剂）分子组成的吸附溶剂化膜Ⅱ形成的胶束结构，而把发动机内部表面的油泥、漆膜和积炭清洗下来并分散悬浮于润滑油中，经循环滤器以除去。烷基水杨酸钙的减摩性能好，主要用于节能内燃机油 SF 和 SG 里，SF/CC 级油加烷基水杨酸钙 2%~5%。硫化烷基酚钙产品及烷基水杨酸钙产品的典型理化性质见表 6-16 及表 6-17。

表 6-16 硫化烷基酚钙典型理化性质

项目		理化性质
密度(20℃)/(g/cm^3)		1.054
黏度(100℃)/(mm^2/s)		220~420
闪点(开口)/℃	不小于	180~190
总碱值/(mgKOH/g)	不小于	230~260
钙/%		8.5~9.8
硫/%		3.0~3.5
水分/%	不大于	0.1
机械杂质/%	不大于	0.08

表 6-17 烷基水杨酸钙的典型理化性质

项目		理化性质
密度(20℃)/(g/cm^3)		1.005
黏度(100℃)/(mm^2/s)		22.5
闪点(开口)/℃	不小于	170
总碱值/(mgKOH/g)	不小于	150
钙/%		5.5
硫酸灰分/%	不小于	18.0
水分/%	不大于	0.1
机械杂质/%	不大于	0.08

(3) 硫磷酸盐

烷基硫磷酸钡或烷基磷酸钡清净剂，其清净性好，但因硫酸灰分多而不再使用。高碱性磷酸钙的制造，技术上困难。中性或碱性磷酸盐主要用在重负荷级的柴油机油及二冲程内燃机油上。其他则主要用碳酸化的磷酸盐。两种牌号烷基硫磷酸钡产品的理化性质列于表 6-18。T108 与 T108A 添加剂广泛用于我国普通内燃机油。由于其热稳定性较差，中高档内燃机油中用得较少。

表 6-18 两种烷基硫磷酸钡产品的理化性质

项目		T108	T108A
密度(20℃)/(g/cm^3)		1.01	0.98
黏度(100℃)/(mm^2/s)		180~230	35~40
闪点(开口)/℃	不小于	170	170
总碱值/(mgKOH/g)	不小于	70	120
磷/%		1.1~1.50	0.6~1.0
硫/%		1.4~1.9	1.3~1.9
钡/%		9~11	15.0~18.0
水分/%	不大于	0.03	0.10
机械杂质/%	不大于	0.08	0.08

(4) 羧酸盐

现在使用的有羧酸钙清净剂，其碱值 50~200mgKOH/g，金属比1~10，皂含量10%~45%，金属为Ca，所用羧基酸相对分子质量为250~1000。

2. 无灰型分散(清净)剂性能

这种添加剂的主要作用是低温油泥分散性，也有一定的清净作用，因而也称为无灰型分散剂。

为提高内燃机油质量，生产API SG汽油机油及CE、CF-4柴油机油，防止油泥的生成，降低油耗，减少发动机磨损而大力发展无灰分散(清净)剂，现主要用琥珀酸亚胺型无灰剂，特别是经过用硼酸处理导入硼原子的琥珀酸亚胺的使用性能更好，优点是防低温油泥性能好，耐高温性能好，而用在时开时停的汽油机油中，也用在柴油机油里，并且便于生产汽、柴油机通用润滑油。常用相对分子质量1000左右的聚异丁烯为无灰分散剂的亲油基，最近多用相对分子质量2000左右的为原料。试验证明琥珀酸亚胺分散剂的分散性及黏度随聚丁烯的相对分子质量增加而增大见表6-19。5W/30油受基础油及无灰分散剂(M_W—2000)、黏度指数剂的影响，尤其受无灰分散剂的影响很大。

表6-19 琥珀酸亚胺相对分子质量对分散性及黏度的影响

相对分子质量	相对分散性	黏度(100℃)/(mm^2/s)
1000	0.17	32
2000	0.67	135
3000	0.98	170

几种主要的清净分散剂的性能、用途等列于表6-20。

表6-20 我国主要的清净分散剂

代号	化学名称	主要性能	主要用途
T106	中碱值合成磺酸钙(150TBN) 高碱值合成磺酸钙(300TBN)	150TBN：闪点190℃，相对密度(15.6℃)1.03，蒸气压(65.5℃)0.616，无毒； 300TBN：闪点190℃，相对密度(15.6℃)1.12，蒸气压(65.5℃)0.616，无毒	本品具有清净分散性和防锈性，150TBN具有较好的分散作用，300TBN具有特优的中和能力和高温清净性

续表

代号	化学名称	主要性能	主要用途
T108	硫磷化聚异丁烯钡盐	相对密度 d_4^{25}0.9~1.0，运动黏度(100℃)20~28mm²/s，含P≥0.6%，含S≥1.0%，含Ba≥9%，闪点(开)160℃，水分痕迹，机械杂质<0.06%，外观：浅黄色至棕红色透明液体，有毒，勿入食道，储存温度60~70℃，不高于100℃，怕水	提高润滑油对机件的洗涤能力，减少胶膜和沉淀的生成，改善抗氧、抗磨性能
T109	烷基水杨酸钙	灰分≮18%，含Ca≮5.5%，总碱值≮150，清净分散性：0级属高灰分型清净分散剂	本产品具有较好的高温清净和酸中和能力，有一定的抗氧抗腐性能作为清净分散剂用于调制中、高档内燃机油
T115	硫化烷基酚钙	闪点≮170℃，钙含量>4.7%，硫含量2.3%~3.8%，总碱值≮130	具有较强的酸中和能力和高温清净性，抗氧化安定性和抗磨性，可与其他剂复合调制中、高档内燃机油
T151	聚异丁烯丁二酰亚胺	总氮>2.0%，碱值>40.0，酸值<2.0	本产品具有优异的低温分散性和良好的去垢性能，与含金属清净剂和抗氧抗腐剂复合调制中、高档内燃机油
T1551无灰剂	聚异丁烯丁二酰亚胺	低氮，闪点(开口)160℃，相对密度(15.6℃)0.900	能满意地解决低温油泥问题，对内燃机油所生成的烟灰有较好分散性和增溶作用
T154无灰剂	聚异丁烯丁二酰亚胺	高氮，闪点(开口)188℃，相对密度(15.6℃)0.925	

3. 复合多效清净分散剂

高档内燃机油要求具有良好的清净、中和、分散和抗氧化性能，有的还要求有好的防锈性能。但各种清净分散剂一般都只具备某些优点，且各有不足之处。

磺酸盐具有很好的清净性能和一定的分散性能，它碱值高、中和能力强。同时具有很好的防锈性能，但有促进油品氧化的缺点。

硫化烷基酚盐的特点是具有较好的清净性与中和能力，而且兼有一定的抗氧化性，但分散性较差。

烷基水杨酸盐抗氧化性及清净性均好，但分散性特别是防锈性较差。

硫化磷酸盐具有较好的分散性，一定的清净性，但碱值较低，中和能力差，且在高温时易分解。

聚异丁烯丁二酸亚胺具有十分优良的分散性能，但其他性能均不强。

因此，只有通过添加剂的复合作用，方能达到对油品的全面性能要求。

（1）磺酸钙与硫化烷基酚钙的复合

表 6-21 列出石蜡基基础油中加入磺酸钙与硫化烷基酚钙的复合剂与单独使用磺酸钙在开特皮勒 $1H_2$ 与 L-38 发动机的实验结果。从表 6-21 可见，用磺酸钙与硫化烷基酚钙复合比单独只用一种清净剂磺酸钙的效果好。

表 6-21 磺酸钙与硫化烷基酚钙的复合效果

添加剂配方				开特皮勒 $1H_2$		L-38 轴瓦损重/mg
清净剂	无灰分散剂	抗氧抗腐剂	总用量/%	总加权评分	第一环槽充炭/%	
高碱性磺酸钙	T152	T203	7	141.8	44	22.4①
硫化烷基酚钙、高碱性磺酸钙	T152	T203	7	62.9	17	11.8②

① 皮特 W-1 试验结果，规格要求<25（对各种油）。

② L-38 试验机结果，规格要求：CC、CD 级油<50。

（2）高、低碱性磺酸钙与硫化烷基酚钙的复合

由高、低碱性磺酸钙与硫化烷基酚钙复合比单独使用高碱性磺酸钙复合效果更好。其数据列于表 6-22。

表 6-22　高、低碱性磺酸钙与硫化烷基酚钙复合效果

添加剂配方				开特皮勒 $1G_2$(240h)	
清净剂	无灰分散剂	抗氧抗腐剂	总用量/%	总加权评分	第一环槽充炭/%
高、低碱性磺酸钙、硫化烷基酚钙	T152	T203	11	200.9	49
高碱性磺酸钙、硫化烷基酚钙	T152	T203	11	267	61

(3) 烷基水杨酸钙与磺酸钙的复合

烷基水杨酸钙的防锈性能差，单独使用时，通不过锈蚀试验，当与低碱性磺酸钙复合使用后，可以通过 MS II-D 锈蚀试验，结果列于表 6-23。

表 6-23　烷基水杨酸钙与磷酸钙的复合效果

清净剂	MS 程序 II-D 结果①	
	平均锈蚀评分	结论
高碱性磺酸钙	8.72	通过
烷基水杨酸钙	6.22	不通过
烷基水杨酸钙复合低碱性磺酸钙	8.86	通过

① MS 程序Ⅱ-D 规格要求平均锈蚀评分不小于 8.50。

二、抗氧剂及抗氧抗腐剂

润滑油在储运、保管及使用过程中，油中烃类会受热、光、催化剂作用而氧化。润滑油的氧化将导致酸性物增多，腐蚀增加，黏度增大，功率下降。氧化严重时所产生的胶质、油泥、漆膜和沉淀物将会堵塞滤清器，进而增加机械磨损，缩短设备使用寿命。为此，油箱需常换油，机器需检修，部件需清洗，无形中加大了维修工作量。

在精制的基础油中，加入抗氧剂可以有效地延缓油品氧化，降低对金属部件的腐蚀及磨损，延长机器与油品使用寿命。

抗氧抗腐剂本身并无抗氧化作用，而是通过钝化金属的活性，使其失去催化氧化的作用。其作用机理分为两类，一类是游

离基终止剂，另一类是过氧化物终止剂。游离基终止剂分两种情况：屏蔽酚型或芳胺型抗氧添加剂含有的氢原子与过氧化游离基($RO_2^{\cdot}$)的反应活性大于油中烃类的氢原子，使反应不再生成游离基($R^{\cdot}$)引发新的链反应；含过渡金属的抗氧抗腐剂的过渡金属离子，通过电子转移使过氧化游离基($RO_2^{\cdot}$)生成过氧化负离子(RO_2^-)，从而减少了游离基的链反应。过氧化物分解剂则是将ROOH分解为离子生成稳定产物，从而终止链反应。目前常用的抗氧抗腐剂有以下几类：

1. 硫磷型抗氧剂

元素硫是一种有效的抗氧剂，但是它的腐蚀性很强；红磷具有氧化抑制功能，但无法应用，因为它对有色金属与合金都有腐蚀性。原则上，含硫磷化合物的效能显著高于只含硫的化合物和只含磷的化合物。最广泛应用的抗氧抗腐剂是二烷基二硫代磷酸锌，其生产工艺为五硫化二磷和高级醇(如己醇、2-己基己醇、辛醇)进行硫磷化反应，生成二烷基二硫代磷酸，经沉降过滤，脱除未反应的五硫化二磷，再与氧化锌在醋酸催化剂存在下进行反应后，经脱水，过滤除去过剩的氧化锌而得产品。目前我国开发的二烷基二硫代磷酸锌四个品种，其主要的抗氧抗腐剂的性能及用途列于表6-24。

表6-24 我国几种主要的抗氧抗腐剂

代号	化学名称	主要性能	主要用途
T202	硫磷丁辛基辛盐	外观：浅黄色油状黏稠液体，相对密度(d_4^{25}) 1.0～1.1326，黏度(100℃)8.7～9.44mm²/s，凝点约-17℃，闪点(开)>160℃，含P≥7.2%，含Zn≥8.5%，硫酸盐灰分≥25%，酸值120～145mgKOH/g，机械杂质与水分：无，有一定毒性，使用时若用手接触，可以用4%$NaHCO_3$溶液洗净，再用水冲洗	与清净分散剂复合用于柴油机等油品中，可使标准活塞的清净度从4～5降到0.5～1级，铅片腐蚀由50～60降到5g/m²以下该品热分解温度较低，一般较热不应大于80℃。

续表

代号	化学名称	主要性能	主要用途
T203	硫磷双辛基碱性钙盐	外观：浅红色透明液体，闪点(开)95℃，酸值100mgKOH/g，有毒，勿入食道，储存温度60~70℃，含S≥5.5%，含P≥3.0%，机械杂质：0.02%，硫酸盐灰分>10%	用于各种内燃机油中作抗氧抗腐剂，使之在使用后的油泥生成和轴瓦腐蚀减少，并延长油品使用寿命
T204	硫磷化脂肪酸辛盐	相对密度(d_4^{25}) 1.0572，运动黏度(98.9℃)6.95mm²/s，含S 14.73%，含P 7.02%，含Zn 7.47%，硫酸盐灰分≥2.3%，酸值85mgKOH/g，N46机油中添加15%，140℃铜片腐蚀试验合格，热分解温度为120~130℃，外观：棕红色黏稠液体	在润滑油中起抗氧、抗腐作用，一般常温添加(当R为4碳左右低分子时，主要起抗磨作用，当R碳数高时主要起抗氧、抗腐蚀，兼作清洁、降凝)
T205	二烷基苯基二硫代磷酸钙	黑红微稠透明液体，相对密度0.975，S≮5%，P≮2.5%，灰分≮9%	抗氧抗腐

二烷基二硫代磷酸锌兼有抗氧化、抗腐蚀、抗磨损作用，在我国广泛用于内燃机油、抗磨液压油及齿轮油中。由于使用的醇结构不同，含中性盐、碱性盐的比例不同，其性能各异。伯醇为原料的其热稳定性好，兼具抗磨性好。T202多用于内燃机油；T203碱性盐含量高，热安定性及水解安定性均好，多用于抗磨液压油；从仲醇制取的T204抗磨性能好，多用于高档汽油机油。

2. 受阻酚型、芳胺型抗氧剂

(1) 受阻酚型

受阻酚型抗氧剂最主要的产品是2，6-二叔丁基对甲酚(T501)。我国有两种生产工艺，一是以甲苯为原料，经磺化、中和、碱熔、酸化制取对甲酚，然后再与异丁烯经烷基化而成；另一种工艺以甲苯和丙烯为原料，进行烷基化、氧化、酸分解生成间甲酚、对甲酚和丙酮。酚类再与异丁烯烷基化，精馏分去其他烷基酚而制得产品。

受阻酚型抗氧剂的品种见表6-25。T501广泛用于工业润滑油中，适合工作温度不太高的油品。双酚型抗氧剂，由于相对分子质量高不易挥发，可用于内燃机油，压缩机油等工作温度较高的油品中。

表 6-25　受阻酚型抗氧剂

化学名称	结　构①	外　观	用　途
2,6-二叔丁基对甲酚	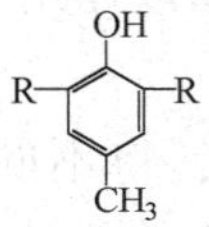	白色结晶，熔点 67～71℃	广泛用于工业润滑油
2,6-二叔丁基酚(混合酚)	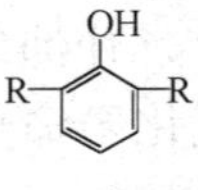	黄色液体，含量>75%	用于工业润滑油
4,4′-亚甲基双-(2,6-二叔丁基酚)	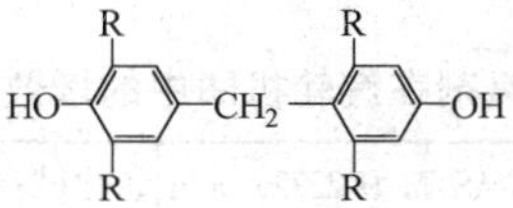	浅黄色粉末，熔点>154℃	使用温度比较高，主要用于内燃机油、压缩机油
甲叉 4,4′-硫代双-(2,6-二叔丁基酚)	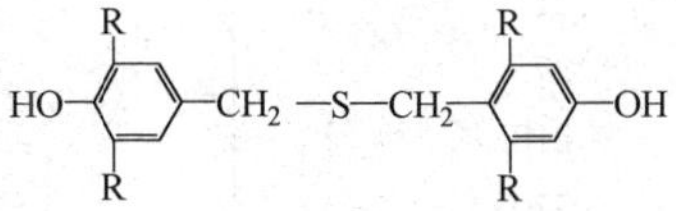	黄色固体，熔点 140～141℃	使用温度比较高，还可作石油产品的颜色稳定剂

① R 为叔丁基。

(2) 芳胺型

芳胺型抗氧剂使用的工作温度比受阻酚型高，抗氧耐久性也比酚型好，但毒性较大，易使油品变色，应用受到一定限制。主要产品有对、对-二异辛基二苯胺、苯基-α-萘胺，前者主要用于酯类合成油及内燃机油，后者主要与酚型抗氧剂复合用于汽轮机油、工业齿轮油等工业润滑油中。

3. 其他抗氧剂(金属减活剂)

金属尤其金属离子能引发烃类产生游离基，并促进 ROOH 分解为游离基，催速油品氧化的进行。采用属抗氧剂类的金属减活剂，能在金属表面形成保护膜，使金属难以生成金属离子，减弱了它的催化氧化作用。常用的金属减活剂有苯并三氮唑及其衍生物。例如苯三唑胺盐（T406）、苯三唑-甲醛-胺缩合物

(T551)。这些衍生物改进了苯三唑的油溶性，适用于通用机床油、汽轮机油、变压器油、工业齿轮油。另一类是噻二唑多硫化物(T561)，适用于内燃机油。对提高抗氧化性能，延缓油品增稠有显著效果。金属减活剂用量少，一般为0.02%~0.5%，与其他抗氧剂复合，显示了突出的增效作用。

4. 抗氧剂的复合性能

为了提高油品的氧化安定性，将不同类型的抗氧剂复合使用，有明显的增效作用。例如在汽轮机油中，加入T501，ASTM D 943试验氧化寿命在1500h以下，补加少量的芳胺型抗氧剂和金属减活剂，ASTM D 943试验氧化寿命可延至3000h以上，见表6-26。

表6-26　复合抗氧剂在汽轮机油中的增效作用

油　品	旋转氧弹试验(ASTM D 2272)/min	氧化试验寿命(ASTM D 943)/h
普通汽轮机油(A油)	211	1211
A油+芳胺	275	2241
A油+T551	218	2552
A油+芳胺+T551	379	3098

二烷基二硫代磷酸锌虽然是用于内燃机油的主要抗氧剂，但在高档汽油机油中，仍需复合其他抗氧剂才能达到油品对抗氧性能的要求，薄膜氧化试验(TFOUT)表明，复合抗氧剂的效果是显著的，见表6-27。

表6-27　复合抗氧剂薄膜氧化试验结果①

油　品	诱导期/min
QE级油(ZDDP 1.35%)	98
QE级油(ZDDP 1.35%)+T561	173
QE级油(ZDDP 1.35%)+T561+芳胺	191

① TFOUT诱导期160 min，可能通过QE级Ⅲ-D规格，200 min以上，可能通过QE级Ⅲ-D规格。

三、黏度指数改进剂

黏度指数改进剂主要是为了改进润滑油的粘温性能，降低燃料油和润滑油的消耗，简化油品，实现油品通用化。

黏度指数改进剂是一种油溶性的高分子聚合物，在较高温度下，分子线卷伸展，流体力学体积增大，导致油品分子内摩擦增加，其黏度增大；在较低温度下，则相反，流体力学体积变小，使油品分子内摩擦和黏度减小，由此改进了油品的粘温性能。

其代表性组成为：乙烯共聚物、聚甲基丙烯酸醋、聚异丁烯、苯乙烯异戊二烯共聚物等。一种好的黏度指数改进剂，不仅要求增粘能力高，剪切稳定性好，同时还要求具有良好的低温性能和热氧化安定性。但迄今还没有一种黏度指数改进剂能满足上述全部要求。

1. 聚异丁烯

第一个用作为添加剂的聚合物产品就是聚异丁烯(T603)，这种聚合物具有令人满意的增粘作用、氧化安定性以及热安定性。该聚合物分子链因有许多甲基侧链，所以比较刚硬的；在低温状态下，它的黏度增长很快，因此在生产多级通用油方面的用途受到限制；多级通用油的黏度要求跨好几个黏度级别。这类聚合物还有一些异体如异丁烯卤化聚合物或苯乙烯卤化聚合物并与抗氧剂复合使用。

2. 聚甲基丙烯酸酯

聚甲基丙烯酸酯黏度改进剂代号为T602，不同的聚甲基丙烯酸酯的均聚物或共聚物的不同之处在于醇分子链的长度不同以及聚合度不同。由于酯官能团具有极性，故醇基对其在油中的溶解度有决定性影响。例如，甲基丙烯酸甲酯的聚合物在矿物油中不溶解，而其辛酯聚合物则溶解得非常好。甲基丙烯酸甲酯的氧化安定性不错，因为就像聚异丁烯那样，它们不含叔氢原子。不论高温还是低温，黏度指数改进的效果都不错。不同的甲基丙烯酸酯的共聚物还有降凝的作用；和含杂原子的极性单体(如甲基丙烯酸羟烷基酯、丁吡、丁基吡咯烷酮)共聚而得到的共聚物还具有分散清净性能，因此适于用作多效添加剂。

3. 乙烯/丙烯共聚物

作为润滑油添加剂的乙丙共聚物(T611)，可以通过乙烯和丙烯直接聚合，用氢气或三氯醋酸乙酯(ETCA)调节相对分子质量；另一种方法是先制成乙丙胶，再溶解或降解得到产品。适于用作黏度指数改进剂的还包括乙烯和丙烯与苯乙烯、环戊二烯等的三元共聚物。这种聚合物具有良好的溶解性、黏度指数改进性能以及热安定性，因为甚至在极低的温度条件下，它们的分子结构也能使结晶倾向弱化。

从使用性能看，不同的黏度指数改进剂各有其特点。聚甲基丙烯酸酯具有优异的低温性能，但增粘能力和剪切稳定性差，适用于要求低温性能好的多级内燃机油(如5W/30)；相对分子质量较低的聚甲基丙烯酸酯适用于各种液压油和齿轮油；乙丙共聚物增粘能力强，剪切稳定性好，但低温性能较差，适合配制多级内燃机油尤其是柴油机油；聚异丁烯价格低廉，但低温性能较差，适用于一般性能的多级内燃机油(如15W/40，20W/40)，相对分子质量较低的聚异丁烯适用于低温性能要求不高的液压油和齿轮油。当然，也可考虑将上述添加剂根据油品要求适当复合，以获得更好的综合使用效果。

三种主要的黏度指数改进剂性能列于表6-28与表6-29。

表6-28　内燃机油黏度指数改进剂性质及其性能①

品名	添加剂性质典型数据				在油中的主要性能		
		重均相对分子质量 $(M_W)/10^4$	数均相对分子质量 $(Mn)/10^4$	相对分子质量分布 (M_W/M_n)	剪切稳定性指数 超声波法	剪切稳定性指数 喷嘴法	低温黏度(-18℃)/(mPa·s)
聚甲基丙烯酸酯(T602)		20.92	10.34	2.02	59.2	54.9	172.5
聚异丁烯(T603)		17.60	5.35	3.19	27.8	20.7	250.0
乙丙共聚物(T611)	A	30.20	18.36	1.65	38.1	39.7	217.0
	B	20.30	12.50	1.62	37.3	30.9	—

① 基础油150SN，黏度(100℃)5.13mm²/s，CCS(-18℃)149.5mPa·s，凝点-12℃。

表 6-29　液压油用黏度指数改进剂性质及其性能

主要性质典型数据			在油中的主要性质				
品　名	数均相对分子质量(Mn)/10^4	加入量/m%	运动黏度/(mm^2/s)			黏度指数	超声波剪切黏度下降率①
			-25℃	40℃	100℃		
聚甲基丙烯酸酯	7.2	8.5	1088.9	27.33	6.61	216	10.68
聚异丁烯	2.4	5.0	1844.9	29.81	6.24	166	1.98
基础油	—	—	501.6	11.34	2.83	91	—

① 系指(40℃)黏度的试验结果。

四、降凝剂

含蜡油品在低温下失去流动性，是由于高熔点固体烃分子定向排列，形成针状或片状结晶，并相互粘结，构成三维网状结构，将低凝点油包于其中。降凝剂主要是通过其分子上烷基侧链的共晶或吸附作用，改变蜡的生长方向和晶型，使其生成均匀松散的晶粒，从而延缓或防止导致油品凝固的三维网状结晶的形成。

为了改善油品低温流动性能，降低油品凝点，使发动机在低温下也能正常工作，除采取脱蜡生产工艺外，还可在油品中加入降凝剂，这是一种十分经济有效的方法。降凝剂广泛用于调制各种深色润滑油，如机械油、变压器油、齿轮油、内燃机油、汽轮机油和冷冻机油等。不同的油品对降凝剂加入量要求也不同，加得太多效果也不一定好。通常润滑油中石蜡含量在3%以下时，降凝剂效果最好，石蜡含量增加，则降凝效果下降。而润滑油黏度越低，降凝剂效果也越好。

降凝剂种类很多，但常用的是烷基芳烃化合物、聚 α-烯烃和聚甲基丙烯酸酯类。聚甲基丙烯酸酯是和用于黏度指数改进剂的具有相同的化学结构，但用为降凝剂的侧链烷基较长，而相对分子质量较小，最多只能到10万左右。因聚甲基丙烯酯具有的梳型化学结构，而致其侧链烷基和石蜡形成共结晶，烷基芳烃的芳基吸附于石蜡表面而改变其结晶成长的方向，而致油中石蜡不能形成三维网架结构，而不致凝固。

1. 烷基萘

烷基萘降凝剂代号 T801 系氯化石蜡和萘在弗瑞德-克拉夫茨(Friedel-Crafts)催化剂存在下，进行烃化反应得到多烷基萘的缩聚产物。用作反应原料的氯化石蜡，平均碳数为 C_{25}，每个分子上平均有 1.8 个氯原子。在缩聚反应条件下，氯化石蜡不发生自身缩聚反应，因此，烷基萘的每个烷基侧链平均碳数小于 C_{25}。烷基萘降凝剂的相对分子质量分布较宽，从 $3.0\times10^3\sim3.9\times10^5$，其中相对分子质量大的组分，降凝效果较差。

2. 聚 α-烯烃

聚 α-烯烃的降凝作用，主要取决于其烷基侧链碳数和碳数分布，同时也受基础油性质的影响。对各种基础油，降凝度随聚烯烃的侧链烷基平均碳数而变化，并存在一最佳侧链平均碳数。

从表 6-30 可以看到，用单一碳数的 α-烯烃聚合得到的聚十三碳烯烃，与用混合碳数 α-烯烃聚合得到的聚 α-烯烃(聚α-烯烃-1 及聚 α-烯烃-2)比较，虽然前者对个别基础油也显示一定的降凝效果，但对不同的基础油的降凝作用相差甚大，对某些油几乎无降凝作用。而后二者则对各种基础油均有降凝效果，在适当的范围内，侧链基碳数分布愈宽(如聚 α-烯烃-2)，其降凝效果愈好。我国的代号为 T803(聚 α-烯烃-1)主要用于浅度脱蜡油，T803A(聚 α-烯烃-2)主要用于深度脱蜡油，T805(聚 α-烯烃-3)用于高黏度油，T806(聚 α-烯烃-4)用于中间基油。

表 6-30 聚 α-烯烃侧链碳数分布对降凝效果的影响①

基础油	A	B	C	D	E	F
凝点/℃	-18	-18	-20	-17	-14	-13
聚 α-烯烃	降凝度/℃					
聚十三碳烯烃	8	11	6	4	2	0
聚 α-烯烃-1($C_{12}\sim C_{14}$)	8	11	10	9	14	15
聚 α-烯烃-2($C_7\sim C_{19}$)	14	18	14	9	10	15

① 聚 α-烯烃添加量味 0.25%。

3. 聚甲基丙烯酸酯

聚甲基丙烯酸酯是一种含有酯基，并带有一定长度烷基侧链的线形高分子聚合物，其降凝作用主要取决于侧链平均碳数和碳数分布，一般在制备聚甲基丙烯酸酯时，采用不同碳数的醇搭配，得到系列产品。制备聚甲基丙烯酸酯的高碳醇既可用椰子油加氢醇，也可采用石蜡氧化脂肪酸加氢醇。为了扩大原料来源，利用生产丙烯腈副产的氢氰酸，用丙酮吸收得到丙酮氰醇，将其酰胺化后，再与适当碳数的醇酯化，经蒸馏、精制最后引发聚合而得产品。

几种主要降凝剂性能及其在不同基础油中的降凝效果见表6-31及表6-32。从表6-32中看出烷基萘对浅度脱蜡的石蜡基中质和重质润滑油的降凝效果较好，聚α-烯烃和聚甲基丙烯酸酯在各种油品中的降凝效果相当，均适用于各种黏度和脱蜡深度的基础油；各种降凝剂对中间基润滑油的降凝效果均好，但对残渣润滑油的降凝效果均较差，而以烷基萘最差。

此外，聚α-烯烃和聚甲基丙烯酸酯均系高分子聚合物，兼有一定的增粘作用。在某些情况下，可作为降凝/黏度指数改进剂使用。如用聚α-烯烃降凝剂配制的通用车轴油，不仅凝点低，粘温性能好，可避免季节性换油，并能降低车轴温度1~2℃。

表6-31　我国几种主要的降凝剂

代号	化学名称	主要性能	主要用途
T801	烷基萘	黑褐色黏稠液体，凝点：42℃，闪点（开）：180℃，残炭<4.5%，水分0.2%，机械杂质0.2%，色度5mm，含Cl<3.89%	用于降低润滑油的凝点
T803	聚α-烯烃-1	橙黄色黏稠液体，闪点（开）≮120℃，灰分≯1%，有效浓度≮50%	用于浅度脱蜡后各种润滑油降凝
T803A	聚α-烯烃-2	闪点（开）≮120℃，灰分≯5.15%，降凝度16~18℃	用于深度脱蜡后各种润滑油降凝，并可以增黏

续表

代号	化学名称	主要性能	主要用途
T814	聚甲基丙烯酸酯(C_6~C_{18}酯)	无色透明黏稠液体，相对分子质量10000，闪点(开)≮165℃，降凝效果≮18℃	
	聚甲基丙烯酸酯(C_{14}酰胺醇)	闪点(开)≮165℃，低温性能≯-60℃，降凝效果≮40℃	用于各种润滑油

表 6-32　各种降凝剂在不同基础油中的降凝效果①

基础油	石蜡基油										中间基油		
	75SN		150SN		500SN		600SN		150BS		150ZN	300ZN	600ZN
凝点/℃	-18	-13	-18	-8	-9	2	-6	3	-13	-8	-18	-18	-6
降凝剂	降凝度,℃												
烷基萘(T801)	5	6	6	12	6	9	8	19	0	0	26	22	20
聚甲基丙烯酸酯(T602)	20	19	21	13	—	13	12	28	6	6	—	25	18
聚α-烯烃(T803)	19	15	18	20	8	18	14	25	4	10	25	25	19

① 降凝剂加入量均为0.5%。

五、载荷添加剂

载荷添加剂是改善油品润滑性能、减少机件磨损、节省能量和延长机械使用寿命的良好材料。载荷添加剂包括油性剂和极压抗磨剂。它们大多具有很高表面活性，能在金属表面形成吸附膜，防止金属表面间直接接触发生烧结和卡咬，起到提高抗磨性、减小和稳定摩擦系数作用。

油性剂是由范德华力或化学键力在摩擦副的金属表面上形成牢固的吸附膜，防止金属直接接触，从而减小摩擦系数，减少磨损。极压抗磨剂在高温高压条件下，与摩擦副的表面金属发生化学反应，生成化学反应膜或极压抗磨剂的活性物质与金属反应生成金属的硫化物、氯化物、磷化物等构成极压无机固体润滑膜，剪切运动在此膜上进行，化学反应膜防止了金属的直接接触，而固体润滑膜熔点低于基础金属的熔点，在接触点的温度条件下处于熔融状态，可以起到平滑金属表面的作用，从而减小摩擦系数，防止烧结和擦伤。

1. 油性剂

常用的油性剂有以下几种：

① 脂肪酸及二聚酸，如油酸、硬脂酸、二聚亚油酸等；

② 脂肪醇，如石蜡氧化脂肪醇、月桂醇、油醇等；

③ 脂肪酸皂，如油酸铝、油酸铁、硬脂酸铝、硬脂酸铅等；

④ 酯类，如油酸丁酯、油酸单甘油酯、油酸环氧酯，此外还有硫化动植物油等。硫化鲸鱼油是一种优良的油性剂，由于原料短缺，出现了硫化鲸鱼油代用品硫化烯烃棉籽油(T401)。它是由棉籽油、烯烃与硫黄反应而得。具有摩擦改进性，同时兼有极压性，可用于多种工业润滑油和润滑脂。其性质列于表6-33。以T405为主剂，配制的减磨节能剂用于普通车用机油和汽车齿轮油，可节省燃料油2%~3%。

⑤ 苯并三氮唑脂肪胺盐。苯并三氮唑脂肪胺盐(T406)是多效油性剂，具有降低摩擦系数、抗磨、抗氧化和防锈多种功能。

表6-33 T405添加剂的理化性质及使用性能

添加剂性质	
黏度(100℃)/(mm^2/s)	26.8
酸值/(mg KOH/g)	2.4
皂化值/(mgKOH/g)	142.2
添加剂在油品中的性能	
铜片腐蚀试验(GB 5096—85)	1b①
四球试验(GB 3142—82)	
ZMZ/N	422①
P_B/N	922
P_D/N	>2452
黏滑试验	0.07②
梯姆肯试验(SY 2685-82)通过负荷/N	222③

① 10%剂量，余量是N32基础油。

② 在40号导轨油中进行试验。

③ 10%剂量，余量是N220基础油。

2. 极压剂

(1) 含硫极压剂

硫及硫的化合物具有极压添加剂的功效，含硫极压剂在高温、高压下与金属表面发生化学反应，生成硫化铁膜。硫化铁耐热性好，因此含硫极压剂烧结载荷高，但是硫化铁膜较脆，所以含硫极压剂抗磨性较差。硫化异丁烯(T321)是获得广泛应用的含硫极压剂，其特点是含硫量高，油溶性好。具有中等化学活性，因而对铜腐蚀性较小，特别适用于配制齿轮油。硫化异丁烯是由异丁烯、单氯化硫、硫化钠反应而成。其性质见表6-34。

表 6-34　硫化异丁烯理化性质及其性能

添加剂性质		添加剂在油品中的性能		
密度(20℃)/(g/cm^3)	1.156	铜片腐蚀试验(GB 5096—85)	100℃	1b
硫/%	40~44		121℃	2e
氯/%	0.50	四球机试验(GB 3142—82)	P_B/N	1275①
闪点(开口)/℃　不小于	95		P_D/N	1765②

① 基础油是 N 320，添加剂用量 3%。

② 磨迹直径为 1mm 时的载荷。

(2)含氯极压剂

氯化合物的作用是：在润滑点所处的高压条件下以及在有微量湿气的情况下，它会在金属表面蒙上一层金属氯化物。$FeCl_2$ 在 672℃时已经熔化，与钢相比，它的抗剪强度较低。

氯化合物的作用大小决定于氯原子的活性、添加量及温度。在湿度较大时能生成 HCl，它对金属表面形成严重的腐蚀。因为腐蚀危险性与极压性能的增强都与氯原子活性的增长成正比，故在研制含氯添加剂时必须兼顾这两个方面，寻找一个折中方案。

使用最多的含氯化合物是氯化石蜡(T301)，原料价廉易得，主要用于配制金属加工油和汽车齿轮油，其理化性质如表 6-35。氯化脂肪酸及其衍生物、氯化芳烃、氯化烷基酚、氯化硝基苯和氯化硝基酚都是良好的极压添加剂。近来由于环境的因素，含氯添加剂受到一定的影响。

表 6-35 氯化石蜡的理化性质

品名	氯含量/%	密度(20%)/(g/cm³)	酸值/(mg KOH/g)	碱值/(mg KOH/g)	热分解温度/℃
T301	43±1	1.16~1.17	≤0.1	≤0.1	≥120
T301A	50±2	1.24~1.25	≤0.1	≤0.1	≥120

(3) 含磷极压剂

有机磷化合物有极压作用，因为在较高温度的条件下，它能在金属件摩擦表面形成金属磷化合物。含磷极压剂中主要有亚磷酸二丁酯(T304)、酸性磷酸酯胺盐、烷基硫代磷酸-甲醛-胺缩合物(T305)、磷酸三甲酚酯等。其中酸性酯的极压性最好，但对金属腐蚀性强。中性酯腐蚀性小，但极压性较差。氨基硫代磷酸酯或氨基磷酸酯有较好的极压性，对金属的腐蚀性又比较少，是具有适度化学活性的极压剂，获得了广泛的应用。

亚磷酸二丁酯是高活性极压剂，如表 6-36 所示，其中酸性酯的极压性优于中性酯。

表 6-36 亚磷酸酯和磷酸酯的极压性表

添加剂	用量①/%	四球机试验(GB 3142-82)	
		P_B/N	P_D/N②
亚磷酸二丁酯	1.0	1697	1716
亚磷酸三丁酯	2.0	1128	—
磷酸三甲酚酯	1.9	981	1020
磷酸三丁酯	1.4	1030	1069
磷酸双-2-乙基己酯	1.7	1226	1344

① 基础油 N 320。

② 磨损直径为 1mm 时的载荷。

(4) 含氮极压剂

有机氮化合物例如硝基芳烃、环烷酸的氨基酚衍生物以及氨基甲酸酯已经有人推荐用做极压添加剂，聚乙烯醇的含氮酯以及硝胺与硫或硫化合物(如硫醚、硫醇、硫代酰胺或硫酯)复合使用也显示出极压效果。取代的1，2，3-三唑、苯并三唑和烷基琥珀酐或马来酐的混合物，1，2，4-噻二唑聚合物以及像吗啉代苯并噻二唑的二硫化物在文献中也曾有报道。

(5) 金属盐极压剂

属于金属盐型的极压剂有环烷酸铅(T341)、二烷基二硫代磷酸锌、二烷基二硫代磷酸氧铝、硼酸盐。

硼酸盐极压剂实质上是一种固体润滑剂的胶态分散液。在摩擦副表面电荷作用下，分散液中的带电粒子吸附于表面上，形成粘性厚膜。硼酸盐极压剂是以碱性石油磺酸钙、硼酸、氢氧化钠为原料，经硼化反应和复分解反应制得。硼酸盐极压剂的特点是极压性好，但对水比较敏感。

近年来发展出胶态分散液型节能减磨剂FJM-1，它是聚四氟乙烯固体颗粒在润滑油中的胶态分散液，具有良好的减磨效果。

3. 载荷添加剂的协合效应

载荷添加剂用于配制汽车齿轮油、工业齿轮油、抗磨液压油、金属加工油、极压润滑脂等。需要根据油品的工作条件选用不同的载荷添加剂。切削油应使用高活性极压剂，如含氯量较高的氯化石蜡或含硫量较高的含硫极压剂。齿轮油应使用中等活性的极压剂，如硫化烯烃和烷基硫代磷酸的含氮衍生物等。抗磨液压油应使用低活性的极压剂，如中性磷酸酯或硫代磷酸酯。

不同类型的极压剂具有不同的特点和使用范围，例如含硫极压剂抗胶合性好，抗磨性差。含磷极压剂抗磨性好，极压性较差。因此，油品配方中经常含有两种以上极压剂，某些极压剂复合使用产生协合效应，例如，硫化异丁烯和亚磷酸二丁酯共用，极压性显著增加，如表6-37所示。

表 6-37 硫化异丁烯与亚磷酸二丁酯的协合效应

项 目	1	2	3
亚磷酸二丁酯/%	1		
硫化异丁烯/%		5	5
四球机试验(GB 3142-82)			
P_B①/N	1697	902	2197
P_D1②/N	1716	1569	2550

① 磨迹直径为 lmm 时的载荷。

② 基础油是 N 220J，P_B 为 588N。

硫化异丁烯的主要成分是二硫醚，是一种氧化剂，亚磷酸是一种强还原剂，在摩擦副接触区的高温作用下，二者反应生成 H_2S，使极压性显著提高。硫化异丁烯与苯并三氮唑脂肪胺盐复合可使梯姆肯通过载荷提高，如表 6-38 所示。

表 6-38 苯并三氮唑脂肪胺盐与硫化异丁烯的协合效应

油 样	1	2	3
硫化异丁烯/%	3		3
苯并三氮唑十二胺盐/%		0.1	0.1
梯姆肯试验(SY 2685—82)①		0.1	0.1
通过载荷/N	133	89	222

① 基础油是 N 320，通过载荷为 44 N。

应用我国研制的载荷添加剂可以配制各种质量水平的汽车齿轮油，其中包括符合 API GL-5 及 US 224 规格要求的高档工业齿轮油。我国也能生产优质抗磨液压油、金属加工油等。我国几种主要的载荷添加剂的性能和用途列于表 6-39。

表 6-39 几种主要的载荷添加剂

类别	代号	化学名称	主要性能	主要用途
抗磨剂	T301	氯化石蜡	d_4^{20}：1.602，凝点-12℃，含氯 40.02%，酸值 0.378mgKOH/g，灰分 0.393%，反应中性，分解温度 100~120℃	加入油中，使油品在高负荷下保持油膜润滑

续表

类别	代号	化学名称	主要性能	主要用途
抗磨剂	T302	二苯甲基二硫化物	含 S≮24%，熔点 70℃，有良好的极压性能，油溶性较差	用于和重负荷齿轮油
	T304	亚磷酸二正丁酯	水白色或黄色液体，含 P 14.5%~16%，酯≮95%，酸值≯20mgKOH/g	用于工业齿轮油及双曲线齿轮油
	T305	硫磷酸含氮衍生物 *N*, *N*-双(*O*, *O'*-二烷基二硫代磷酸-*S*-亚甲基)十八胺	在室温下呈棕红色油状液体，闪点≮130℃，含 S 10%~1.15%，含 P 5.5%~6%，含 N 12%~1.5%	用于极压工业齿轮油、双曲线齿轮油
	T307	环烷酸铅	黑棕色透明液体，运动黏度≮200mm²/s，闪点≮140℃，机械杂质≯0.015%，含 P 2%	用于极压齿轮油
	T308	硫化异丁烯	含 S 42%~45%，极压性和油溶性好，稳定性好，腐蚀性小	用于双曲线齿轮油、极压工业齿轮油、液压油等
	T311	单硫代正丁基磷酸酯	浅黄色液体，P≮10.2%，S≮8.2%，酸值≯1.0 mgKOH/g，闪点≮100℃	用于极压齿轮油中，本产品有良好的水解安定性、氧化安定性、抗腐蚀性和极压抗磨性，与硫烯复合，可调高工业和车辆齿轮油
	T361	硼酸酯	硼含量≮3.2%，酸值≯70mgKOH/g	具有良好极压和抗氧化性能，主要用于调制重负荷车辆齿轮油
油性剂	T403	油酸乙二醇酯	红棕色油状液体，酸值≮A50，B25，C8 三种规格	具有良好抗磨、抗腐抗乳化性能，主要用于调制车辆齿轮油和极压工业齿轮油
	T404	硫化棉籽油	腐蚀(于 N15 机油中加 1%)；铜片合格，含 S 5.3%，有效组分 50%	能使油品在高负荷下保持油膜润滑
	T406	苯三唑脂肪胺盐	微黄色蜡状固体，熔点 52~60℃	用于极压工业齿轮油、双曲线齿轮油、抗磨极压油

六、防锈、抗腐蚀、抗泡添加剂

1. 防锈剂

我国的防锈添加剂，伴随着工业润滑油及工艺加工用油的增长而相应得到发展，目前已有十几个品种投入生产与使用。主要的品种有石油磺酸钡(T701)、石油磺酸钠(T702)、二壬基萘磺酸钡(T705)、十二烯基丁二酸(T746)及其半酯(T747)以及环烷酸锌(T704)等。

防锈剂是一类油溶性表面活性剂，它的主要作用机理在于防锈剂分子中极性一端吸附于金属表面，烃基一端伸向油层，形成分子定向排列的致密分子膜，以阻止水分与氧渗入金属表面而产生锈蚀。为了提高防锈作用，要求防锈剂分子吸附膜机械强度高，遇到破坏时有恢复功能，有抗水性、水置换性、具有从金属表面除去电解质(手汗)等有害物质的性能。

影响锈蚀的因素有：溶存氧气的浓度、水分大小、温度高低、酸度强弱、水及氧的流速、其他催化性物质(杂质)的有无等。

防锈剂的一般要求：

① 防锈剂的分子必须和金属表面牢固吸附，以防止水分及空气的侵入。

② 对油相中的水滴，应能被防锈剂的乳化层或吸附层溶解，从而防止水分和金属面接触。

③ 使已在金属表面上吸附着的水分，受防锈剂的作用而被防锈油(剂)所置换。

我国目前的防锈油中，一般均加有两种以上防锈剂。通过复合配方的防锈性能评选，使其具有比较全面的综合防锈性能，例如石油磺酸钡抗盐水性较好，耐湿热性差一些；而二壬基萘磺酸钡、烷基磷酸咪唑啉、*N*-油酰肌氨酸及其盐的抗盐水性较差，耐湿热性较好。两类防锈剂复合作用，性能更为全面。

主要的防锈剂的性能和用途见表6-40。

表 6-40　我国主要的防锈剂

代号	化学名称	主要性能	主要用途
T701	石油磺酸钡	黄至棕红色半透明膏状物，相对分子质量 900~1200，磺酸钡含量>50%	对黑色及有色金属均有良好的防锈性能，可用置换工序间及封存防锈润滑两用
T702	石油磺酸钠	具有乳化和防锈性的红棕色稠膏状液体，磺酸钠含量 50%~55%，矿物油含量≯45%	用于置换型防锈油和乳化油，对黑色金属有良好的防锈性能，工序间防锈和制备水溶性乳化油
T703	十七烯基咪唑啉的十二烯基丁二酸盐城 1-(氨乙基)-2-十七烯基咪唑啉	油溶性透明液体，中性或碱性。碱氮：1.0%~2.2%，酸值 30~68mgKOH/g	对黑色、有色(铜铝合金)有良好防锈作用，与其他添加剂复合使用效果更佳
T704	环烷酸锌	黄至褐色黏稠状流体，相对分子质量 700~800，含锌量 7.6%~9%，抗盐雾性能较差	具有良好的油溶性，对铜、钢、铝有良好的防锈作用，常与磺酸盐联用
T705	二壬基萘磺酸钡	红棕色黏稠液体，闪点>140℃，灰分 20%~34%，钡含量 12%~14%	油溶性教石油磺酸钡为佳，缓蚀性能与石油磺酸钡相似，适用于钢铜防锈
T706	苯并三氮唑	白色到浅黄色针状结晶，含量>98%，熔点 97~99℃，沸点 201~204℃	用于对铜、银金属缓蚀剂，使用时常加入助溶剂如丙醇、丁醇、石油磺酸钠等
T707	亚硝酸钠	苍黄色斜方晶体，d_4^{20}：2.168，熔点 271℃。极易溶于水，难溶于乙醇和乙醚，能从空气中吸收氧而变为硝酸钠	将碱土金属皂作为载体的亚硝酸钠作为塑性润滑防锈剂，主要用于黑色金属防锈
T743	氧化石油脂钡皂	黄褐色块状物，钡含量 76%，T743 实际是由 75.7%氧化石油钡皂、18.8%二壬基萘磺酸钡及 5.5%的 N32 机油配制而成	用于军工器械、枪支、炮弹及各种机床、配件、工卡量具等，对铜、钢、铝有良好的抗大气缓蚀性能和抗湿热性能
T746	十二烯基丁二酸	黏稠状液体，酸值 250~340，碘值：50~90，pH≮4.2。具有一定的抗水、抗盐水、抗乳化性能	用于汽轮机油封存油中

2. 抗腐蚀剂

内燃机油受燃料燃烧的副产物 SO_x、NO_x 的影响，可被催化氧化而产生酸、油泥和沉淀。总之，氧化是油品变质的主要原因。在精制的基础油中，加入防腐剂可以有效地延缓油品氧化，降低对金属部件的腐蚀及磨损，延长油品的使用期。

为了防止发动机轴承的腐蚀，首先必须防止油品的氧化。二烷基二硫代磷酸锌具有抗氧化、抗磨损和抗腐蚀的多效作用，多用于内燃机油中。一些有机多硫化物、硫磷化物具有良好的抗磨极压性能，是调制齿轮油、抗磨液压油等工业用油的主要添加剂。这些添加剂在使用过程中产生活性硫，对有色金属例如银、铜及其合金均有腐蚀作用。为此，需加入抗腐蚀剂。

抗腐蚀剂的类型主要有苯并三氮唑型及噻二唑型，这类添加剂还具有金属减活、抗磨损等功能，是一种多效添加剂。

苯并三氮唑及其衍生物的抗腐蚀机理认为是苯三唑与铜表面形成了苯三唑铜盐，结构式如下：

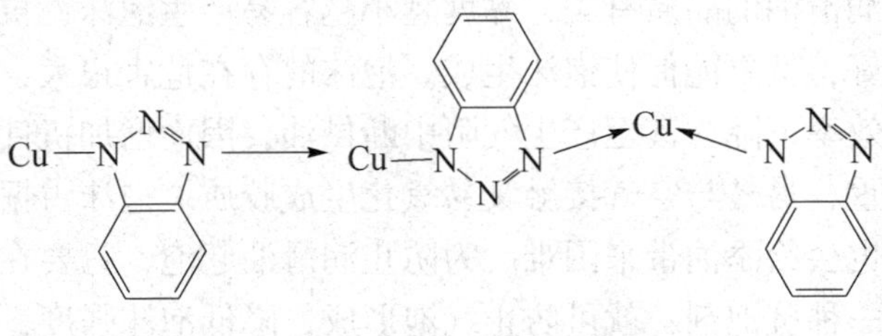

苯三唑铜盐在氧化亚铜的表面上形成覆盖膜，从而保护金属不受腐蚀。噻二唑类的抗腐蚀机理，被认为是捕集活性硫，在与大量的活性硫反应时，生成非腐蚀性的多硫化物。也不排除在金属表面成膜的机理，认为硫化物可在金属表面形成硫化膜；同时也具有抗磨性能。

苯并三氮唑由于油溶性差，限制了它在油品中的应用，我国发展了一些苯并三氮唑的衍生物，例如 T406(苯三唑脂肪胺盐)、T551(苯三唑-甲醛-胺缩合物)，这些衍生物改进了油溶性，并有很好的抑制铜腐蚀效果。它们主要用于齿轮油等工业润滑油中。

噻二唑多硫化物（T561）油溶性好，与二烷基二硫代磷酸锌配伍性好，可用于抗磨液压油提高油品水解安定性，见表6-41。

表 6-41 T561 在抗磨液压油水解实验中的效果

油 样	不加 T561	加入 0.04% T561	丹尼森 HF-2 规格
铜片失重/(mg/cm^2)	3.317	0.019	<0.5
水层酸度/[mg KOH/(100mL)]	0.56	1.01	<6.0
铜片外观	表面剥落无光泽	淡紫色有光泽	无灰、黑色

3. 抗泡沫剂

有些润滑油，如内燃机油、液压传动油、液力变送器油和齿轮箱油等，在循环系统中，由于激烈搅拌，空气不可避免会潜入油中，极易使油品产生泡沫，而且比较稳定，不易消失。泡沫的生成和润滑油的品质有关，黏度越小越容易产生泡沫，抗氧化安定性不好，就更能促使泡沫生成。泡沫的存在危害很大，它会导致油泵效率下降，甚至产生气阻中断供油，因而增加机件磨损和烧蚀加重，另外与空气接触又易氧化生成胶质。泡沫占据油箱有效容积也会给添油带来困难。为防止润滑油起泡，只要在润滑油中加入一种抗泡剂，就可防止气泡形成，降低泡沫强度，破坏泡沫的稳定性，从而达到消泡和抗泡目的。

常用的抗泡剂二甲基硅油（T901），它有很好的高温抗氧化性能，低温流动性好，黏度随温度变化小，疏水性好，不易发生化学反应，无毒无味，加入量少，一般用量只有 1～700mg/kg，且价格便宜，适用多种条件下的润滑油调合，且多与清净分散剂和极压油性剂配合使用，效果更好。

二甲基硅油又称聚二甲基硅氧烷，按黏度区分为不同的牌号，见表 6-42。

表 6-42　二甲基硅油牌号、黏度及相对分子质量

硅油牌号	运动黏度(250℃)/(mm^2/s)	相对分子质量
201-10~20	10~20	1160~1970
201-100	100	7100
201-350	350	15800
201-500	500	19000
201-1000	1000	26500
201-7000~10000	7000~10000	60000

硅油仅在不溶于润滑油的情况下，即在分散状态时，才显示出抗泡性。不同黏度的基础油应选用不同牌号的硅油，否则，不但不起抗泡作用，反而引起发泡。油品黏度小，应使用大牌号硅油。例如：N32、N46 抗磨液压油选用 1000~10000 号；N220~N680 工业齿轮油选用 100~350 号为宜。

为了保证硅油的抗泡作用，必须使硅油极好地分散在油中，用胶体磨法或喷雾法比高速搅拌法好，可使硅油粒度细小，不仅抗泡性好，而且储存稳定。

另外，还有非硅抗泡剂 T902 对各种调合工艺适应性好，并适用于酸性介质，它特别适用于中、重质黏度较大的润滑油，如双曲线齿轮油、内燃机油、航空润滑油等。且随用量增加，抗泡能力增强。通常，它和其他各类添加剂掺合使用，效果更好，一般加入量 0.001%~0.07%。

当单独使用 T901 或 T902 效果都不理想时，可以将二者复合使用。

七、乳化剂和抗乳化剂

切削油、磨削油、拔丝油和压延油等金属加工油和不燃性工作液，都是由水和矿物油制成乳化液使用。能使两种以上互不相溶的液体(如水和油)形成稳定的分散体系(乳化液)的物质，称作乳化剂。乳化剂的特点是降低油-水之间的界面张力，在界面上表面活性剂分子的亲油基和亲水基分别吸附在油相和水相排列成界面膜，防止乳化粒子结合，促使乳化液稳定。

另一方面，在许多情况下，润滑油会受到水的污染，形成乳

状液，因而降低了油品的润滑性。油品加入抗乳化剂可以加速油水分离，防止乳化液的形成。抗乳化剂和乳化剂一样几乎全是表面活性剂，抗乳化剂大都是水包油(O/W)型表面活性剂。

1. 乳化剂

用于乳化剂的表面活性剂种类很多，大致有阴离子型、阳离子型、两性型及非离子型等 4 种，主要是阴离子型和非离子型的。

阴离子型表面活性剂有：脂肪酸衍生物如脂肪酸碱金属皂或氨皂、树脂皂、环烷酸皂、蛋白质分解物脂肪酸酰胺等；硫酸酯(盐)型如长链醇硫酸酯盐、聚乙氧基烷基苯基醚硫酸酯盐、脂肪酸酰胺硫酸酯盐等；磺酸盐型如石油磺酸盐、α-烯烃磺酸盐、二烷基磺基琥珀酸盐等；磷酸酯(盐)等。

非离子型表面活性剂有：聚环氧乙烷型如聚环氧乙烷烷基醚、聚环氧乙烷脂肪酸酯、聚环氧乙烷苯基醚、聚环氧乙烷聚环氧丙烷乙二醇乙烷二胺、聚环氧乙烷聚环氧丙烷基乙二醇、聚环氧乙烷山梨醇脂肪酸酯等；多元醇及醇胺型如乙二醇单脂肪酸酯、山梨糖醇酐、蔗糖脂肪酸酯、甘油单脂肪酸酯、脂肪酸一乙醇胺、脂肪酸二乙醇胺等。

2. 破乳化剂

用于破乳化的表面活性剂，阳离子型的有：如季氨盐、咪唑啉盐等；阴离子型的有：如硫酸化油、气溶剂型等，多用于重油或焦油的破乳化。非离子型的有：如蓖麻油的环氧乙烷加成物，烷基酚甲醛缩合物的环氧乙烷加成物等。还有醚型非离子活性剂的磷酸酯盐、环氧乙烷及环氧丙烷的无规加成物等。

重油破乳化时用非离子表面活性剂，可使水包油(O/W)的乳化破坏，且以 HLB 值为 10 左右的水分离性为最佳，而对油包水(W/O)型的乳化破坏时，则要用能溶解或扩散于界面水分里的活性剂，以起破乳化作用，且需适当调整 pH 值才能达到目的，常用破乳剂有高相对分子质量磺酸钙或钠、环氧乙烷衍生物、重金属皂类等。

八、常用润滑油添加剂性能、用途

常用润滑油添加剂性能、用途如表 6-43，表 6-44、表 6-45。

表 6-43　润滑油用添加剂

<table>
<tr><th colspan="2">种　类</th><th>目的与性能</th><th>化 合 物</th><th>加量/%</th></tr>
<tr><td rowspan="3">耐负荷剂</td><td>油性剂</td><td>在低负荷摩擦形成油膜，减少摩擦、磨损</td><td>长链脂肪酸(油酸)等</td><td>0.1~1</td></tr>
<tr><td>抗磨剂</td><td>在摩擦面形成二次化合物保护膜，防止磨损</td><td>磷酸酯、金属二硫代磷酸盐</td><td rowspan="2">5~10</td></tr>
<tr><td>极压剂</td><td>在极压润滑状态和摩擦面发生化学反应形成极压化学膜，防止烧结或擦伤，并提高润滑性</td><td>有机硫化物、有机卤化物、有机钼化物等</td></tr>
<tr><td colspan="2">防锈剂</td><td>赋予润滑油(脂)以防锈性，利于储运暂时防锈</td><td>羧酸、磺酸盐、磷酸盐、胺、醇、酯等</td><td>0.1~1</td></tr>
<tr><td colspan="2">防腐蚀剂</td><td>在金属表面形成防蚀膜，控制并破坏腐蚀氧化生成物，也有防止润滑油氧化作用</td><td>苯并三唑等氧化物、硫氮化物、二烷基二硫代磷酸锌</td><td>0.4~2</td></tr>
<tr><td colspan="2">抗泡剂(消泡剂)</td><td>抑制润滑油发泡及消除泡沫</td><td>硅油、金属皂、酯类、硅酸酯</td><td>0.0001~0.01</td></tr>
<tr><td rowspan="2">清净分散剂</td><td>清净剂</td><td>除去发动机高温运转生成的油泥，漆膜积炭，使内部清净</td><td>中性、碱性磺酸、酚、碳酸、水杨酸盐(金属盐)</td><td rowspan="2">2~9</td></tr>
<tr><td>分散剂</td><td>使积炭、油泥等沉积物悬浮分散油中</td><td>琥珀酸亚胺、酯及苯甲基胺、共聚物等</td></tr>
<tr><td colspan="2">倾点下降剂</td><td>防止低温时油中蜡分结晶凝固，降低倾点</td><td>氯化石蜡和萘或酚的缩合物、聚烷基丙烯酸酯、聚丁烯、聚烷苯乙烯、聚醋酸乙烯等</td><td>0.1~0.5</td></tr>
<tr><td colspan="2">黏度指数剂</td><td>提高多级润滑油或液压油的黏度指数</td><td>聚甲基丙烯酸甲酯、聚异丁烯、烯烃共聚物、聚烷基苯乙烯等</td><td>2~10</td></tr>
<tr><td colspan="2">抗氧剂</td><td>抑制润滑油氧化、防止变质</td><td>硫磷酸锌、胺类、酚类</td><td>0.1~1</td></tr>
<tr><td colspan="2">乳化剂</td><td>使油乳化，保持乳化液安定</td><td>皂类、硫酸及磺酸酯、脂肪酸衍生物、胺衍生物、季铵盐、聚环氧乙烯等</td><td>约 3</td></tr>
</table>

续表

种　类	目的与性能	化合物	加量/%
抗乳化剂	破坏乳化，使与成分分离	季铵盐、硫酸化油、聚环氧乙烯等	
防霉剂(乳化液用)	抑制并防止乳化液中霉菌、细菌、酵母等微生物引起的故障	酚系化合物、甲醛供与体化合物、水杨酰替苯胺系化合物等	约 0.3
摩擦缓和剂(FM)	在摩擦面形成化学吸附膜减少摩擦磨损，节约能源	有机钼化物 MoDTC、MoDTP 等、琥珀酸亚酰、硼酸酯、硼酸钾和钠 PTFE、MoS_2 等	0.5~3

表 6-44　润滑油添加剂一般用途①

油名＼添加剂		清净分散剂	极压剂	抗氧化剂	黏度指数改进剂	倾点下降剂	抗磨损剂	油性剂	防锈剂	抗腐蚀剂	抗(消)泡剂	乳化剂	水分离剂	金属脱活剂	防腐败剂
汽车发动机油		★		★	△	○		○	○		○				
柴油发动机油		★		★	△	○		○	○		○				
车用齿轮油		△	★	△	△	○		○	○		○	○			
船用发动机油		○	○	○	△	○			○		○				
液压油	R&O 型			★					★		○				
	抗磨型		○	★			★		★		○		○	○	
	高黏度指数型		○	★	★	○	○		★		○		○	○	
耐燃液压型	水-乙二醇体系							○	○	○	○				
	HWBF		○				★	○	○	○		★		○	△
	反乳化型		○				○	○	○	○		★			
	磷酸酯系			△	△				○	○				○	
	脂肪酸酯系			△	△				○	○				○	
工业齿轮油			★	○			○	○	○	○	○		○	○	
冷冻机油			△	△			△								
压缩机油	往复式	○		○			○		○		△			○	
	回转式			★			△		○		△				
真空泵油				△						△	△				
轴承油			△	○			△		○		○				
汽轮机油(含添)				★			△		★		○			○	
导热油				○				★	○					○	

续表

油名 \ 添加剂		清净分散剂	极压剂	抗氧化剂	黏度指数改进剂	倾点下降剂	抗磨损剂	油性剂	防锈剂	抗腐蚀剂	抗(消)泡剂	乳化剂	水分离剂	金属脱活剂	防腐败剂
凿岩机油			★	○					○						
金属切削油	水溶性		★					○	○			★			○
	非水溶性		★					○	△	△					
塑性加工油			○	○				○	△	△					
热处理油		★													
润滑脂			○	○			○		○	○					

① ★必加；○应加；△可加。

表 6-45　汽车用润滑油用添加剂

添加剂种类和作用			内燃机油				变速机油	
			4 冲程汽油	2 冲程汽油	柴油	LPG	MT 油	ATF
所用基础油			石油、PAO 酯油	石油(煤油)、PB、酯、植物油	石油系	石油系	石油系	石油系
添加剂	需用化合物	主要作用						
抗氧剂	ZDTP、受阻酚、芳族胺、硫化酚等	抗氧化、抗磨损、抗轴承磨损	加	不	加	加	可	可
无灰抗氧化剂	ZDTP、受阻酚、芳族胺、硫化酚等	抗氧化	加	不	可	加	可	加
极压剂	ZDTP、磷酸酯、亚磷酸酯、硫化烯、硫化油脂等	抗磨损、防烧结	不	不	不	不	加	加
高碱性金属系清净剂	Ba、Ca、Mg 酚盐或磺酸盐、水杨酸盐等	防止高油泥漆膜，中和酸性物	加	不	加	加	加	加
碱性金属系清净剂	Ba、Ca、Mg 酚盐或磺酸盐、水杨酸盐等	改善清净性、防锈性	加	加	可	可	可	可
无灰分散剂	炔基琥珀酸胺、炔基琥珀酸酯、苯甲基胺等	防止低温油泥漆膜、中和酸性物	加	加	加	加	加	加

续表

添加剂种类和作用			内燃机油				变速机油	
			4 冲程汽油	2 冲程汽油	柴油	LPG	MT 油	ATF
所用基础油			石油、PAO 酯油	石油(煤油)、PB、酯、植物油	石油系	石油系	石油系	石油系
添加剂	需用化合物	主要作用						
黏度指数改进剂	PMA、乙丙烯共聚物、苯乙烯丁二烯共聚物	改善粘温性、降低倾点	加	可	加	加	加	加
摩擦缓和剂	Mo 的硫磷酸盐共聚物或二硫代氨基甲酸盐、脂肪酸酯酰胺、硼酸盐(酯)，磷酸酯等	改善摩擦性能、减少摩擦阻力	可	可	可	可	可	可
防锈剂	碘酸碱土金属盐、炔基琥珀酸衍生物等	防止锈蚀	可	可	可	可	可	可
抗泡剂	甲基硅油、氟硅油等	消灭泡沫	加	不	加	可	加	加

参 考 文 献

1　田士良编．炼油厂油品储运技术与管理．北京：中国石化出版社，1995

2　侯祥麟．中国炼油技术．第二版．北京：中国石化出版社，2001

3　水天德．现代润滑油生产工艺．北京：中国石化出版社，1997

4　Product bulletin. Ethyl petroleum Additive Divisio，1990

5　Product Bulletin. chevron co，1990

6　陈展虹．化学试剂，1996，18(3)

7　陈展虹．新疆教育学院学报，1998，14(1)

8　欧风．石油产品应用技术手册．北京：中国石化出版社，1998

9　Willian M C. Lubrication，1977，63(1)

10　刘治中．油料应用学，北京：石油化工出版社，1984

11　陈展虹，蒙弋，胡文胜．新疆第三届青年学术年会文集．新疆人民出版社，1998

12　何永炳，陈展虹．有机化学，1994，14(4)

13　袁大辉．汽油添加剂的应用、现状与开发．江苏化工，2000，28(10)

14　川濑义和等．石油精制便览．第三版．产业图书，1983

15　李为民，王小妹．固体碱催化剂用于聚丙烯酸高碳醇酯降凝剂的合成．石油与

天然气化工，2000，29(4)
16 陈菊群，李为民，姚致远．聚丙烯酸酯类的合成及其对油品的降凝作用，江苏石油化工学院院报，1993，5(2)
17 石油化工科学研究院 703 组．石油炼制，1982，(5)
18 石油化工科学研究院 703 组．石油炼制，1981，(4)
19 石油化工科学研究院 702 组．石油炼制，1981，(11)
20 M W 兰奈著．内燃机燃料添加剂．石油化工出版社，1978
21 Peyla R (Dick) J et al. PETROTECH，1991，14(3)
22 Eather Hydrick. Gasoline Additives Future Lookgood. Lub World，1992，2(11)
23 Product bulletin. Ethyl petroleum Additive Divisio，1990
24 Product Bulletin. DuPont CO，1990
25 Garrett T K. Automotive Fuel Systems，Gasoline. Pentech，1991，1
26 Lawrance J Cumninghan，Timothy J Henly. The Effects of Diesel Ignition Improvers in Lowsulfur Fuel on Heavy-Dutv Diesel Emissions，SAE. 902173
27 Thomas G Holland，et al. SAE Paper 922191
28 张景河等编著．现代润滑油与燃料添加剂．北京：中国石化出版社，1991
29 仲伯禹等．石油学报，1987，(4)
30 张溥译．润滑剂及其有关产品．北京：烃加工出版社，1990
31 苍秋菊．石油炼制，1988，(3)
32 王兼辉等．石油炼制，1984，(7)
33 张镜诚．石油炼制，1988，(7)